生物学的排水処理工学

工学博士 北尾 高嶺 著

コロナ社

生物科学シリーズ

まえがき

　恩師，故岩井重久京都大学名誉教授が Eckenfelder, W. W. Jr. と O'Connor, D. J. 著 "Biological Wastewater Treatment" の訳書「廃水の生物学的処理」を 1965 年にコロナ社より刊行して以来 40 年の長きにわたって，同書は斯界を志す人々に対する入門・参考書としてあまねく利用されてきた。

　当然ながら，その間この分野においても大幅な学問的・技術的進歩が遂げられたにもかかわらず，それらを網羅した成書は多くはみられない。

　筆者は浅学非才の身をも省みず，この難事業に単身挑むべく発意した。爾来幾星霜，こと志と異なり，きわめて不十分なものではあるが，ここに本書を上梓する運びとなった。

　本書の意図するところは，おおむねつぎのような点にある。

　第一に，排水処理工学は，微生物学，酵素化学，水質化学，化学工学，機械工学，土木工学等多岐にわたる学問の総合の上に成り立っている学際的分野であると同時に，その志向するところは最小のエネルギー消費で最大の処理効果を挙げることにある場合が多く，エネルギー・エントロピー論に対する基礎的理解も必要とされる。ゆえに本書では，それ一冊のみでこうした多様な分野についての基礎的素養を身に付け得るように配慮し，必要と考えられるところでは例題を付して理解に資した。

　第二に，排水処理においてカバーしなければならない知識は格段に広くかつ深くなったにもかかわらず，本書を筆者がひとりで著そうとしたのは，記述の一貫性，統一性を重視したためにほかならない。しかしそのために，各専門大家が分担執筆されているような書に比べて，内容の掘り下げが不十分なところも少なくない。とはいえ，専門技術者として必要最小限の知識は遺漏なきよう配慮したつもりである。

　第三に，新技術や新しい知見などを採り入れるのは当然としても，技術者・

研究者の底辺をレベルアップするという本書の主目的にかんがみ，評価の定まったものや，ある程度体系化されたものに限った。最新の知見の紹介は本書の意図するところではない。

　筆者は学問至上主義者では決してないが，かつて一応用分野にすぎなかった排水処理が今日一つの学問体系をなすに至ったことを確信して，本書の書名に「工学」の2字を付した。

　本書が斯界の発展にいささかなりとも貢献できれば，筆者の喜びこれに勝るものはない。

　終わりに，本書の刊行に際して種々ご高配を得た(株)コロナ社，浄書・校正の労をわずらわせた豊橋技術科学大学技官　片岡三枝子氏，図表の作成に当たってくれた大学院生　福田佳弘，西村唯両君に深謝の意を表したい。

2003年8月

北　尾　高　嶺

目　　次

1. 微生物学小論

1.1 微生物の分類と命名 …………………………………………………… 1
1.2 細　　　菌 ……………………………………………………………… 4
1.3 菌　　　類 ……………………………………………………………… 9
1.4 藻　　　類 ……………………………………………………………… 11
1.5 藍　　　藻 ……………………………………………………………… 12
1.6 原　生　動　物 ………………………………………………………… 12
1.7 微　小　後　生　動　物 ……………………………………………… 13

2. 酵素と酵素反応機構

2.1 酵　素　の　作　用 …………………………………………………… 15
2.2 分　　　類 ……………………………………………………………… 19
2.3 固　定　化　酵　素 …………………………………………………… 21
2.4 酵素反応の速度 ………………………………………………………… 22

3. 微生物の増殖―物質・エネルギーの収支と速度論

3.1 微生物反応における量論 ……………………………………………… 37
   3.1.1 熱力学の基礎 ……………………………………………………… 37
   3.1.2 増　殖　収　率 …………………………………………………… 46
   3.1.3 生物反応における物質収支 ……………………………………… 48

3.1.4　維持代謝 ·· 50
　　3.1.5　微生物反応の化学反応式表示 ·· 52
　　3.1.6　微生物反応における栄養条件 ·· 57
3.2　微生物反応の速度論 ·· 61
　　3.2.1　反応の次数 ·· 61
　　3.2.2　連続反応 ·· 64
　　3.2.3　反応速度の温度依存性 ··· 65
　　3.2.4　微生物増殖の反応速度 ··· 66
　　3.2.5　基質除去速度 ·· 79
　　3.2.6　排水処理における基質除去速度式 ···································· 80
　　3.2.7　酸素利用速度 ·· 80

4. 微生物系における移動現象

4.1　微生物反応系と移動現象とのかかわり ····································· 83
4.2　基礎移動現象論 ·· 84
　　4.2.1　拡散の基本法則 ·· 84
　　4.2.2　物質移動係数 ·· 86
　　4.2.3　二重境膜説と物質移動係数 ··· 87
　　4.2.4　浸透モデル ·· 89
　　4.2.5　総括酸素移動容量係数 ··· 90
　　4.2.6　気泡ないし気泡群における物質移動 ································· 91
　　4.2.7　界面面積 a の推定 ··· 92
　　4.2.8　物質移動係数に対するその他の影響因子 ··························· 94
　　4.2.9　反応吸収 ·· 95
4.3　生物反応装置と混合拡散現象 ·· 96
　　4.3.1　生物反応装置の操作上の分類とその特質 ··························· 96
　　4.3.2　混合拡散の表現 ·· 99
　　4.3.3　混合特性の測定 ·· 101
　　4.3.4　混合モデル ·· 104

4.4 生物膜等における物質移動 … 110
4.4.1 生物膜等による基質除去の速度過程 … 111
4.4.2 生物膜近傍での基質濃度分布 … 113
4.4.3 生物膜内部における基質の拡散・代謝の基礎方程式 … 115
4.4.4 基質の流束の算定 … 119
4.4.5 反応の基礎式の無次元化 … 121
4.4.6 有効係数 … 122
4.4.7 制限物質の判定 … 125

5. 固液分離

5.1 固液分離の役割 … 128
5.2 沈殿 … 129
5.2.1 単粒子の自由沈降 … 130
5.2.2 理想的沈殿池の理論 … 132
5.2.3 実在沈殿池 … 134
5.2.4 沈殿池効率向上のための工夫改良 … 136
5.2.5 上昇流式沈殿池 … 139
5.2.6 界面沈降と圧密 … 140
5.3 浮上 … 142
5.4 膜分離 … 143
5.4.1 限外ろ過 … 144
5.4.2 精密ろ過 … 153
5.4.3 不織布ろ過 … 154

6. 微生物反応各論

6.1 概説 … 155
6.2 代謝作用に基づく微生物の分類 … 158

	6.2.1 独立栄養生物 ………………………………………………158
	6.2.2 従属栄養生物 ………………………………………………164

7. 好気性の生物処理法

7.1 浮遊生物法と固着生物法 …………………………………………168
7.2 好気性生物処理に関与する微生物 …………………………………169
7.3 生物酸化の原理と酸素利用 …………………………………………170
7.4 酸 素 の 供 給 …………………………………………………………171
    7.4.1 散気式ばっ気 ………………………………………………172
    7.4.2 機械式ばっ気 ………………………………………………175
    7.4.3 併用式ばっ気 ………………………………………………175
7.5 有機化合物の生分解性と微生物の適応 ……………………………176
7.6 各種有機化合物の生分解性 …………………………………………177
7.7 微 生 物 の 適 応 ………………………………………………………178
7.8 好気性処理各論 ………………………………………………………180
    7.8.1 ラグーンと安定化池 ………………………………………180
    7.8.2 活性汚泥法 …………………………………………………186
    7.8.3 生 物 膜 法 …………………………………………………206

8. 嫌気性の生物処理

8.1 概　　　　　説 ………………………………………………………227
8.2 嫌気性消化の過程と物質変化 ………………………………………227
8.3 嫌気性消化における影響条件 ………………………………………231
8.4 嫌気性消化の動力学 …………………………………………………234
8.5 各種の嫌気性消化プロセス …………………………………………235

9. 生物学的脱窒素および脱リン

9.1　生物学的脱窒素 ………………………………………………… *241*
9.2　生物学的脱リン ………………………………………………… *255*
　　9.2.1　生物学的脱リンの原理・機構 ……………………………… *257*
　　9.2.2　生物学的脱リンプロセス …………………………………… *261*
9.3　生物学的脱窒素・脱リンプロセス …………………………… *263*

引用・参考文献 ……………………………………………………… *268*
索　　　引 …………………………………………………………… *281*

1 微生物学小論

1.1 微生物の分類と命名

 生物学的排水処理（生物処理，微生物処理：biological waste water treatment）における主役は微生物（microorganism）であり，微生物とは，その名の示すとおり，微小な顕微鏡的生物の総称である。排水の生物学的処理に関与している微生物はきわめて多種多様にわたっており，植物，動物およびその中間的性質をもつものが存在し，2 000種にも及ぶと推定されている。

 排水処理や水環境問題に関与している微生物は，**表1.1**のように分類される。

 微生物は，おもに，大きさが 1 000 μm 以下で肉眼で判別しにくい微小後生動物と原生生物（protists）とからなり，原生生物を真核細胞（eucarotic

表1.1 微生物の分類学上の位置

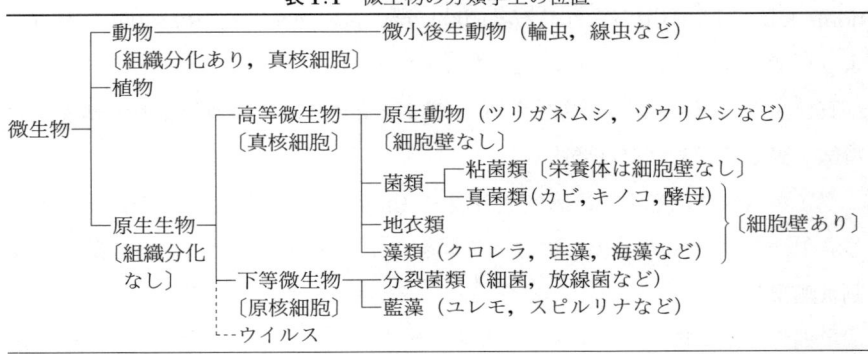

cells, eucaryotes) をもつ高等微生物と原核細胞 (procaryotic cells, procaryotes) からなる下等微生物，およびウイルスに分類することができる。

真核細胞は核膜 (nuclear membrane) を有する進化した細胞で，微生物のうちでは原生動物 (protozoa)，菌類 (fungus)，地衣類 (lichens)，藻類 (algae) がこれに属し，原核細胞は核膜をもたないより単純な細胞で，分裂菌類 (schizomycetes) と藍藻 (cyanobacteria, blue-green algae) とがこれに属する。分裂菌類は細菌 (bacteria) や放線菌 (actinomycetes) 等からなる。

藍藻は真核性藻類と共通の光合成機能をもち，かつてはその一部として扱われてきたが，光合成菌 (photosynthetic bacteria) の一種として扱うべきである。

生物の分類の単位は大きい方から順に，界 (kingdam)，門 (phylum または division)，綱 (class)，目 (order)，科 (family)，属 (genus)，そして基本単位が種 (species 略して sp.) となっている。これらの中間に亜門 (subphylum)，亜目 (suborder)，亜科 (subfamily)，亜属 (subgenus) を小分類のために設けている。

命名法としては，Linne による二名法 (binominal nomenclature) が広く用いられており，大文字で始まる属名と小文字で始まる種名との組合せよりなっている。ともにラテン語またはラテン語化した語で，例えば *Escherichia coli* (大腸菌)，*Bacillus subtilis* (枯草菌) といったようにイタリックで書く。ただし，カッコ内は常用名である。変種または亜種には三名法 (trinominal nomenclature) が用いられ，*Melosira granulata var. angustissima* といったように変種であることを示す var. を挿入する。

真核生物と原核生物の主要な差異を**表 1.2** と**表 1.3** に，真核細胞の機能上の特徴を**表 1.4** にそれぞれ要約した。

ウイルスは非細胞性で，感受性の宿主 (host) 生物の細胞内でだけ生育できる。生態系 (echosystem) におけるエネルギー伝達機構上において果たす役割は無視してよい。

単細胞性微生物とウイルス (ビリオン) の大きさの細胞容積による比較が**表

表 1.2 遺伝機構に関する真核生物と原核生物との差異

	真核生物	原核生物
膜に包まれた核質	＋	－
染色体数	>1	1[†]
ヒストンを含む染色体	＋	－
核小体の存在	＋	－
有糸分裂による核分裂	＋	－
細胞小器官にも DNA が存在	＋	－
遺伝子組換えの手段：		
配偶子の融合	＋	－
DNA の一方向移動による部分的二倍体の形成	－	＋

[†] 基本的な細胞機能にとって必須ではない若干の遺伝情報が他の遺伝要素（プラミスド）に宿る場合もある。

表 1.3 細胞質の構造に関する真核生物と原核生物との差異

	真核生物	原核生物
小胞体	＋	－
ゴルジ体	＋	－
リソソーム	＋	－
ミトコンドリア	＋	－
葉緑体	＋または－	－
リボソーム	80 S（細胞質性） 70 S（細胞小器官性）	70 S
微小管系	＋	－
非単位膜に包まれた細胞小器官	－	＋または－
ペプチドグリカンを含む細胞壁の存在	－	＋または－

表 1.4 真核細胞だけにみられる若干の機能上の特徴

　食作用
　飲み込み作用
　ゴルジ小胞における物質の分泌
　細胞内消化
　細胞内共生体の維持
　方向性のある細胞質流動とアメーバ運動

1.5 に示されている。

　微生物を植物と動物とに分類することは 1860 年ごろまで行われ，**表 1.6** のような分類が示されていたが，現在の生物学では植物，動物，原生生物に 3 区分することによって理論的矛盾なく分類できることが知られている。

表 1.5 単細胞性微生物とウイルスの構造単位の大きさ

構造単位の種類	生物群	構造単位の容積 [μm³]		主要群の範囲
		通常の範囲	極端な範囲	
真核細胞	単細胞性藻類	5 000〜15 000	5〜100 000	5〜150 000 000
	原生動物（原虫）	10 000〜50 000	20〜150 000 000	
	酵母	20〜50	20〜50	
原核細胞	光合成細胞	5〜50	0.1〜5 000	0.01〜5 000
	スピロヘータ	0.1〜2	0.05〜1 000	
	マイコプラズマ	0.01〜0.1	0.01〜0.1	
ウイルス（ビリオン）	ポックスウイルス群	0.01	各群で一定	0.000 01〜0.01
	狂犬病ウイルス	0.001 5		
	フルーウイルス	0.000 5		
	ポリオウイルス	0.000 01		

表 1.6 微生物を植物界と動物界に分配しようとした最後の試み（1860年ごろ）

植 物	競合した群	動 物
		小型後生動物
		輪虫類
		線虫類（若干）
		節足動物（若干）
藻類（光合成性）		原生動物
		繊維虫類
非運動性種 ←——光合成鞭毛藻類——→		非光合成性鞭毛虫類
菌類（非光合成性）		
真菌類 ←——粘菌類——→		アメーバ状原生動物
細菌類		

1.2 細　　　菌

[1] 形と大きさ，胞子形成，鞭毛，グラム染色

　細菌（bacterium, pl. bacteria）は，形によって球菌（coccus, pl. cocci），桿菌（rod），らせん菌（spirillum, pl. spirilla）に大別される。

　球菌には，細胞が分裂後すぐに離れる単球菌のほか，分裂後細胞が離れない双球菌，連球菌，四連球菌，八連球菌，ブドウ状球菌などがある。

　桿菌は円筒状の細菌であるが，形状には種々変化があり，**図 1.1** のように短

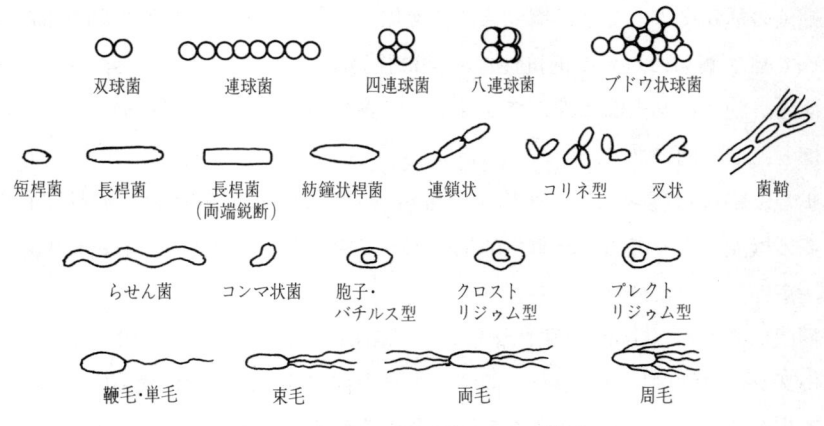

図1.1 細菌の形態，胞子および鞭毛

桿菌，長桿菌，両端が鈍円のもの，鋭断状のもの，紡錘状桿菌などがある。桿菌はつねに長軸の方向に分裂し，細胞が離れないときは連鎖状となるが，細胞がV，Y，L字型となるコリネ型や Sphaerotilus 属のように細胞が菌鞘に包まれ分枝したように見える（偽分枝）ものもある。

らせん菌はらせん状に捻転しているが，その中で短いコンマ状のものをコンマ状菌あるいは弧菌（vibrio）と呼ぶ。

細菌の大きさは，球菌で直径 0.5〜1 μm，桿菌で 0.5〜1×2〜3 μm のものが多い。代表的な細菌の大きさを**表1.7**に示す。

表1.7 代表的な細菌の大きさ〔須藤隆一：廃水処理の生物学，産業用水調査会（1977）〕

細菌の種類	大きさ
大 腸 菌（*Escherichia coli*）	0.5〜1.0×2.0〜0.5 μm
チ フ ス 菌（*Salmonella typhi*）	0.5〜0.8×1.0〜3.0 μm
結 核 菌（*Mycobacterium tuberculosis*）	0.15〜0.35×1.5×4.0 μm
ゾーグレア（*Zooglea ramigera*）	1.0×2.0〜4.0 μm
ミ ズ ワ タ（*Sphaerotilus natans*）	1.0×2.0〜6.0 μm
ブドウ球菌（*Staphylococcus aureus*）	0.8〜1.0 μm
腸 球 菌（*Streptococcus faecalis*）	0.5〜1.0 μm
アルカリゲネス（*Alcaligenes faecalis*）	0.5×1〜2 μm
枯 草 菌（*Bacillus subtilis*）	0.6〜1.0×1.3〜6.0 μm

細菌の種類によっては，環境条件が悪化したときなどに，普通の栄養細胞に比べて熱や薬品に対する抵抗性が非常に強い耐久体である胞子（spore）を形成する。胞子は適当な条件下で発芽して栄養細胞に戻る。胞子形成を行うものはほとんど桿菌である。

また，細菌は種類によって鞭毛（flagera）を有する。鞭毛は，運動器官としての機能をもっており，着生部位によって極毛と周毛に大別され，極毛は単毛，束毛，両毛に分けられる。

細菌はグラム（Gram）染色法によって紫色に染まるグラム陽性菌とそうでないグラム陰性菌に分けられ，前者は1層の細胞壁を，後者は構造的に区別できる少なくとも二つの層からなる細胞壁をそれぞれつくる。ほとんどすべてのグラム陽性菌は化学合成従属栄養細菌（chemohetero trophs）であるのに対し（例外メタン細菌），グラム陰性菌は構造的にも機能的にも非常に多様で，簡潔な一般的説明を行うことはむずかしい。

〔2〕 分　　　類

細菌の分類は，形態，利用するエネルギー源，グラム染色性，酸素依存性，胞子形成能などに基づいて行われ，通常 Bergey の分類便覧（Bergey's Manual of Determinative Bacteriology）第8版（1974）に従って行う。この分類では，**表1.8**のように，19の菌群に大別している。エネルギー源からは光エネルギーを利用するもの（phototroph）と化学エネルギーを利用するもの（chemotroph）とに分けられ，炭素源からは二酸化炭素を主炭素源とするもの（autotroph）と有機物を炭素源として要求するもの（heterotroph）に分けられ，これらを組み合わせた四つの栄養的分類（photoautotroph, photoheterotroph, chemoautotroph, chemoheterotroph）が微生物の代謝のマクロな分類として利用し得る。

表1.8に示した19の菌群のうちで環境浄化に関係のあるものについて，以下に概説する。

① **光合成細菌**　　光合成を行う細菌で，紅色イオウ細菌，紅色非イオウ細菌および緑色イオウ細菌に大別され，紅色非イオウ細菌の一部は濃厚有機排水

表1.8　細菌群の検索表*

```
┌光合成によって生育する………………………………………①光合成細菌
└化学合成によって生育する
  ┌化学合成独立栄養
  │ ┌エネルギーを窒素，イオウあるいは鉄の化合物の
  │ │  酸化で得る
  │ │ 二酸化炭素からメタンを生成しない
  │ │ ┌細胞は滑走運動をする………………………………………②滑走細菌
  │ │ └細胞は滑走運動をしない
  │ │   ┌細胞は菌鞘中に存在する……………………………………③菌鞘細菌
  │ │   └細胞は菌鞘中にない…………………………………………⑫グラム陰性の独立栄養細菌
  │ └窒素，イオウあるいは鉄の化合物を酸化しない
  │   二酸化炭素からメタンを生成する…………………………⑬メタン生成細菌
  └化学合成従属栄養
    ┌細胞は滑走運動をする………………………………………②滑走細菌
    └細胞は滑走運動をしない
      ┌細胞は糸状で菌鞘中に存在する……………………………③菌鞘細菌
      └細胞は糸状でなく，菌鞘もない
        ┌二分列で生じた細胞は等しくない
        │ （鞭毛や綿毛以外の付属物をもっているか，
        │   発芽によって増殖する）…………………………………④発芽細菌，付属器官をもつ細菌
        └上記の性質をもっていない
          ┌細胞は厳密には形づくられない
          │ ┌細胞はらせん形で細胞壁をもっている …………⑤スピロヘータ
          │ └細胞はらせん形でなく，細胞壁もない …………⑲マイコプラズマ
          └細胞は厳密に形づくられている
            ┌グラム陰性
            │ ┌細胞内絶対寄生性……………………………………⑱リケッチア
            │ └絶対寄生性でない
            │   ┌わん曲した桿菌………………………………………⑥らせん状およびわん曲型細菌
            │   └わん曲していない
            │     ┌桿菌
            │     │ ┌好気性………………………………………⑦グラム陰性，好気性の桿菌，球菌
            │     │ ├通性嫌気性…………………………………⑧グラム陰性，通性嫌気性の桿菌
            │     │ └嫌気性………………………………………⑨グラム陰性の嫌気性細菌
            │     └球菌または球桿菌
            │       ┌好気性………………………………………⑩グラム陰性，好気性の球菌，球桿菌
            │       │       …………………………………⑦グラム陰性，好気性の桿菌，球菌
            │       └嫌気性………………………………………⑪グラム陰性の嫌気性球菌
            └グラム陽性
              ┌球菌
              │ ┌内生胞子を形成する……………………………⑮内生胞子形成桿菌，球菌
              │ └内生胞子を形成しない…………………………⑭グラム陽性球菌
              └桿状または糸状
                ┌内生胞子を形成する……………………………⑮内生胞子形成桿菌，球菌
                └内生胞子を形成しない
                  ┌まっすぐな桿菌………………………………⑯グラム陽性の無胞子桿菌
                  └不規則な桿菌（coryneform）または
                    菌糸や糸状になる傾向がある…………⑰放線菌とその関連微生物
```

* バーギー第8版による。○内の数字は菌群の番号。

の処理への利用が検討されている。

② **滑走細菌**　滑走運動をし，*Beggiatoa* 属は硫黄細菌の一種で硫化水素をエネルギー源とし，硫化水素が発生しているような排水を処理している活性汚泥，生物膜ならびに酸素不足のひどい活性汚泥，生物膜に出現する糸状細菌で，バルキングの原因となることも多い。

Thiothrix 属も硫化水素をエネルギー源とする無色イオウ細菌の一種で，バルキングの原因細菌の一つでもある。

③ **菌鞘細菌**　細胞が菌鞘に包まれているため糸状を呈し，代表的なバルキング原因細菌である *Sphaelotilus* 属は本来桿菌であるが，菌自体は染色しないと観察できず，単に仕切りのないなめらかな繊維として認められる。代表的菌種は *Sphaelotilus natans* である。

⑥ **らせん状およびわん曲型細菌**　一般にらせん菌と呼ばれ，この中の *Spirillum* 属はよどんだ水や酸素不足の活性汚泥中に認められる。

⑦ **グラム陰性，好気性の桿菌，球菌**　*Pseudomonas* 属は蛍光性の色素を生じる細菌で，土壌，淡水，海水に広く分布し，多様な有機物を資化することが可能であるため，環境浄化において最も重要な属であると考えられている。代表種は *Pseudomonas fluorescens* である。

Zoogloea 属は活性汚泥や生物膜に出現する代表的フロック形成細菌で，細胞（$1 \times 2 \sim 4\,\mu m$ の桿菌）がゼラチン様の粘質物に包まれていて，指状，樹状あるいは雲状に増殖する。代表種は *Zoogloea ramigera* である。

Alcaligenes 属も広く分布していて，タンパク質の分解に関与し，脱窒菌として研究されている種類もある。

⑧ **グラム陰性，通性嫌気性の桿菌**　*Escherichia coli* は環境浄化でなく，糞便性汚染の指標として有名で，遺伝学的にも生化学的にも最もよく研究された細菌である。

Flavobacterium 属は生物処理で出現頻度が高い。

⑨ **グラム陰性の嫌気性細菌**　*Bacteroides* 属はセルロースその他の炭水化物の消化を行い，*Desulfovibrio* 属は硫酸塩を還元して硫化水素を生成する。

⑩ **グラム陰性，好気性の球菌，球桿菌**　*Acinetobacter* 属が土壌や水，活性汚泥によく出現する。

⑫ **グラム陰性の独立栄養細菌**　*Nitrosomonas* 属，*Nitrosococcus* 属はアンモニアを酸化して亜硝酸とするので亜硝酸菌（Nitroso-bacteria）と呼ばれ，さらに亜硝酸を硝酸とする *Nitrobacter* 属などの硝酸菌（Nitro-bacteria）とともに地球上における窒素の循環において中心的役割を果たしており，排水の脱窒素処理にも広く利用されている。

⑬ **メタン生成細菌**　*Methanococcus, Methanobacterium, Methanosarcina* などの属があり，嫌気性条件のもとでCO_2，CO，酢酸，ギ酸，プロピオン酸，メタノールなどからメタンを生成する。自然界における炭素の循環に重要な役割を果たし，排水や汚泥の嫌気性処理に利用範囲がますます広がりつつある。

⑮ **内生胞子形成桿菌，球菌**　*Clostridium* 属は嫌気性桿菌でデンプン，タンパク質などの嫌気性分解を行う。通性嫌気性の *Bacillus* 属は消化槽中の主要な嫌気性菌の一つであって，単糖類，二糖類，グリセリン，アミノ酸などの酸発酵を進める。また，活性汚泥中でバルキングの原因となることもある。

⑰ **放線菌とその関連微生物**　放線菌（actinomycetes）は形はカビに近いが，原核細胞をもっている。堆肥やきゅう肥の腐熟に関与し，抗生物質を生産する種類が多い。*Nocardia* 属は，ばっ気による泡立ちの原因となりやすい。

1.3　菌　　類

〔1〕　**特徴・分類等**

　菌類（fungi）は真菌類（eumycetes）とも呼ばれ，真核細胞を有する高等微生物である。主として菌糸を伸ばして栄養をとり，有性ないしは無性のさまざまな胞子をつくって繁殖する。いわゆるカビ，キノコ，酵母をすべて含むが，これらは分類学上の正しい名称ではない。菌類は通常生物処理において優占種となることはないが，低 pH や有害物（シアン，フェノールなど）により細菌の増殖が阻害されたときに，細菌に代わって増殖することがある。また，

活性汚泥のバルキングや散水ろ床の閉塞の原因生物ともなる。菌類は特定の化合物に高い資化性を示し，厳しい生育環境に耐えるものがあるので，廃棄物の分解や廃液の処理に利用できる。

菌類の分類は，菌糸に隔壁の有無と有性胞子に関する特徴とに基づいて，つぎのように4種類に大別される。

菌糸に隔壁を欠いているものを藻菌類（phycomycetes）といい，隔壁をもつもののうち，有性胞子が子嚢内に生じるものを子嚢菌類（ascomycetes），発達した菌糸である担子の上に有性胞子を生じる担子菌類（basidiomycetes），有性胞子の形成が認められない，あるいは有性生殖を行う菌類の無性時代のものを不完全菌類（deuteromycetes, fungi imperfecti）という。

キノコとは胞子を着生する子実体が肉眼で見られるほど大きく発達したものの通称で，大部分は担子菌類に含まれる。酵母の中で胞子をつくるものはほとんど子嚢菌類に含まれ，胞子をつくらないものは不完全菌類に類別される。カビは糸状菌ともいわれ，菌類のうちでキノコと酵母を除いた残りの総称である。菌類の種類は非常に多く，その分類は途方もなく複雑である。

〔2〕 **環境問題との関連**

菌類は好気性の従属栄養生物であり，しかも種類が多いため種々の有機物を分解する能力があるので，自然界での物質循環に重要な関与をしているとともに，各種の廃棄物の分解や排水処理への応用が検討されている。

藻菌類のカビには，排水の生物処理に出現するものが多い（*Mucor* 属，*Saprolegina* 属，*Leptomitus* 属など）。カビの中には色素の生産によって処理水に赤っぽい着色を生じるものもある。*Zoophagus* 属や *Fusarium* 属は輪虫を補食する。

子嚢菌類で環境浄化に利用し得るものは少ないが，*Chaetomium* 属はセルロース分解力が強い。

担子菌類の大部分を占めるキノコには，木材腐朽菌も多く，木材系廃棄物や繊維質の分解への応用が可能で，そうした研究も行われている。

不完全菌類には発酵工学上有用なものが多いので，その性質を廃棄物や排水

の処理に利用し得る。また，活性汚泥のバルキングを起こしたり，線虫類を捕食するなどの点で，排水処理と関連をもつものもある。

　酵母（yeast）はほとんど子嚢菌類に属し，球形，卵形，だ円形などの単細胞からなり，主として出芽によって増殖する。出芽したものが長くつながって偽菌糸をつくる種類もある（**図 1.2**）。酵母は栄養的に優れているので，*Saccharomyces* 属，*Hansenula* 属，*Candida* 属などの酵母を濃厚な排水で培養して回収した酵母を飼料として利用しようという研究ないしは実例があり，馬鈴しょデンプン排水，パルプ排水，醸造排水などが対象となっている。通常，活性汚泥などによる後処理が必要である。活性汚泥中に出現する酵母の種類も少なくない。

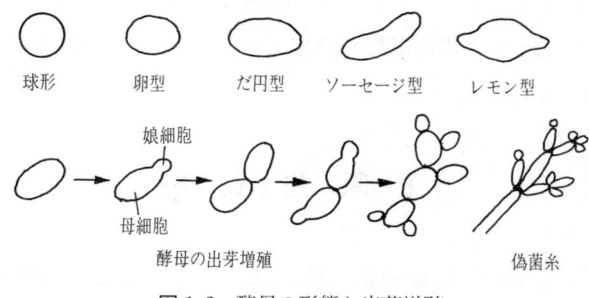

図 1.2　酵母の形態と出芽増殖

1.4　藻　　　類

　藻類（algae）は，クロロフィル（chlorophyll）を有し，光合成を行う独立栄養生物の一種である。すなわち，微生物のうちで藍藻とともに有機物を生産する生産者（producer）の側に属し，有機物の分解者（decomposer）である他の微生物と，機能および地球上の炭素循環（carbon cycle）における地位がきわだって相異している。同時に，従属栄養生物と共存している系（酸化池など）においては，酸素供給の役割を果たしている。

　主として単細胞からなる緑藻（green algae）および珪藻（diatom）が微生

物に属し，褐藻や紅藻はほとんど大型の海藻である。

Chlorella 属，*Scenedesmus* 属，*Chlamydomonas* 属，*Dictyosphaerium* 属，*Closterium* 属などの緑藻類は湖沼や酸化池に出現するほか，特に *Chlorella* は排水中で培養することによって排水処理に利用し，回収した細胞を飼料として利用することもできる。珪藻類は環境浄化にこれまでのところ利用できない。

1.5 藍　　　　藻

藍藻（cyanobacteria, blue-green algae）は光合成独立栄養の単細胞または多細胞の糸状体をなすが，原核細胞をもっているため，その名称にかかわらず，分類学上は藻類とまったく異なった細菌に近い微生物である。富栄養化した湖沼などで繁殖して水質に影響を及ぼすものに *Mycrocystis* 属，*Oscillatoria* 属，*Anabaena* 属がある。

1.6 原　生　動　物

原生動物（protozoa）は原虫とも呼ばれ，多細胞の後生動物（metazoa）と異なり，大きさが30〜100 μm程度の単細胞の動物である。

原生動物はつぎの四つの綱に分類される。

　鞭毛虫類；1本またはそれ以上の鞭毛（flagera）によって運動する。
　肉質(虫)類；偽足によって運動する。
　繊毛虫類（滴虫類）；繊毛によって運動し，通常大核と小核を有する。
　胞子虫類；運動性なく胞子をつくり，すべて寄生性である。排水処理とは無関係である。

しかし，先般新しい分類体系が確立され，これによれば，肉質鞭毛虫類（sarcomastigophora），繊毛虫類（ciliphora）の2門が環境に関連し，前者は鞭毛虫類（mastigophora），オパリナ類（opalinata），肉質虫類（sarcodina）の三つの亜門に分かれる。肉質鞭毛虫類は鞭毛あるいは偽足によっ

て運動する。

　原生動物は 50～100 μm 前後の径のものが多く，大部分は偏性好気性であるが，溶存酸素のほとんど検出されない環境を好むもの（*Paramecium* など）や，嫌気性原生動物も存在する。植物性鞭毛虫類以外の原生動物はすべて従属栄養生物であり，このうち他の生物をそのまま摂食するものを完全動物性栄養（holozoic nutrition）といい，繊毛虫類やある種の肉質鞭毛虫類が属し，細菌を栄養源とするものが多い。生物の死骸またはその分解によって生じた有機物を摂食するものを腐性動物性栄養（saprozoic nutrition）といい，ある種の鞭毛虫類が該当する。また，両方の栄養形式を行うものに肉質虫類がある。このように原生動物は細菌，藻類，微小動物やその死骸，分解物を摂食することによって，微生物生態系や排水処理装置内において食物連鎖（food chain）上重要な役割を担っている。

　また，原生動物はその生息している環境水質の良否や生物処理装置の機能の適否についての指標生物として利用されることが多い。例えば，良好な活性汚泥や生物膜に出現するものとして *Vorticella* 属，*Epistylis* 属，*Opercularia* 属などがあり，一方 *Bodo* 属，*Oikomonas* 属，*Monas* 属などの微小鞭毛虫類が多数を占めると，活性汚泥の状態が悪化している。さらに，活性汚泥の回復期には，*Litonotus* 属，*Chilodonella* 属，*Trachelophyllum* 属などが多くなる。

1.7　微小後生動物

　多細胞からなる後生動物（metazoa）のうちで，体長が数 mm 以下のものを微小後生動物といい，袋形動物（aschelminthes），環形動物（annelida），節足動物（arthropoda）などに属するものが多い。袋形動物には輪虫類（rotatoria），腹毛類（gastrotricha），線虫類（nematoda）がある。輪虫のうちで生物処理に関与するものは，ヒルガタワムシ目（bdelloidia）の *Philodina* 属と *Rotavia* 属，遊泳目（ploima）の *Lepadella* 属，*Colurella* 属，*Lecane* 属などである。細菌類を捕食してフロックを破壊したり，懸濁性細菌

を除いて処理水の透明度を増すなどの機能を示し，食物連鎖にも関与している。腹毛類では毛遊目（chaetonotoidea）の *Chaetonotus* 属がよく出現する。線虫類では *Diplogaster* 属，*Rhabdolaimus* 属，*Dorylaimus* 属が代表的である。

　環形動物では，貧毛綱（oligochaeta）の原始貧毛目（archioligochaeta）のミズミミズ科（naididae）に属する *Nais* 属，*Dero* 属，*Pristina* 属があり，やはり細菌，汚泥を摂食する。

　節足動物のうちで生物処理において出現するのは，甲殻類（crustacae），昆虫類（insecta），蛛形類（arachnida）である。主として生物膜（bio-film）中に出現し，これを捕食してはく離させたりする。甲殻類では，ミジンコ科（daphniidae）の *Daphnia* 属，タマミジンコ科（moinidae）の *Moina* 属，マルミジンコ科（chydoridae）の *Alona* 属，キクロプス科（cyclopidae）の *Cyclops* 属，ミズムシ科（asellidae）の *Asellus* 属などが出現する。昆虫類はすべて双翅目（diptera）に属し，チョウバエ科，カ科，ユスリカ科の幼虫が出現する。蛛形類で出現するのはミズダニ類（hydracarina）のみである。

# 酵素と酵素反応機構

2.1 酵素の作用

　酵素（enzyme）とは，生体細胞により生産される高分子量の有機触媒である。生体内で複雑な化学反応が容易に常温，常圧で行われるのは酵素の作用によるばかりでなく，細胞が必要とする成分を選択的に取り入れるためにも透過酵素（permease）と総称される酵素が関与している。酵素の発見は，一般に，1833年にAnselme PayenとJean-Francois Persozが，彼らがdiastase（今日のamylase）と呼んだデンプンを糖に変える再利用可能な要素について報告したことに置かれており，1878年に生体触媒研究者Wilhelm Kühneがenzymeという名称を提案した。1897年にBüchnerが初めて生きた細胞から酵素を抽出し，1926年にSumnerがureaseの結晶化に成功して，酵素がタンパク質であることが知られ始めた。Leeuwenhoekが微生物を発見したのが1670年代，Cagniard Latour, C.ら3名が発酵が酵母の生理作用によることを提唱したのが1937年，Pasteur, L.とTyndall, J.の実験によって微生物の自然発生説が否定されたのが1860年代であることと対照すると，意外に早く微生物細胞成分である酵素の存在に気づいたことに驚かされる。今日，1500以上の酵素が知られ，数百が結晶化されている。大部分が単純タンパクで，一部のものは糖タンパク質あるいはリポタンパク質である。

〔1〕 **酵素の一般的作用**
　酵素は生体触媒であるから，その作用は一般の触媒と基本的に変わらない。

すなわち，酵素は生体内での反応速度を高めても，反応物（基質：substrate）と生成物（product）の間の平衡関係を変えるものではない．平衡関係は熱力学的法則のみによって定まる．

したがって，酵素による反応促進は，**図2.1**のように，活性化エネルギー（activation energy）の低下による．基質Sから生成物Pができる反応における標準自由エネルギー変化は，酵素反応であっても酵素による触媒作用を伴わない反応であっても同じだが，反応が生起するのに必要とされる活性化エネルギーは，酵素反応ではきわめて小さくなる．その結果，反応する分子のエネルギー分布において，活性化エネルギーより大きいエネルギーをもった分子，すなわち活性化された分子の割合が著しく大きくなって，反応速度の増大をもたらす．

活性化エネルギーが小さくなるということは，同時に反応速度の温度依存性が小さい（3.2節参照）ということでもある．

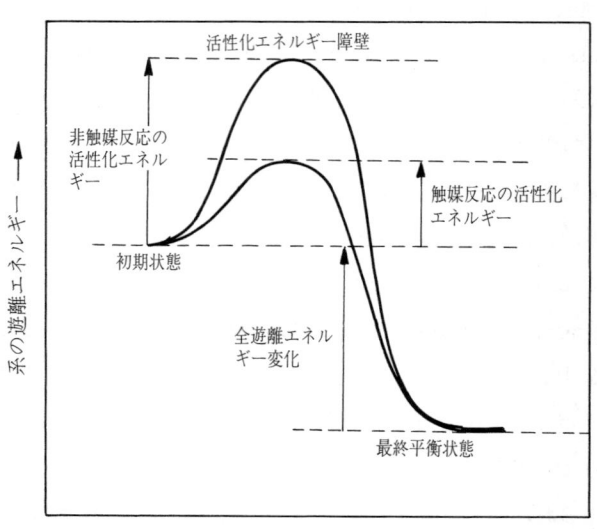

化学反応における全遊離エネルギー変化は不変で，活性化エネルギー障壁を低下させる．

図2.1　触媒の効果

触媒としての酵素の特徴のうち最も重要なものとしては，その特異性（specificity）を挙げることができる。多くの合成触媒が多様な反応を触媒することができるのに，ほとんどの酵素は非常に近い構造の化合物の特定の反応しか触媒せず，唯一の基質の特定の反応にしか作用しないこともある。酵素の特異性は，その精巧な三次元構造に由来し，基質と鍵と錠前の関係にあるためであると考えられている。

酵素が，ある基質に対して熱力学的に可能な多くの反応のうちある一つだけを触媒することを作用特異性（reaction specificity）といい，限られた基質に対してのみ触媒しうることを基質特異性（substrate specificity）という。光学異性体のある基質に対しては，酵素は絶対的に立体特異性（stereo specificity）を示し，D-異性体を触媒する酵素はL-異性体にははたらかない。

〔2〕 特　　　性

酵素の特性は，それがタンパク質であるということに由来する。

（a）　変　　　性

酵素は，熱その他の物理的作用や，酸・塩基その他の化学的作用によって変性（denaturation）する。熱以外の物理的作用として，圧力，紫外線，X線，音波，振動，凍結などがあり，化学的作用としてはアセトン，アルコール，尿素，表面活性剤，重金属塩，酸化剤などのタンパク変性剤への暴露がある。

酵素反応に至適温度が存在するのは，熱変性に起因している。すなわち，酵素自体の活性は温度とともに増大するが，同時に熱変性による失活（inactivation）の割合も増加するので，図2.2のように至適温度を超えると反応速度は急激に低下することとなる。この図よりわかるように，至適温度においても失活は起っていて，長時間反応を行うときに問題となる。至適温度はおおむね30〜40℃の範囲にあるが，高温菌（thermophilic bacteria）の生産する酵素のように，50℃以上，あるいは80℃以上の至適温度を有するものもある。

タンパク質は両性電解質と考えられるから，pHによってイオン化状態が変わり，活性に影響を及ぼす。また，タンパク質が強い酸や塩基によって変性することはよく知られている。ゆえに，酵素活性のpH依存性は，図2.3のよう

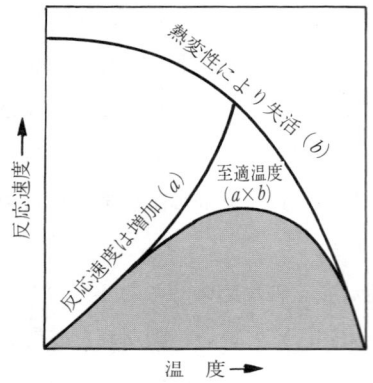
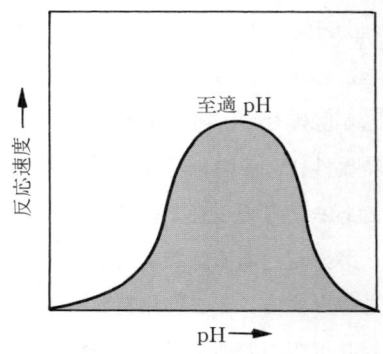

図 2.2 酵素反応速度に対する温度の影響　　図 2.3 pH による酵素反応速度の変化

に至適 pH（optimal pH）を中心としたほぼ対称な曲線となり，至適 pH はおおむね 5.0〜9.0 の間にある。

SH 基が酵素活性に必須であるときなどは，分子状酸素によって変性し失活する。偏性嫌気性細菌はこのような酵素を有しているものと考えられる。

（b）共役因子

多くの酵素は共役因子（cofactor）と呼ばれる非タンパク物質を必要とする。共役因子と結び付いていない酵素（アポ酵素：apoenzyme）は活性を有

表 2.1　補助因子として必須の無機元素を含むかあるいは必要とする酵素の例

Fe^{2+} または Fe^{3+}	チトクロームオキシダーゼ
	カタラーゼ
	ペルオキシダーゼ
Cu^{2+}	チトクロームオキシダーゼ
Zn^{2+}	DNA ポリメラーゼ
	カルボニックアンヒドラーゼ
	アルコールデヒドロゲナーゼ
Mg^{2+}	ヘキソキナーゼ
	グルコース 6-ホスファターゼ
Mn^{2+}	アルギナーゼ
K^+	ピルビン酸キナーゼ（Mg^{2+} も必要である）
Ni^{2+}	ウレアーゼ
Mo	硝酸レダクターゼ
Se	グルタチオンペルオキシダーゼ

しないタンパク質に過ぎず，共役因子と結び付いてはじめて活性なホロ酵素（holoenzyme）となる。ホロ酵素を単に酵素ということが多い。

共役因子には大別して 2 種類ある。一方は**表 2.1** に示したような金属イオン（metal ions）であり，もう一方は補酵素（coenzyme）と呼ばれる複雑な有機分子で，主要なものとして NAD, NADP, CoA, フラボプロティン（Flavoproteins）などがある。それらの作用は**表 2.2** に示すとおりである。

表 2.2 特定の原子や官能基の中間的な運搬体のはたらきをする補酵素

補酵素	転移される部分
チアミンピロリン酸	アルデヒド
フラビンアデニンジヌクレオチド	水素原子
ニコチンアミドアデニンジヌクレオチド	ヒドリドイオン（H⁻）
補酵素 A	アシル基
ピリドキサルリン酸	アミノ基
5′-デオキシアデノシルコバラミン（補酵素 B_{12}）	H 原子とアルキル基
ビオシチン	CO_2
テトラヒドロ葉酸	いろいろな 1-炭素基

2.2 分　　　類

酵素の分類は，国際生化学連合（International Union of Biochemistry：IBU）の酵素命名委員会（Commission on Enzyme Nomenclature）により，系統化された分類および命名法によって行われる。酵素は，その触媒する反応によって大きく 6 群に分けられる（**表 2.3**）。各群の例が**表 2.4** に示されてい

表 2.3 触媒する反応に基づく酵素の国際分類法

番号	クラス	触媒する反応のタイプ
1	オキシドレダクターゼ（酸化還元酵素）	電子の移転
2	トランスフェラーゼ（転移酵素）	基転移反応
3	ヒドロラーゼ（加水分解酵素）	加水分解反応（官能基の水への転移）
4	リアーゼ	二重結合への基の付加またはその逆
5	イソメラーゼ	分子内の基の転移による異性体の生成
6	リガーゼ（合成酵素）	ATP 分解に共役した縮合反応による C-C, C-S, C-O, C-N 結合の生成

表 2.4 酵素の分類と代表的酵素ならびにその反応

酵素の種類		一般的反応
1. 酸化還元酵素	酸化の型	
アルコール脱水素酵素	アルコールからアルデヒドへ	$H_3CCH_2OH \rightarrow H_3C\overset{O}{\overset{\|}{C}}H + 2H$
こはく酸脱水素酵素	二重結合の形成	$^-OOCCH_2CH_2COO^- \rightarrow {}^-OOC\overset{H}{\overset{\|}{C}}=\underset{H}{\underset{\|}{C}}COO^- + 2H$
2. 転移酵素	転移される基	
リン酸転移酵素	ホスホリル基	$RO-\overset{O}{\overset{\|}{\underset{\|}{\underset{O^-}{P}}}}-O^- + HOR' \rightarrow ROH + {}^-O-\overset{O}{\overset{\|}{\underset{\|}{\underset{O^-}{P}}}}-OR'$
アミノ転移酵素	アミノ基	$R-\underset{NH_3^+}{\underset{\|}{CH}}-COO^- + R'-\overset{O}{\overset{\|}{C}}-COO^- \Leftrightarrow R-\overset{O}{\overset{\|}{C}}-COO^- + R'-\underset{NH_3^+}{\underset{\|}{CH}}COO^-$
3. 加水分解酵素	加水分解される結合	
ペプチターゼ	ペプタイド	$R-\overset{O}{\overset{\|}{C}}-\underset{H}{\underset{\|}{N}}-R' + HOH \rightarrow R-\overset{O}{\overset{\|}{C}}-O^- + {}^+H_2N-R'$
ホスファターゼ	1 リン酸エステル	$R-O-\overset{O}{\overset{\|}{\underset{\|}{\underset{O^-}{P}}}}-O^- + HOH \rightarrow R-OH + HPO_4^{2-}$
4. 脱離酵素	脱離する基	
脱炭酸酵素	二酸化炭素	$R-\underset{NH_3^+}{\underset{\|}{\overset{H}{\overset{\|}{C}}}}-COO^- \rightarrow R-\underset{NH_3^+}{\underset{\|}{CH_2}} + O=C=O$
脱アミド酵素	アンモニア	$R-CH_2\underset{NH_2}{\underset{\|}{CHR'}} \Leftrightarrow RCH=CHR' + NH_3$
5. 異性化酵素	異性化される基	
エピメラーゼ	5 炭糖のC-3	D-Ribulose 5-phosphate $\Leftrightarrow$ D-Xylulose 5-phosphate
ラセマーゼ	α-炭素置換基	L-Alanine $\Leftrightarrow$ D-Alanine
6. 合成酵素	形成される共有結合	
アセチル-CoA 合成酵素	C-S	Acetate + CoA-SH + ATP $\Leftrightarrow$ Acetyl-S-CoA + AMP + PP$_1$
ピルビン酸カルボキシル化酵素	C-C	Pyruvate + CO$_2$ + H$_2$O + ATP $\Leftrightarrow$ Oxaloacetate + ADP + P$_1$

る。酸化還元反応は酸化還元酵素（oxidoreductase）によって，基の転移反応は転移酵素（transferase）によって，加水分解は加水分解酵素（hydrolase）によってそれぞれ触媒される。加水分解酵素は多糖類，タンパク質，核酸（nucleic acid）を加水分解する。脱離酵素（lyase）は，基質から非加水分解的にある基を離す反応またはその逆反応に関与する。異性化酵素

（isomerase）は分子内での酸化還元や移転を触媒し，合成酵素（ligase）は高エネルギーピロリン酸結合（例えばATP）の加水分解と対になって二つの分子を結合させる。

　酵素は，その存在する位置によって，菌体内酵素（intracellurar enzyme）と菌体外酵素（extracellurar enzyme）に分けられる。また，特定の物質（誘導物質：inducer）が存在するときのみ生産される酵素を誘導酵素（inducible enzyme）または適応酵素といい，つねに生産される酵素を構成酵素（constitutive enzyme）という。

　一般に，酵素の命名は，初めに基質の名を後に触媒する反応名を記することによって行われる。アルコールを脱水素して酸化しアルデヒドに変える酵素を alcohol dehydrogenase という具合にである。酵素には四つの数を組み合わせた酵素番号が与えられており，上記の酵素は E.C.1.1.1.1 である。最初の1は六つの分類の第1，すなわち酸化還元酵素を，2番目の1は酸化される基質の種類がアルコールであることを，3番目の1は酸化材が補酵素の NAD^+ であることを，最後の数は触媒する反応に関係するもので，1は alcohol dehydrogenase であることを示す。

2.3 固定化酵素

　酵素は高価な触媒であり反応後回収しなければならないこと，反応器内に酵素を閉じ込め基質や生成物だけが移動していくような充てん層を用いれば反応効率がきわめて高いことなどの理由から，酵素や微生物の固定化が種々検討され工業化されている。

　固定化の方法は三つに大別される。

① **担体結合法**　水に不溶性の担体に共有結合，イオン結合，物理吸着などの形で結合させる。担体としてはセルロース，デキストラン，アガロース，多孔性ガラスなどがある。

② **架橋法**　酵素を架橋剤で結合する方法。

③ **包括法** 酵素をゲルの格子中に包み込む（格子型）か，膜によって包む（マイクロカプセル型）方法。ゲルとしてポリアクリルアミドゲル，カラギーナンなどが用いられる。

固定化により酵素の特性が若干変わることが多い。固定化酵素における反応速度の数学的取扱いは固定化微生物におけるそれと共通点が多いので，4.4節にゆずることとする。

2.4 酵素反応の速度

ここでは，基質と酵素とが均質な溶液となっている系に限定して，その反応速度論的取扱いについて述べることとする。

酵素反応の速度に影響を及ぼす因子としては，酵素，基質，エフェクターの濃度，酵素活性に対する影響因子としての温度，圧力，pH等多数存在するが，他の因子を固定して基質濃度の変化に伴う反応速度の変化を解析することが特に重要である。

〔1〕 **Michaelis-Menten 式**

基質 S が生成物 P に変化する反応

$$S \to P$$

において，反応速度は次式で示される。

$$v = -\frac{ds}{dt} = \frac{dp}{dt} \tag{2.1}$$

ここに，v：反応速度〔mol/s〕，s, p：基質および生成物の濃度〔mol〕。

酵素反応速度に関して，Henri, V. は 1902 年に

 i) 基質濃度が低いときは基質濃度に関して 1 次反応で示され，

 ii) 濃度が高くなるに従って反応次数は 1 次から 0 次へと漸近し，

 iii) 存在する酵素の総量に比例する

という実験結果から，次式を示した。

$$v=\frac{v_{\max}s}{K_m+s} \qquad v_{\max}=ae_0 \tag{2.2}$$

ここに，K_m：定数で，$s=K_m$ のとき $v=v_{\max}/2$ となる。

Henri は式(2.2)に反応機構を仮定した理論的説明を与えているが，1913年に示された Michaelis と Menten の誘導と同様に厳密性において難があった。

基質 S と酵素 E とが結合して複合体 ES となり，ES が解離して E と生成物 P となる。

$$\mathrm{E}+\mathrm{S}\underset{k_{-1}}{\overset{k_1}{\rightleftarrows}}\mathrm{ES} \tag{2.3}$$

$$\mathrm{ES}\xrightarrow{k_2}\mathrm{E}+\mathrm{P} \tag{2.4}$$

Henri や Michaelis と Menten はいずれも式(2.3)が平衡状態にあるとした。すなわち

$$\frac{e\cdot s}{(es)}=\frac{k_{-1}}{k_1}=K_m \tag{2.5}$$

ここに，e, s, (es) はそれぞれ E, S, ES の濃度である。また

$$v=\frac{dp}{dt}=k_2(es) \tag{2.6}$$

$$e+(es)=e_0 \tag{2.7}$$

ここに，e_0 は全酵素量である。

式(2.5)，(2.6)および式(2.7)の3式から e および (es) を消去すると

$$v=\frac{k_2 s e_0}{K_m+s} \tag{2.8}$$

が容易に求められるという誘導である。

しかし，式(2.5)で示される平衡関係がただちに成立するという仮定に疑問があり，Briggs と Haldane はつぎのようにして式(2.2)を厳密に導いた。すなわち，基質と ES 複合体の濃度変化は次式で示され

$$v=-\frac{ds}{dt}=k_1 se-k_{-1}(es) \tag{2.9}$$

$$\frac{d(es)}{dt} = k_1 se - (k_{-1} + k_2)(es) \tag{2.10}$$

これらと式(2.7)とから解が得られる。ただし，初期条件は

$$s(0) = s_0, \quad (es)(0) = 0$$

である。

数値計算により，s_0 が e_0 より十分に大きいときは，短時間で (es) の値が一定となることが知られ，したがって式(2.10)の右辺$=0$とすると

$$k_1 se - (k_{-1} + k_2)(es) = 0 \tag{2.11}$$

式(2.7)，(2.9)および式(2.11)より

$$v = -\frac{ds}{dt} = \frac{k_2 s e_0}{[(k_{-1} + k_2)/k_1] + s} = \frac{v_{\max} s}{K_m + s} \tag{2.12}$$

ここでは，Henri, Michaelis-Menten の誘導と K_m の値が異なり

$$K_m = \frac{k_{-1} + k_2}{k_1} \tag{2.13}$$

である。また

$$v_{\max} = k_2 e_0 \tag{2.14}$$

である。今日，式(2.12)を Michaelis-Menten 式と呼んでおり，K_m を Michaelis 定数という。

ただ，多くの酵素反応では $k_2 \ll k_{-1}$ であるから，式(2.5)による K_m と式(2.13)によるそれとはきわめて近い。

式(2.12)は s に関して直角双曲線であり，$s = K_m$ において $v = v_{\max}/2$ となる（図 2.4）。つまり，K_m は s と同じ濃度の次元をもち，最大反応速度の2分の1の速度を与える基質濃度である。$s(0) = s_0$ という初期条件のもとで式(2.12)を積分すると

$$v_{\max} t = (s_0 - s) + K_m \ln \frac{s_0}{s} \tag{2.15}$$

となる。s_0 や s が K_m より十分大きいときは，式(2.15)の右辺第1項が卓越して基質濃度に関して0次反応，逆の場合は第2項が卓越して1次反応でそれぞれ近似できる。

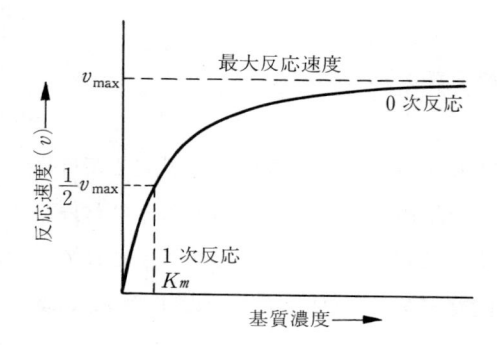

図2.4 酵素反応における基質濃度が反応速度に及ぼす影響

(a) 直線関係を利用した Michaelis-Menten 式の当てはめ

Michaelis-Menten 式は，二つのパラメーター K_m および v_{max} を実験値より求めることによって一義的に決定されるが，原型はこの目的に適していないので，つぎのように変形してプロットすると都合がよい。

$$\frac{1}{v} = \frac{1}{v_{max}} + \frac{K_m}{v_{max}} \frac{1}{s} \tag{2.16}$$

$$\frac{s}{v} = \frac{K_m}{v_{max}} + \frac{1}{v_{max}} s \tag{2.17}$$

$$v = v_{max} - K_m \frac{v}{s} \tag{2.18}$$

いずれも直線関係を利用しており，式(2.16)は $1/v$ と $1/s$ との直線関係を利用し (Lineweaver-Burk plot)，v と s が両辺に分かれていることが特長である。式(2.17)は s が小さい範囲の実験データの整理に適し $1/v_{max}$ が正確に求められる。式(2.18)によるものは，Eadie-Hofstee Plot と呼ばれ，座標の両

表2.5 いくつかの酵素の K_m 値

酵素	基質	K_m 〔mol〕
カタラーゼ	H_2O_2	2.5×10^{-2}
β-ガラクトシダーゼ	乳糖	4×10^{-3}
ペニシリナーゼ	ベンジルペニシリン	5×10^{-5}
グルタミン酸脱水素酵素	α-ケトグルタール酸	2×10^{-3}
	NH_4^+	5.7×10^{-2}
	NADH	1.8×10^{-5}
ヘキソキナーゼ	グルコース	1.5×10^{-4}
	果糖	1.5×10^{-3}

軸に v を含むので誤差が最も大きくなりやすい。

各種の酵素のパラメーター定数の値を**表2.5**に示した。

(b) 北尾の提案による当てはめ

式(2.16)〜(2.18)を利用して実験結果を Michaelis-Menten の式に当てはめること，すなわち二つのパラメーター K_m および $v_{\max}$ を定めることは意外に困難である。その原因の大部分は，これらの式が v の関数として示されているからである。実験における測定時間間隔を $\varDelta t$ とすると，その間での s の変化を $-\varDelta s$ とすれば

$$v = -\frac{ds}{dt} = -\frac{\varDelta s}{\varDelta t} = \frac{s_t - s_{t+\varDelta t}}{\varDelta t} \tag{2.19}$$

であり，かつ v は s の関数であるから，ある s に対応する v を正しく求めるためには，$\varDelta t$ を非常に小さく刻む必要がある。$\varDelta t$ が小さくなるほど $\varDelta s$ も小さくなり，s の測定誤差の $\varDelta s$ に及ぼす影響が大きくなる。

ゆえに，北尾[1] は Michaelis-Menten 式を式(2.12)の形で用いるよりも，これを時間で積分して基質濃度を時間の関数として示したものを利用した方が実際的であると考えた。

式(2.12)，(2.19)より

$$-\frac{ds}{dt} = \frac{v_{\max} s}{K_m + s} \tag{2.20}$$

式(2.20)を初期条件 $t=0$ で $s=s_0$ という条件で積分すると

$$v_{\max} t = -K_m \ln\left(\frac{s}{s_0}\right) + (s_0 - s) \tag{2.21}$$

式(2.21)において s_0 が十分に大きく，測定時間中の任意の t に対して $s/s_0 = 1$ と見なせるとき，第1項はつねに 0 に等しい。ゆえに

$$(s_0 - s)_{s_0 = \infty} = v_{\max} t \tag{2.22}$$

時間 t における基質の減少量が式(2.22)の値の $1/2$ となるような基質初濃度を $s_{0,\frac{1}{2}}$ とすると

$$(s_0 - s)_{s_0 = s_{0,\frac{1}{2}}} = (s_{0,\frac{1}{2}} - s) = \frac{v_{\max} t}{2} \tag{2.23}$$

式 (2.23) および $s_0 = s_{0,\frac{1}{2}}$ を式 (2.21) に代入して，$s_{0,\frac{1}{2}}$ について解くと

$$s_{0,\frac{1}{2}} = \frac{\dfrac{v_{\max} t}{2}}{1 - \exp\left(-\dfrac{v_{\max} t}{2K_m}\right)} \tag{2.24}$$

を得る。$s_{0,\frac{1}{2}}$ の $t \to 0$ のときの極限値を考えると

$$\lim_{t \to 0} s_{0,\frac{1}{2}} = \lim_{t \to 0} \frac{\dfrac{v_{\max} t}{2}}{1 - \exp\left(-\dfrac{v_{\max} t}{2K_m}\right)} = K_m \tag{2.25}$$

となる。また

$$\frac{ds_{0,\frac{1}{2}}}{dt} = \frac{\left(\dfrac{v_{\max}}{2}\right)\left\{1 - \left(1 + \dfrac{v_{\max} t}{2K_m}\right)\exp\left(-\dfrac{v_{\max} t}{2K_m}\right)\right\}}{\left\{1 - \exp\left(-\dfrac{v_{\max} t}{2K_m}\right)\right\}^2} \tag{2.26}$$

式 (2.26) の左辺の分子は $t=0$ で 0 であり，{ } 内をさらに微分したものは $t>0$ ではつねに 0 より大きい。ゆえに

$$\frac{ds_{0,\frac{1}{2}}}{dt} > 0, \quad t > 0 \tag{2.27}$$

である。さらに

$$\lim_{t \to 0} \frac{ds_{0,\frac{1}{2}}}{dt} = -\frac{3}{4} v_{\max} \tag{2.28}$$

である。

以上の関係を利用して $v_{\max}$ および K_m を求めることができる。その手順を示すと以下のとおりである。

ⅰ）s_0 を 0 から実際上 ∞ と見なせる値にわたって何段階かに変化させ，残存基質濃度の経時変化を実測する。

ⅱ）ⅰ) の結果を反応量の経時変化に書き改め，$s_0 = \infty$ に対して得られた直線から $v_{\max}$ を求める。

ⅲ）縦軸に反応量，横軸に s_0 をとって，反応時間 t をパラメーターとして曲線群を描く。

iv) 各曲線上の反応量が最大の1/2である点をマークすれば,各時間における $s_{0,\frac{1}{2}}$ を示しているから,これらの点を式(2.27)および式(2.28)の関係に留意しながら結んだ曲線が横軸と交わる点が K_m を示す。

筆者は,Michaelis-Menten式ではなく,これとまったく同形のMonod式(3章式(3.68))のパラメーター決定にこの方法を利用した。この場合,酵素濃度は微生物濃度(SSとして表示)に置き変えられ,残存基質濃度を求める

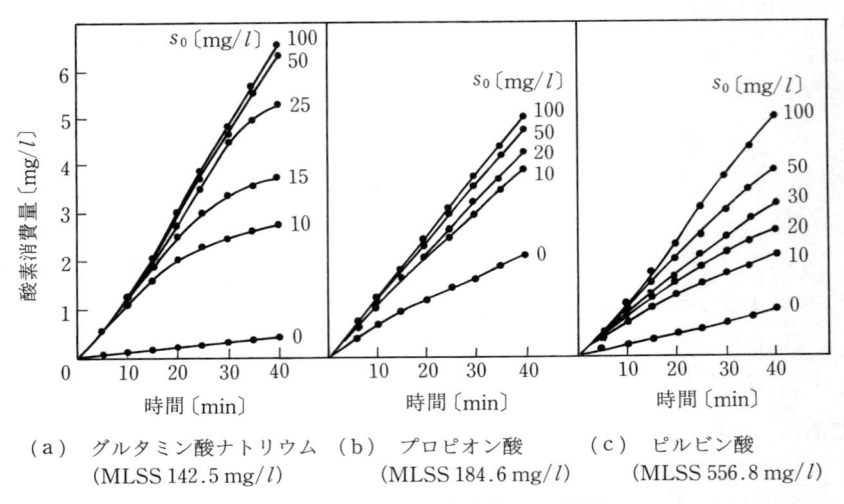

(a) グルタミン酸ナトリウム (MLSS 142.5 mg/l)
(b) プロピオン酸 (MLSS 184.6 mg/l)
(c) ピルビン酸 (MLSS 556.8 mg/l)

図2.5 基質濃度と酸素消費量との関係

(a) グルタミン酸ナトリウム
(b) プロピオン酸
(c) ピルビン酸

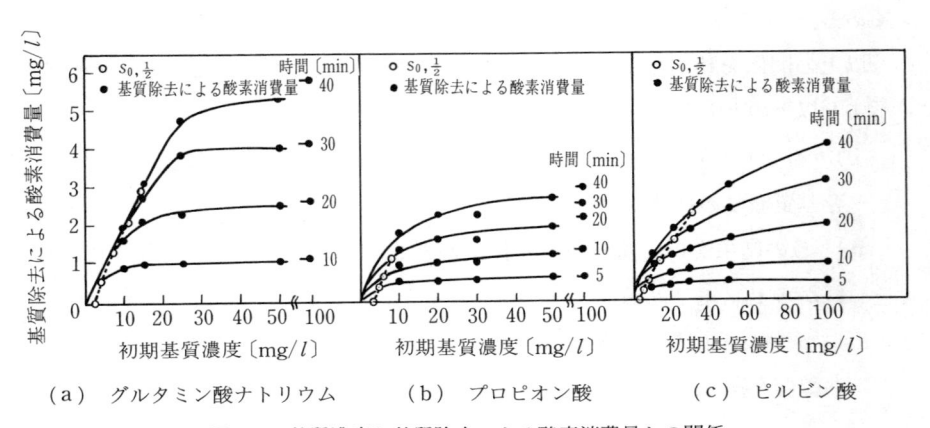

図2.6 基質濃度と基質除去による酸素消費量との関係

代わりに基質消費量と比例関係にある酸素消費量（内呼吸量を差し引いた値）を経時的に測定した。初期基質濃度をパラメーターとした酸素吸収量の経時変化は図2.5（a）〜（c）のようであり，これを図2.6（a）〜（c）のように時間をパラメーターとした図に書き改め，白抜きの点で示される $s_{0,\frac{1}{2}}$ をつないで K_s を求めた。K_m と v_{max} を表2.6にまとめて示した。

表2.6 飽和定数（K_m）および最大除去速度（v_{max}），（温度20℃）

基 質	K_m				v_{max}
	Conc. 〔mg/l〕	TOC 〔mg/l〕	BOD 〔mg/l〕	COD 〔mg/l〕	(mg-基質/mg-SS/h)
D-グルコース	6.0	6.4	4.0	4.2	0.51
ラクトース	20.0	22.0	13.0	—	0.087
グルタミン酸ナトリウム	2.0	2.0	1.4	0.56	0.30
L-アルギニン	2.0	2.0	1.0	1.2	0.063
酢酸カルシウム	9.0	7.3	6.3	0.39	0.71
プロピオン酸	3.0	4.5	4.3	0.44	0.26
ピルビン酸	4.5	4.1	—	—	0.18

〔2〕 二基質反応および共役因子によって活性化される反応

2種以上の基質が関与する反応は非常に多いが，その一つは水であって他の基質よりはるかに濃度が高いので，一基質反応として扱えることが多い。二基質反応式は，共役因子が酵素反応速度に影響している際にも適用できる。

つぎのような二基質反応を考える。

$$\left.\begin{array}{l} E+S_1 \rightleftarrows ES_1 \quad K_1 \\ E+S_2 \rightleftarrows ES_2 \quad K_2 \\ ES_1+S_2 \rightleftarrows ES_1S_2 \quad K_{12} \\ ES_2+S_1 \rightleftarrows ES_1S_2 \quad K_{21} \\ ES_1S_2 \rightarrow P+E \end{array}\right\} \quad (2.29)$$

ここに，K_1, K_2, K_{12}, K_{21} は各平衡式における解離平衡定数である。反応速度は

$$v = k(es_1s_2) \quad (2.30)$$

で表され，Michaelis-Menten 式の誘導と同様に酵素の総量は e_0 という関係

を利用すると

$$v = \frac{ke_0}{1 + \dfrac{K_{21}}{s_1} + \dfrac{K_{12}}{s_2} + \dfrac{1/2(K_2K_{21} + K_1K_{12})}{s_1 s_2}} \tag{2.31}$$

$$K_1 K_{12} = K_2 K_{21} \tag{2.32}$$

がつねに成立するので，式(2.31)は若干簡略になる。

式(2.31)を変形すると，Michaelis-Menten 式と同形にできる。

$$v = \frac{v'_{\max} s_1}{K'_m + s_1} \tag{2.33}$$

ここで

$$v'_{\max} = \frac{ke_0 s_2}{s_2 + K_{12}} \tag{2.34}$$

$$K'_m = \frac{K_{21} s_2 + K_1 K_{12}}{s_2 + K_{12}} \tag{2.35}$$

である。s_2 が一定に保たれていれば，$v'_{\max}$ および K'_m は一定値となるから，s_1 に関して Michaelis-Menten 式が成立する。また，s_2 が水などのように大過剰に存在する基質であるときは

$$\left. \begin{array}{l} v'_{\max} = ke_0 \\ k'_m = K_{21} \end{array} \right\} \tag{2.36}$$

となり，先に述べたように単一基質として扱えることがわかる。

共役因子 C が関与する一基質酵素反応は

$$\left. \begin{array}{lll} \mathrm{E + C} & \rightleftarrows \mathrm{EC} & K_c \\ \mathrm{EC + S} & \rightleftarrows \mathrm{ECS} & K_s \\ \mathrm{ECS} & \stackrel{k}{\rightarrow} \mathrm{EC + P} & \end{array} \right\} \tag{2.37}$$

と表せる。すなわち，EとCが結合したのちEが活性化され，基質と複合体を形成して反応を触媒するに至る。この場合も同様に

$$v = \frac{ke_0 cs}{cs + K_s(c + K_c)} \tag{2.38}$$

となり，ここに c は共役因子の濃度である。式(2.38)より基質か共役因子のいずれかの濃度が一定に保たれているとすると，反応速度はほかの一方の濃度

に対して Michaelis-Menten 式に従う．また，共役因子の濃度が小さいとき（$c \ll K_c$），反応速度は c に関して1次，逆に $c \gg K_c$ のときは，単一基質の式に一致し，反応速度は c に無関係（c に関して0次）となる．

〔3〕 **酵素の活性とその制御**

1分間に 1 μmol の基質を変化させるために必要な酵素量を 1 unit（単位）といい，1 U で示す．比活性は U/mg-タンパク質で表す．1秒間に 1 mol の基質を変化させるために必要な酵素量を 1 katal といい，1 kata で示す．比活性は kat/kg-タンパク質で示す．1 kat は 6×10^7 U である．

最適条件下で酵素1分子が単位時間に変化させる基質の分子数をターンオーバ数（turnover number）あるいは分子活性（molecular activity）といい，**表 2.7** にその例を示す．常温で高いターンオーバ数を示すことが酵素の大きな特徴とされている．

表 2.7 いくつかの酵素のターンオーバ数
(20〜38 ℃, min^{-1})

酵素	ターンオーバ数
炭酸脱水酵素	36 000 000
β-アミラーゼ	1 100 000
β-ガラクトシダーゼ	12 500
ホスホグルコムターゼ	1 240

酵素活性の制御の機構として，酵素反応がそれを含む反応系の最終生成物（end product）によって阻害されることをフィードバックインヒビション（feedback inhibition）といい，ネガティブフィードバックインヒビション（negative feedback inhibition）ともいう（**図 2.7**）．

酵素が基質と結合する部位（isosteric site）のほかに，基質以外の特定の物質（allosteric effector）と結合する制御部位（allosteric site）をもち，これとエフェクターとの結合により，酵素タンパク質に可逆的変化を生じることによる酵素活性の制御をアロステリック効果という（**図 2.8**）．

〔4〕 **酵素反応の阻害**

酵素反応の阻害（inhibition）には，拮抗阻害（competitive inhibition），

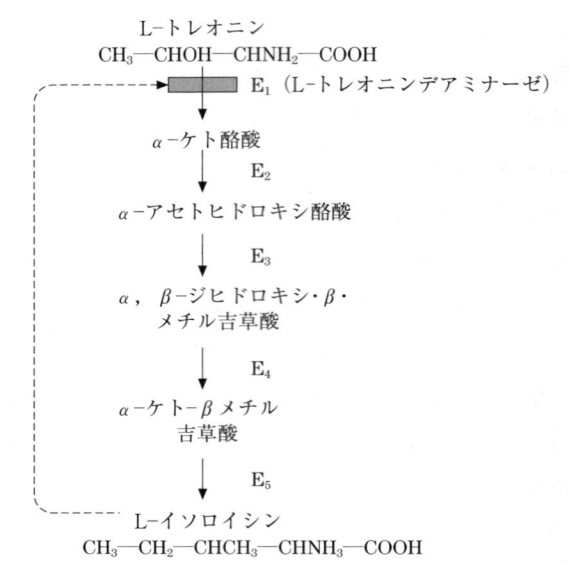

L-トレオニン
CH₃—CHOH—CHNH₂—COOH
↓ E₁ (L-トレオニンデアミナーゼ)
α-ケト酪酸
↓ E₂
α-アセトヒドロキシ酪酸
↓ E₃
α,β-ジヒドロキシ・β-メチル吉草酸
↓ E₄
α-ケト-βメチル吉草酸
↓ E₅
L-イソロイシン
CH₃—CH₂—CHCH₃—CHNH₃—COOH

このフィードバック阻害システムでは酵素 E_1（L-トレオニンデアミナーゼ）の活性は最終生産物である L-イソロイシンの存在によって減じられる。

図 2.7 フィードバック阻害の例

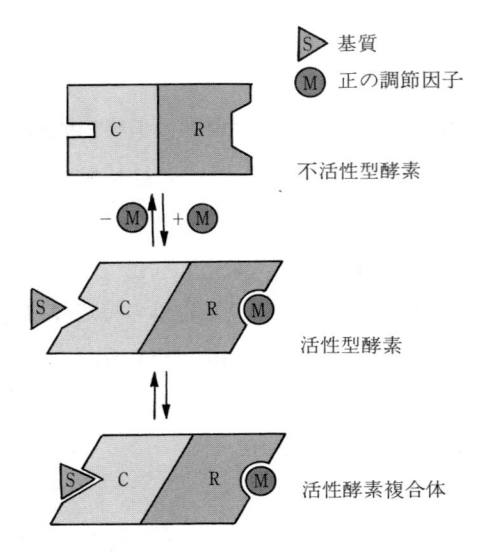

S 基質
M 正の調節因子

不活性型酵素

活性型酵素

活性酵素複合体

多くのアロステリック酵素では，基質結合部位と調節因子結合部位が，触媒部位(C)と調節部位(R)という異なるサブユニット上に存在する。正（促進）調節因子(M)が調節サブユニット上の特異的な部位に結合すると，コンホメーション変化を通じて触媒部位に連絡が送られ，触媒サブユニットを活性化し，基質(S)と高い親和性で結合できるようになる。調節因子が調節サブユニットから解離すると，酵素は再び不活性もしくは活性の低い状態に戻る。

図 2.8 アロステリック酵素におけるサブユニット間の相互作用と阻害性因子および促進性因子の作用

非拮抗阻害 (noncompetitive inhibition), 不拮抗阻害 (uncompetitive inhibition), 混合型阻害 (mixed type inhibition) の四つの型があり, Lineweaver-Burk plot によって明確に区別できる.

(a) 拮 抗 阻 害

基質と阻害剤が酵素の同一の活性部位を奪い合うために起こる阻害で, 阻害剤は基質と類似の構造であることが多い. いま, 阻害剤を I とすると

$$E + S \underset{k_{-1}}{\overset{k_1}{\rightleftharpoons}} ES \overset{k_2}{\longrightarrow} E + P \tag{2.3}$$

$$E + I \underset{k_{-3}}{\overset{k_3}{\rightleftharpoons}} EI \tag{2.39}$$

および次式が得られる.

$$e_0 = e + (es) + (ei) \tag{2.40}$$

ただし, (ei) は酵素阻害剤複合体 EI の濃度を示す.

式(2.3)の ES の定常状態に対して

$$\frac{[e_0 - (es) - (ei)]s}{(es)} = \frac{k_{-1} + k_2}{k_1} = K_m \tag{2.41}$$

式(2.39)における平衡定数を K_i とすると

$$\frac{[e_0 - (es) - (ei)]i}{(ei)} = \frac{k_{-3}}{k_3} = K_i \tag{2.42}$$

式(2.41)および式(2.42)から (ei) を消去すると

$$(es) = \frac{e_0 s K_i}{K_m K_i + K_m i + K_i s} \tag{2.43}$$

$$v = k_2(es) = \frac{k_2 e_0 s}{K_m\left(1 + \dfrac{i}{K_i}\right) + s} = \frac{v_{\max} s}{K_m\left(1 + \dfrac{i}{K_i}\right) + s} \tag{2.44}$$

両辺の逆数をとれば

$$\frac{1}{v} = \frac{K_m}{v_{\max}}\left(1 + \frac{i}{K_i}\right)\frac{1}{s} + \frac{1}{v_{\max}} \tag{2.45}$$

すなわち, Lineweaver-Burk plot において, $1/v$ 軸上の切片は変わらず, こう配が $1 + i/K_i$ 倍になる.

(b) 非拮抗阻害

基質が結合する活性部位以外のところに阻害剤が結合して，酵素・阻害剤複合体を形成するとともに，酵素・基質複合体にも阻害剤が結合し，反応を妨げる。阻害剤を一定とし，基質濃度を増大させると，拮抗阻害では阻害剤による反応速度の低下を防ぎ，阻害剤の影響を消去できるのに対し，非拮抗阻害ではいかに基質濃度を大きくしても阻害の影響はなくならない。

反応型式は，式(2.3)，(2.39)のほか

$$\mathrm{ES} + \mathrm{I} \underset{k_{-3}}{\overset{k_3}{\rightleftharpoons}} \mathrm{ESI} \qquad K_i \tag{2.46}$$

で表され，これらと

$$e_0 = e + (es) + (ei) + (esi) \tag{2.47}$$

から反応速度式が求められる。式(2.3)の平衡から

$$\frac{[e_0 - (es) - (ei) - (esi)]s}{(es)} = \frac{k_{-1} + k_2}{k_1} = K_m \tag{2.48}$$

式(2.39)の平衡から $i \gg (es)$, (esi), e_0 を仮定する。

$$\frac{[e_0 - (es) - (ei) - (esi)]i}{(ei)} = \frac{k_{-3}}{k_3} = K_i \tag{2.49}$$

同様に，式(2.46)から

$$\frac{(es)i}{(esi)} = \frac{k_{-3}}{k_3} = K_i \tag{2.50}$$

式(2.50)を式(2.49)に代入して (ei) を求めると

$$(ei) = \frac{i(e_0 - (es) - (es)i/K_i)}{K_i + i} \tag{2.51}$$

式(2.50)，(2.51)を用いて，式(2.48)より (es) を求めることができ

$$(es) = \frac{e_0 s}{(K_m + s)(1 + i/K_i)} \tag{2.52}$$

ゆえに，反応速度 v は

$$v = k_2(es) = \frac{k_2 e_0 s}{(K_m + s)(1 + i/K_i)} = \frac{k_2 e_0 s}{(K_m + s)(1 + i/K_i)} \tag{2.53}$$

両辺の逆数をとると

$$\frac{1}{v} = \left(1 + \frac{1}{K_i}\right)\left(\frac{1}{v_{\max}} + \frac{K_m}{v_{\max}} \cdot \frac{1}{s}\right) \tag{2.54}$$

$1/s$ 軸上の切片は同じで，こう配が $1/(1+i/K_i)$ 倍の直線となる。

(c) **不拮抗阻害**

阻害剤は遊離の酵素とは結合せず，酵素基質複合体とのみ結合することによって阻害効果をもたらす。

この場合の反応型式は，式(2.3)および式(2.46)で表され，これらと

$$e_0 = e + (es) + (esi) \tag{2.55}$$

からこれまでと同様に反応速度式が求められる。

$$v = k_2(es) = \frac{\dfrac{v_{\max}}{1+i/K_i} s}{\dfrac{K_m}{1+i/K_i} + s} \tag{2.56}$$

K_m，$v_{\max}$ とも $1/(1+i/K_i)$ 倍になり，Lineweaver-Burk plot において，$1/s$，$1/v$ 両軸上の切片ともこの比で大きくなるので，直線は上方へ平行移動する。

(d) **混合型阻害**

酵素と阻害剤とが結合することによって酵素と基質の結合に影響が生じることによる阻害で，非拮抗阻害と不拮抗阻害の混合型である。ゆえに，反応型式は，式(2.3)および非拮抗阻害の式(2.39)，(2.46)と

$$\text{EI} + \text{S} \rightleftharpoons \text{EIS} \qquad K_s' \tag{2.57}$$

$$\text{ES} \xrightarrow{k} \text{E} + \text{P} \qquad \text{EIS} \xrightarrow{k} \text{EI} + \text{P} \tag{2.58}$$

で表される。また

$$e_0 = e + (es) + (ei) + (eis) \tag{2.59}$$

である。これらより同様に反応速度を求めると

$$v = \frac{\left[\dfrac{1}{1+iK_m/K_iK_s'}\right]ke_0 s}{\left[\dfrac{K_m(1+i/K_i)}{1+iK_m/K_iK_s'}\right]+s} = \frac{v_{\max}^{\text{app}} s}{K_m^{\text{app}} + s} \tag{2.60}$$

$$K_m^{\text{app}} = K_m \frac{1+i/K_i}{1+iK_m/K_iK_s'} \tag{2.61}$$

$$v_{\max}^{\text{app}} = v_{\max} \frac{1}{1+iK_m/K_iK_s'} \tag{2.62}$$

$$\frac{1}{v} = \frac{1}{v_{\max}^{\text{app}}} + \frac{K_m^{\text{app}}}{v_{\max}^{\text{app}}} \cdot \frac{1}{s} \tag{2.63}$$

であるから，Lineweaver-Burk plot において両軸上の切片，こう配ともに基本型と比べて変わる．

各阻害型式のプロットを図2.9に，パラメーター定数を表2.8に，それぞれまとめて示す．

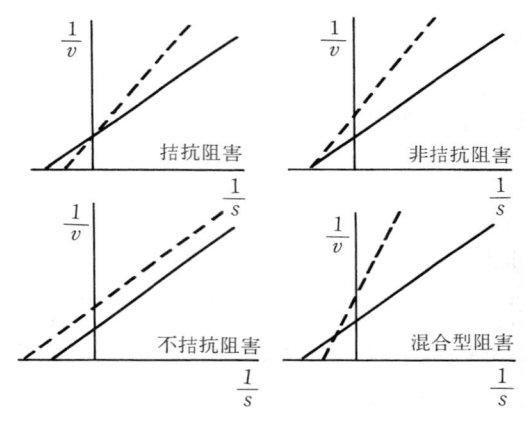

―――：阻害剤なし　---：阻害剤あり

図2.9　各阻害形式における$1/v$と$1/s$との関係の阻害がない場合との比較

表2.8　各阻害におけるK_aとv_a

阻害様式	見かけのミカエリス定数 K_a	見かけの最大速度 v_a
拮抗阻害	$K_m(1+i/K_i)$	$v_{\max}$
非拮抗阻害	K_m	$v_{\max}(1+i/K_i)$
不拮抗阻害	$\dfrac{K_m}{1+i/K_i}$	$\dfrac{v_{\max}}{1+i/K_i}$
混合型阻害	$\dfrac{K_m(1+iK_i)}{1+iK_m/K_iK_s'}$	$\dfrac{v_{\max}}{1+iK_m/K_iK_s'}$

〔注〕　i：阻害剤の濃度　　K_s'：ESI⇔EI+S の解離定数

3 微生物の増殖―物質・エネルギーの収支と速度論

3.1 微生物反応における量論

　微生物反応も一種の化学反応であるから，その化学量論（stoichiometry）的把握は，環境において微生物が起こした変化を整理したり，生物化学的反応プロセスを解析したり設計する際のきわめて重要な手段であり，定量的議論を行ううえで不可欠である。しかし，微生物反応は酵素反応と異なり，多種多様な化学種が多様な反応を行うのであるから，それらの変化をすべて正確に追跡することは不可能である。そこで，量論的検討は酸素，基質，代表的生成物など主要な物質や多くの反応を総括的に表し得るような指標について行われることになる。特に，排水のように基質を構成する成分や反応に関与する微生物が種々雑多であるときには，そこに起こった変化の総括的な把握の重要性は一段と大きくなる。

3.1.1 熱力学の基礎
〔1〕 熱力学の第1法則
　エネルギー保存則（the conservation-of-energy law）ともいわれ，エネルギーはつくられたり消滅したりすることはないことをいい，次式で示される。

$$\Delta E = Q - W \tag{3.1}$$

　ここに，ΔE：内部エネルギー（internal energy）の変化，Q：系によって吸収された熱量，W：系がした仕事である。

〔2〕 エンタルピー

エンタルピー（enthalpy）H は次式で定義される。

$$H = E + PV \tag{3.2}$$

ここに，E：内部エネルギー，P：系にかかる圧力，V：体積である。

化学反応系においては，系が外部に向かってする仕事は膨張仕事であり，定圧下では $P\varDelta V$ であるから，式(3.1)に代入すると

$$\varDelta E = Q - P\varDelta V \quad \text{すなわち} \quad Q = \varDelta E + P\varDelta V = \varDelta H \tag{3.3}$$

系が吸収した熱量はエンタルピー変化に等しいことがわかる。化学反応では，熱吸収を伴い $\varDelta H$ が正であるとき吸熱反応（endothermic reaction），熱発生を伴い $\varDelta H$ が負であるとき発熱反応（exothermic reaction）という。内部エネルギーやエンタルピーは系の状態に応じて一義的に決まる状態量である。こうした状態量については，その絶対値よりもその変化量に意味があるので，比較のための基準を定めて，状態の変化に伴う状態量の変化より，ほかの状態での状態量を定め得る。

25°C，1 atm（標準状態）のもとで，基準状態の単体および水素イオンのエンタルピーを0とする。例えば，H_2 1モルと O_2 1/2モルから H_2O 1モルが生成すると，68.32 kcal の発熱を伴うので

$$H_2 + \frac{1}{2}O_2 \rightarrow H_2O(lq) \quad \varDelta H_f^0 = -68.32 \text{ [kcal/mol]}$$

と記し，発熱量が 68.32 kcal/mol であることを示す[†]。同時に H_2，O_2 の標準エンタルピーは共に0であるから，液体の H_2O の標準エンタルピーが -68.32 kcal/mol であることにもなる（**表3.1**）。

エンタルピー変化の数例を示すと，反応の前後で体積が変わらない場合（$\varDelta V = 0$ だから $\varDelta H = \varDelta E$）

$$C_{12}H_{22}O_{11} + H_2O \rightarrow C_6H_{12}O_6 + C_6H_{12}O_6 \quad \varDelta H_f^0 = -4.8 \text{ [kcal/mol]}$$

[†] エネルギーやエンタルピーの量は CGS 単位系ではジュール（J）で表すのが正しいが，多くの既存資料がカロリーを用いているので，本書では照合の便宜上，主としてカロリーを用いた。1 cal = 4.187 J である。

表3.1 25℃における合成のための標準エンタルピーとGibbs自由エネルギー

物 質	状態[†]	ΔH^0_{298} [kcal/mol]	ΔG^0_{298} [kcal/mol]	物 質	状態[†]	ΔH^0_{298} [kcal/mol]	ΔG^0_{298} [kcal/mol]
Ca^{2+}	aq	-129.77	-132.18	H_2O	lq	-68.32	-56.69
$CaCO_3$	c	-288.45	-269.78	H_2O	g	-57.80	-54.64
CaF_2	c	-290.30	-277.70	HS^-	aq	-4.22	3.01
$Ca(OH)_2$	c	-235.80	-214.33	H_2S	g	-4.82	-7.89
$CaSO_4 \cdot 2H_2O$	c	-483.06	-429.19	H_2S	aq	-9.40	-6.54
CH_4	g	-17.89	-12.14	H_2SO_4	lq	-193.91	...
CH_3CH_3	g	-20.24	-7.86	Na^+	aq	-57.28	-62.59
CH_3COOH	aq	-116.74	-95.51	NH_3	g	-11.04	-3.98
CH_3COO^-	aq	-116.84	-88.99	NH_3	aq	-19.32	-6.37
CH_3CH_2OH	lq	-66.36	-41.77	NH_4^+	aq	-31.74	-19.00
$C_6H_{12}O_6$	aq	...	-217.02	NO_2^-	aq	-25.40	-8.25
CO_2	g	-94.05	-94.26	NO_3^-	aq	-49.37	-26.41
CO_2	aq	-98.69	-92.31	OH^-	aq	-54.96	-37.60
CO_3^{2-}	aq	-161.63	-126.22	S^{2-}	aq	10	20
F^-	aq	-78.66	-66.08	SO_4^{2-}	aq	-216.90	-177.34
HCO_3^-	aq	-165.18	-140.31	Zn^{2+}	aq	-36.43	-35.18
H_2CO_3	aq	-167.00	-149.00	ZnS	c	-48.50	-47.40

[†] aq:水溶液　c:結晶　g:ガス　lq:液体

$$CH_3COOH + 2O_2 \rightarrow 2CO_2(aq) + H_2O(lq)$$

$$-116.74 \quad 0 \quad 2(-98.69) \quad -68.32$$

$$\Delta H^0_f = 2(-98.69) - 68.32 - (-116.74) = -148.96 \text{ [kcal/mol]}$$

体積変化のある場合

$$CH_3COOH \rightarrow CH_4 + CO_2(aq)$$

$$-116.74 \quad -17.89 \quad -98.69$$

$$\Delta H^0_f = -17.89 - 98.69 - (-116.74) = 0.16 \text{ [kcal/mol]}$$

$$\Delta E = \Delta H^0_f + P\Delta V = \Delta H^0_f + nRT = 0.16 + (2)(1.98)(25+273) \times 10^{-3}$$

$$= 1.12 \text{ [kcal/mol]}$$

〔3〕 エントロピー

反応が自発的に生じるかどうかは,エントロピー (entropy) を基準にして判断できる。エントロピーは次式によって定義される状態量である。

$$dS = \frac{dQ_{rev}}{T} \tag{3.4}$$

ここに，S：系のエントロピー，Q_{rev}：系が可逆的に，すなわち無限に遅く吸収した熱量，T：絶対温度である。エントロピーについても，その変化量に意味があり，状態1から状態2へと変化するときのエントロピー変化は，式(3.4)を積分して

$$\varDelta S = S_2 - S_1 = \int_1^2 \frac{dQ_{rev}}{T} \tag{3.5}$$

で与えられる。独立した（閉じた）系においてある変化に伴う $\varDelta S$ が正ならば変化は自発的であり，$\varDelta S$ が0ならば変化は可逆的である。$\varDelta S$ が負のときは，変化は逆の方向へ進む。

【例1】 100 °C, 1 atm の 1 mol の水が同じ温度の蒸気に変わるときエントロピー変化はどれだけか。

（解） 水 1 mol 当りの蒸発潜熱は 100 °C において 40 670 J であり，これだけの熱が 100+0 °C の熱源から 100-0 °C の水へ流れたことになる。ゆえに

$$\varDelta S = S_2 - S_1 = \frac{40\,670}{273+100} = 109 \, [\text{J/K}]$$

【例2】 温度 T の理想気体が体積 V_1 から体積 V_2 に等温膨張したときのエントロピー変化を求めよ。

（解） 理想気体においては，等温膨張によって内部エネルギーは変化せず，式(3.3)より吸収した熱は膨張仕事に等しい。ゆえに，理想気体では $P/T = nR/V$ だから

$$\varDelta S = \int_1^2 \frac{dQ_{rev}}{T} = \int_1^2 \frac{PdV}{T} = \int_1^2 \frac{nRdV}{V} = nR \ln \frac{V_2}{V_1}$$

【例3】 0 °C の氷 1 mol を 1 atm のもとで 100 °C の水蒸気にした場合のエントロピー変化を求めよ。

（解） 0 °C, 1 mol の氷の融解熱は 6 014 J, 100 °C, 1 mol の水の蒸発熱は例1により 40 670 J であり，水の熱容量は 75.37 J/K であるから

$$\varDelta S = S_1 + S_2 + S_3 = \frac{6\,014}{273} + \int_{273}^{373} \frac{75.37}{T} dT + \frac{40\,670}{373}$$

$$= 22.0 + 75.37 \ln \frac{373}{273} + 109.0 = 154.5 \, [\text{J/K}]$$

あるいは，$\Delta S = 154.5/4.187 = 36.91$ [cal/K]

〔4〕 自由エネルギー

Gibbs の自由エネルギー (free energy) は Gibbs の自由エンタルピーあるいは Gibbs 関数ともいい，次式で定義される。

$$G = H - TS \tag{3.6}$$

この関数は定温，定圧下での変化を扱うのに適し，T，P 一定のもとでは，G の変化は

$$\Delta G = \Delta H - T\Delta S \tag{3.7}$$

式(3.2)より，P が一定のとき

$$\Delta H = \Delta E + P\Delta V = Q - W + P\Delta V \tag{3.8}$$

定温 T に対して $T\Delta S = Q_{rev}$ に等しく，また変化が無限に遅く起きたとき Q は Q_{rev}，W は最大の仕事 W_{max} となると考えられるから

$$\Delta G = Q_{rev} - W_{max} + P\Delta V - Q_{rev} \tag{3.9}$$

$$-\Delta G = W_{max} - P\Delta V = （最大有効仕事） \tag{3.10}$$

$P\Delta V$ は系が圧力に抗して膨張する際に失われるエネルギーであり，式(3.10)は，自由エネルギー G の減少量は最大仕事と膨張仕事との差であることを与えるものである。すなわち，$-\Delta G$ は系がなし得る最大の有効な仕事に当たるので，変化の自発性の尺度となる。$-\Delta G$ が正であれば，系は自ら膨張する以外に外部に対して有効な仕事をなし得るので，変化は自発的に起こり得る。

反対の場合は，変化は自発的でなく，逆方向の変化が自発的に起こり，ΔG が 0 のときは系は平衡状態にある。まとめると，変化は

$\Delta G < 0$ であれば，自発的に進行する。

$\Delta G = 0$ であれば，平衡状態にある。

$\Delta G > 0$ であれば，逆方向に自発的に進行する。

G の変化を検討するためには，H と同様の基準が必要である。25°C, 1 atm, すなわち標準状態において基準状態の単体および水素イオンの G を 0 とし，これらから化合物または基準状態にない単体を等温的に生成するときの

Gibbs エネルギーの変化を標準生成 Gibbs エネルギー ΔG_f^0 といい，表 3.1 に示した。

Helmholtz 自由エネルギーは，定温，定容の系に適用され，次式で定義される。

$$A = E - TS \tag{3.11}$$

この値は，T，V 一定のもとでは，系の独立変数の変化に対しても

$$\Delta A \leq 0 \tag{3.12}$$

が成立し，変化の自発性の尺度となる。

生化学的変化は定温，定圧（常圧）のもとで起こることが多く，Gibbs の自由エネルギーが有用である。

【例 4】 100 °C，1 atm の 1 mol の水を同温同圧の水蒸気に変えるとき，自由エネルギー変化はどれだけか。

（解）　$\Delta G = \Delta H - T \Delta S$

において，変化は定圧で行われるから ΔH は吸収熱量に等しく，それは蒸発熱 $H_{vap}(=40\,670\text{ J})$ に等しい。

また，エントロピー変化は吸収熱量を系の温度 T で除したものである。ゆえに

$$\Delta G = H_{vap} - T \cdot \frac{H_{vap}}{T} = 0$$

つまり，水と水蒸気は 100 °C，1 atm で平衡にあるから，一方から他方への変化の自由エネルギー変化は 0 であることにほかならない。

【例 5】 1 mol の酢酸が次式に従って好気的ならびに嫌気的に分解されるとき，Gibbs 自由エネルギーの変化を求めよ。

$$CH_3COO^-(aq) + 2O_2(g) \rightarrow HCO_3^-(aq) + H_2O(l) + CO_2(g)$$

$$CH_3COO^-(aq) + H_2O(l) \rightarrow HCO_3^-(aq) + CH_4(g)$$

（解）　$CH_3COO^-(aq) + 2O_2(g) \rightarrow HCO_3^-(aq) + H_2O(l) + CO_2(g)$

ΔG_f^0　-88.99 kcal/mol　0　　-140.31　-56.69　-94.26

$\Delta G = -140.31 - 56.69 - 94.26 - (-88.99) = -202.27$ 〔kcal/mol〕

$$CH_3COO^-(aq) + H_2O(l) \rightarrow HCO_3^-(aq) + CH_4(g)$$

ΔG_f^0　　-88.99 kcal/mol　-56.69　　-140.31　　-12.14

$\Delta G = -140.31 - 12.14 - (-88.99) - (-56.69) = -6.77$ [kcal/mol]

　ΔG の変化はいずれも負だから，反応は自発的である。ただし，その絶対値において，好気性および嫌気性反応に大差があることに注目しなければならない。

【例6】 グルコースの嫌気分解により乳酸が生じる場合と，好気分解により完全酸化される場合とのエネルギー効率を比較せよ。

　　嫌気分解；$C_6H_{12}O_6 \rightarrow 2C_3H_6O_3 + 2ATP$

　　好気分解；$C_6H_{12}O_6 + 6O_2 \rightarrow 38ATP + 6CO_2 + 6H_2O$

　(解)　ATP の加水分解による標準自由エネルギー変化は -7 kcal/mol，グルコースから乳酸 2 モル生成する際の標準自由エネルギー変化は -52 kcal/mol，グルコースの完全酸化による標準自由エネルギー変化は -686 kcal/mol である。ゆえに，ATP 生成の形で獲得されたエネルギーの効率は

　　嫌気分解；$2 \times \dfrac{7}{52} \fallingdotseq 0.27$ （27 %）

　　好気分解；$38 \times \dfrac{7}{686} \fallingdotseq 0.40$ （40 %）

となり，好気分解の方がエネルギー効率が高い。

　一般に，つぎのような反応において

$$aA + bB \rightleftarrows cC + dD$$

反応の自由エネルギー変化は次式で表される。

$$\Delta G = \Delta G_0 + RT \ln \frac{(C)^c(D)^d}{(A)^a(B)^b} \tag{3.13}$$

　( ) は各成分の活量を示す。反応が平衡に達していれば ΔG は 0 であるから，つぎの重要な関係が得られる。

$$\Delta G_0 = -RT \ln \left[\frac{(C)^c(D)^d}{(A)^a(B)^b}\right]_{equilibrium} = -RT \ln K \tag{3.14}$$

ただし，K は反応の平衡定数である。

また，式(3.14)より

$$\ln K = -\frac{\Delta G_0}{RT} = -\frac{\Delta H^0 + T\Delta S}{RT} = -\frac{\Delta H^0}{RT} + \frac{\Delta S}{R} \tag{3.15}$$

ゆえに

$$\frac{d\ln K}{dT} = \frac{\Delta H^0}{RT^2} \tag{3.16}$$

という，平衡定数の温度依存性に関する重要な関係が得られる。式(3.16)より発熱反応では温度上昇に伴って平衡定数が減少し，吸熱反応では増加することがわかる。

〔5〕 **エクセルギー（有効エネルギー）**

熱力学の第1法則はエネルギー保存則ともいわれるように，エネルギーがつくり出されたり消滅することはない。そうはいっても，石油は燃えてしまえば役に立たない廃ガスになってしまうし，氷は融けてしまえばただの水で冷却効果を失う。このように，エネルギー資源はまわりの環境と温度や圧力に差のある系をつくり，それらの差を利用して仕事を生じることができるものであって，有効なエネルギー量はある系（資源系）からまわりの系（環境系）との状態差を利用して取り出せる仕事量で示すことが適切であると考えられ，これをエクセルギー（excergy）または有効エネルギー（available energy）といい，次式で定義される。

$$E_P = (E - E_0) - T_0(S - S_0) - P_0(V - V_0) \tag{3.17}$$

ここに，E_P：エクセルギー，E：内部エネルギー，T：絶対温度，S：エントロピー，P：圧力，V：体積で，添字 0 は環境系を，添字のないものは資源系を示す。式(3.17)の意味するところは，エクセルギーは内部エネルギー差から無効熱（カルノー効率によって仕事とし得ない熱）と膨張仕事を差し引いたものであるということである。式(3.17)は，等温，等圧過程を考えるとき，式(3.6)の G を用いて

$$E_P = G - G_0 \tag{3.18}$$

とも書き表せるので，資源系のなし得る最大有効仕事(G)のうちで，実際に取り出せるのは環境系のそれとの差だけであることを示すものとも解釈できる。

【例7】 図3.1のように，温度が外部環境と等しく，圧力 P が外部圧力 P_0 より大きい n mol の理想気体がなめらかに動くピストン中にあるとき，この気体のエクセルギーを求めよ。

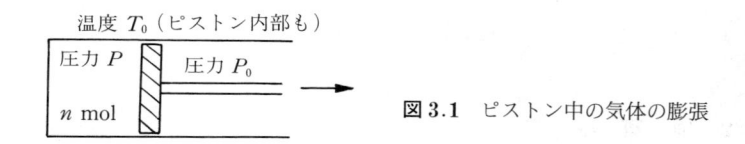

温度 T_0（ピストン内部も）
圧力 P　　圧力 P_0
n mol

図3.1　ピストン中の気体の膨張

（解）　この場合，エクセルギー E_P は気体が圧力 P から P_0 にまで膨張する際にする仕事から膨張仕事を引いたものとなるから

$$E_P = \int_V^{V_0} P' dV' - P(V - V_0)$$

理想気体であるから

$$V' = \frac{nRT_0}{P'} \qquad dV' = -\frac{nRT_0}{(P')^2} dP'$$

$$E_P = \int_P^{P_0} -\frac{nRT_0}{P'} dP' - P\left(\frac{nRT_0}{P} - \frac{nRT_0}{P_0}\right)$$

$$= nRT_0 \left\{ \ln \frac{P}{P_0} - \left(1 - \frac{P_0}{P}\right) \right\}$$

この問題では，熱の移動はないので，無効熱の項はない。

【例8】　温度 T_0 の環境中に置かれた質量 m，比熱 c_P で温度が $T(T > T_0)$ の液体のエクセルギーを求めよ。

（解）　この場合，式(3.17)において膨張仕事の項がないので

$$E_P = (E - E_0) - T_0(S - S_0)$$

第1項は，液体が外気温と等しくなるまでに放出する熱量であり，$mc_P(T - T_0)$ に等しく，第2項は

$$-T_0 \int_T^{T_0} \frac{dQ}{T'} = -T_0 \int_T^{T_0} \frac{mc_P dT'}{T'} = T_0 mc_P \ln \frac{T}{T_0}$$

であるから

$$E_P = mC_P(T-T_0) + T_0\, mc_P \ln\frac{T}{T_0}$$
$$= mc_P\left\{(T-T_0) + T_0 \ln\frac{T}{T_0}\right\}$$

エクセルギーという概念は生物学的排水処理のエネルギー面での有効性の判断にきわめて有効であると思われる。

3.1.2 増 殖 収 率

微生物反応において，制限基質の単位量の消費に伴って菌体あるいは菌体成分がどれだけ得られるかという値を増殖収率 (growth yield) といい，以下のような値が用いられる。

〔1〕　　　$Y_{X/S}$

後述するように，微生物反応において菌体の増加速度は次式で示される。

$$\frac{dX}{dt} = \mu X \tag{3.19}$$

ここに，X：菌体濃度，t：時間，μ：比増殖速度 (specific growth rate) である。一方，制限基質の減少速度は

$$-\frac{ds}{dt} = Q_s X \tag{3.20}$$

と表され，s：制限基質の濃度，Q_s：基質の比代謝速度である。式 (3.19) を式 (3.20) で割ると

$$\frac{dX}{-ds} = \frac{\Delta X}{-\Delta s} = \frac{\mu}{Q_s} = Y_{X/S} \tag{3.21}$$

が得られ，基質の減少に対する菌体増加の比である増殖収率 $Y_{X/S}$ が比増殖速度と制限基質の比代謝速度の比として定義される。この値が各種増殖収率の中で最も一般的で，広く用いられている。

同様に，酸素の比代謝速度 Q_{O_2}，炭素ガスの比代謝速度 Q_{CO_2}，生成物の比代謝速度 Q_P と比増殖速度 μ の比として，酸素消費量に対する増殖収率 $Y_{X/O}$，

炭素ガス生成量に対する増殖収率 $Y_{X/C}$，生成物生成量に対する増殖収率 $Y_{X/P}$ が定義される．

【例9】 グルコースを制限基質としてある細菌を培養したところ，グルコース濃度の 80 mg/l の減少に伴って菌体量が 42 mg/l だけ増加した．$Y_{X/S}$ を求めよ．また，菌体量が 50 mg/l のとき，グルコースの消費速度は 20.8 mg/l・h であった．細菌の比増殖速度を求めよ．

(解) $Y_{X/S} = \dfrac{42}{80} = 0.525$ 〔g-cell/g-基質〕

式(3.20)より

$$-\frac{ds}{dt} = Q_s X = 50 \ Q_s = 20.8$$

$Q_s = 0.416$ 〔g-基質/g-cell・h〕

$\mu = Q_s Y_{X/S} = (0.416)(0.525) = 0.218$ 〔1/h〕

〔2〕 **エネルギー基準の増殖収率**

各種の基質に対する増殖収率をエネルギー基準で示す指標として，$Y_{av.e}$ (g-cell/av.e)，Y_{kcal} (g-cell/kcal) と Y_{ATP} (g-cell/mol-ATP) がある．

基質が酸化される際の移動電子1個当りの菌体増殖量を有効電子（available electron）基準の増殖収率 $Y_{av.e}$ という．酸素 1 mol は有効電子 4 個に相当し，例えばグルコース 1 mol の完全酸化に必要な酸素は 6 mol であるから，グルコース 1 mol に対する有効電子数は，$6 \times 4 = 24$ 〔av.e/mol-グルコース〕となる．種々の有機物の燃焼熱の値，すなわちエンタルピー変化と比較して，有効電子1個当りのエンタルピー変化 $\Delta H_{av.e} = -26.5$ 〔kcal/av.e〕になることが提案されていて，グルコースの完全酸化に対しては，$-26.5 \times 24 = -636$ 〔kcal/mol-グルコース〕となり，実測値 $\Delta H = -673$ 〔kcal/mol-グルコース〕にかなり近い値を与える．

【例10】 グルコースおよび酢酸の $Y_{X/S}$ を測定したところ，それぞれ 72.7 g-cell/mol および 10.5 g-cell/mol を得た．両者の $Y_{av.e}$ を比較せよ．

(解) グルコースの完全酸化における有効電子数は上に示したように 24 であり，酢酸（$C_2H_4O_2$）の完全酸化には 2 mol の酸素を要するから有効電子数

は8である。ゆえに

グルコースの　$Y_{av.e} = \dfrac{72.7}{24} = 3.03$ 〔g-cell/av.e〕

酢　酸　の　$Y_{av.e} = \dfrac{10.5}{8} = 1.31$ 〔g-cell/av.e〕

全有効エネルギー基準の増殖率 Y_{kcal} は次式で定義される。

$$Y_{kcal} = \dfrac{\Delta X}{\begin{pmatrix}\text{菌体に保有されて}\\ \text{いるエネルギー}\end{pmatrix} + \begin{pmatrix}\text{異化代謝により消費}\\ \text{されたエネルギー}\end{pmatrix}} \tag{3.22}$$

ここで，菌体に保有されているエネルギーは乾燥菌体の燃焼熱 $\Delta H_a = -5.3$ 〔kcal/g-cell〕と ΔX の積であり，異化代謝により消費されたエネルギー ΔH_c は消費基質の燃焼熱（$\Delta H_s(-\Delta S)$）と生成物の燃焼熱（$\Delta H_P \Delta P$）の差で表せる。

ATP生成を基準とした増殖収率 Y_{ATP} は次式で定義される。

$$Y_{ATP} = \dfrac{\Delta X}{\Delta ATP} = \dfrac{Y_{X/S}}{Y_{ATP/S}} \tag{3.23}$$

Y_{ATP} の値は 10 g-cell/mol-ATP 程度で，基質による差は他の収率係数よりずっと小さく，より理想に近い指標であるが，$Y_{ATP/S}$ を求めることが困難であるため，実用性において難がある。

生物学的処理の分野では基質量を BOD などで示し，その消費に伴う菌体の増加を慣習的に a (g-VSS/g-BOD) で表すが，これも一種の $Y_{X/S}$ である。

3.1.3　生物反応における物質収支

生物反応に伴って基質や酸素などが化学変化を受けるが，各成分の収支を明らかにしておくことは，生物反応によって全体としてどのような変化があったかを把握するために重要である。

物質収支（material balance）としては，炭素を基準とした収支が一般的である。

$$\begin{pmatrix}\text{減少した基}\\ \text{質の炭素量}\end{pmatrix} = \begin{pmatrix}\text{増加した菌体}\\ \text{中の炭素量}\end{pmatrix} + \begin{pmatrix}\text{二酸化炭素，メタ}\\ \text{ンとなった炭素量}\end{pmatrix} + \begin{pmatrix}\text{生成物中}\\ \text{の炭素量}\end{pmatrix} \tag{3.24}$$

式(3.24)を定式化すると

$$C_S(-\Delta S) = C_B \Delta X + C_G \Delta G + C_F \Delta P \tag{3.25}$$

ここに，C_S，C_B，C_G，C_P：基質，菌体，発生ガスおよび生成物の炭素含有率（g-炭素/g-基質）であり，菌体を $C_5H_7O_2N$ で表せば C_B は 0.531 であり，二酸化炭素およびメタンに対して C_G はそれぞれ 0.273 および 0.750 である。炭素収支は TOC（全有機炭素）を用いて表すと

$$-\Delta(\text{TOC})_S = \Delta(\text{TOC})_B + \Delta(\text{TOC})_P + \Delta(\text{IC}) \tag{3.26}$$

と簡略化される。（IC）は無機化した炭素量である。より簡単化すると

$$-\Delta(\text{TOC})_{反応系} = \Delta(\text{IC}) \tag{3.27}$$

すなわち，反応系の TOC の変化は無機化によるものである。なお，式(3.24)～(3.27)の関係が成立するのは光合成や化学合成など独立栄養微生物の関与がない系においてであることは，いうまでもない。

つぎのような酸素収支も成立する。

$$\begin{pmatrix} 減少した基質の酸 \\ 化に必要な酸素量 \end{pmatrix} = \begin{pmatrix} 増殖菌体の完全酸 \\ 化に必要な酸素量 \end{pmatrix} + \begin{pmatrix} 生成物の完全酸化 \\ に必要な酸素量 \end{pmatrix} + \begin{pmatrix} 呼吸に必要 \\ な酸素量 \end{pmatrix} \tag{3.28}$$

定式化すれば

$$O_S(-\Delta S) = O_B \Delta X + O_P \Delta P + \Delta O_2 \tag{3.29}$$

ここに，O_S，O_B，O_P：基質，菌体，生成物の単位量の完全酸化に必要な酸素量（mol-O_2/mol）で，完全酸化によって窒素はアンモニアになるとするのが妥当であり，そのとき $O_B = 0.042$ mol-O_2/g-cell である。

酸素1モルは4個の有効電子に相当し，有効電子1個当りのエンタルピー変化は前述のように $\Delta H_{av.e} = -26.5$ kcal/av.e であるから，式(3.29)を106倍すると，つぎのエンタルピー収支式が得られる。

$$106\, O_S(-\Delta S) = 106(O_B \Delta X + O_P \Delta P + \Delta O_2) \tag{3.30}$$

【例11】 ある好気性細菌をグルコースを基質とした培地で培養してつぎの結果を得た。$\mu = 0.25$/h で $Y_{X/S} = 0.5$ g-cell/g-グルコース，二酸化炭素の比

代謝速度 $Q_{CO_2}=0.24$ gCO$_2$/g-cell・h，菌体を $C_5H_7O_2N$ として炭素収支および酸素収支を求めよ。ただし，$Q_{O_2}=Q_{CO_2}$ とする。

（**解**）炭素収支を示す式(3.25)において $\Delta P=0$ とし，かつ両辺に $Y_{X/S}/X\Delta t$ をかけると

$$C_S\left(\frac{Y_{X/S}(-\Delta S)}{X\Delta t}\right)=C_B\left(\frac{Y_{X/S}\Delta X}{X\Delta t}\right)+C_G\left(\frac{Y_{X/S}\Delta G}{X\Delta t}\right)$$

すなわち

$$C_S\mu=C_B Y_{X/S}\mu+C_G Y_{X/S}Q_{CO_2}$$

ここで，$C_S=72/180$，$C_B=60/113$，$C_G=12/44$ で，題意より $\mu=0.25$/h，$Q_{CO_2}=0.25$ g-CO$_2$/g-cell・h，$Y_{X/S}=0.5$ g-cell/g-グルコースを代入すると，

$$\frac{72}{180}(0.25)=\frac{60}{113}(0.5)(0.25)+\frac{12}{44}(0.5)(0.24)$$

両辺を計算すると，左辺$=0.1$ g-C/g-cell・h，右辺$=0.099$ g-C/g-cell・h でほぼ収支が取れている。

酸素収支についても同様に式(3.29)より

$$O_S\mu=O_B Y_{X/S}\mu+Y_{X/S}Q_{O_2}$$

ここに，$O_S=6$ O$_2$/C$_6$H$_{12}$O$_6=192/180$，$O_B=5$ O$_2$/C$_5$H$_7$O$_2$N$=160/113$ で，$Q_{O_2}=0.24$ g-O$_2$/g-cell・h であるから，数値を代入して

$$\frac{192}{180}(0.25)=\frac{160}{113}(0.5)(0.25)+(0.5)(0.24)$$

左辺$=0.267$ g-O$_2$/g-cell・h，右辺$=0.297$ g-O$_2$/g-cell・h で約10％右辺が大きいが，大略の整合が認められる。

3.1.4 維持代謝

微生物は基質の一部を異化（dissimilation）してATPを合成し，それと基質の残部とを利用して細胞合成，すなわち同化（assimilation）を行うので，$Y_{X/S}$など各種の増殖収率という概念が得られた。しかし，実際にはそうした直接，間接に同化に関連した代謝（metabolism）以外に，運動や物質の能動輸送（active transport）に必要なATPを供給するための基質の代謝，すな

わち維持代謝というものがある。維持代謝の明確な定義はいまだないが，細胞の生合成以外に，いいかえれば細胞の生命維持に必要な反応である。したがって，基質の収支は

(基質消費)＝(維持代謝のための消費)＋(増殖のための消費)

あるいは，エネルギーに関して

$$\begin{pmatrix}総消費エ\\ネルギー\end{pmatrix}=\underbrace{\begin{pmatrix}維持代謝用\\エネルギー\end{pmatrix}}_{異化}+\overbrace{\begin{pmatrix}細胞合成用\\エネルギー\end{pmatrix}+\underbrace{\begin{pmatrix}細胞構成成分\\のエネルギー\end{pmatrix}}_{同化}}^{増殖代謝}$$

と表される。基質消費を速度式で表すと

$$\left(-\frac{dS}{dt}\right)_T=\left(-\frac{dS}{dt}\right)_M+\left(-\frac{dS}{dt}\right)_G \tag{3.31}$$

となる。T，M，G はそれぞれ全体，維持，増殖を示す。

ここで，次式を仮定する。

$$\left(-\frac{dS}{dt}\right)_M=mX,\quad \left(-\frac{dS}{dt}\right)_G=\frac{1}{Y_G}\mu X \tag{3.32}$$

ただし，Y_G：増殖に用いられた基質に対する増殖収率係数，m：維持定数（g-基質/g-cell・h）である。式(3.32)を式(3.31)に代入して，両辺を X で割ると

$$\frac{1}{X}\left(-\frac{dS}{dt}\right)_T=Q_S=m+\frac{1}{Y_G}\mu \tag{3.33}$$

となり，基質の比代謝速度と μ との間には m を切片とする直線関係が存在することとなる。同様に酸素に対しても，次式が成り立つ。

$$Q_{O_2}=m_0+\frac{1}{Y_{GO}}\mu \tag{3.34}$$

ただし，Y_{GO}：増殖代謝に用いられた酸素に対する増殖収率係数，m_0：酸素に対する維持定数（g-O_2/g-cell・h）である。Q_S，Q_{O_2} と μ とに関する実測値の組合せから，これらのパラメーター定数を決定することができる。

3.1.5 微生物反応の化学反応式表示

微生物反応は一種の化学反応であるから，それに伴って結果としてどのような変化が起こったかを簡明に示すためには，化学反応式として表示すると，きわめて好都合である．例えば，アンモニア態窒素が好気性細菌の作用によって硝酸態窒素に変化する硝化作用は，通常次式のように表される．

$$22\ NH_4^+ + 37\ O_2 + 4\ CO_2 + HCO_3^-$$
$$= C_5H_7NO_2 + 21\ NO_3^- + 20\ H_2O + 42\ H^+$$

ただし，$C_5H_7NO_2$ は菌体を示し，その構成元素の割合に基づいて定められたものである．

上式によって，すべての反応物ならびに生成物の化学量論的関係が余すところなく示されている．

一方，微生物の増殖を伴う微生物反応は例外なく酸化還元反応であり，何らかの電子受容体 (electron acceptor) の還元と電子供与体 (electron donor) の酸化とから構成されている．前述の硝化の式の例でいえば，電子受容体は遊離酸素 O_2 であり，電子供与体は NH_4^+ である．電子受容（供与）体は水素受容（供与）体 (hydrogen acceptor (donor)) ともいう．

こうした酸化還元反応のうちで，還元反応の部分だけを移動電子 1 個について示したものを半反応式 (half reactions) という．半反応式の例を示すと，酸素の還元による水の生成は

$$\frac{1}{4} O_2 + H^+ + e^- = \frac{1}{2} H_2O$$

と表され，この式は反対方向に進めると酸化反応にほかならない．したがって，適当な半反応式を組み合わせることによって，酸化還元反応式を完成させることができる．例えば，上式と逆向きに書いたつぎの半反応式

$$Fe^{2+} = Fe^{3+} + e$$

とを加えると，つぎの酸化還元反応式を得る．

$$Fe^{2+} + \frac{1}{4} O_2 + H^+ = Fe^{3+} + \frac{1}{2} H_2O$$

すなわち，Fe(II) の Fe(III) への酸化反応式にほかならない。

微生物反応に関係の深い半反応式を，標準自由エネルギー変化とともに，**表 3.2** に示した。表において $C_5H_7O_2N$ は細胞物質を示す。

表 3.2 バクテリアシステムにおける半反応式

反応番号	半反応式	$\Delta G^0(W)$ 〔kcal/電子当量〕
	細胞増殖のための反応 (R_c)	
1	アンモニアを窒素源： $\frac{1}{5}CO_2 + \frac{1}{20}HCO_3^- + \frac{1}{20}NH_4^+ + H^+ + e^- = \frac{1}{20}C_5H_7O_2N + \frac{9}{20}H_2O$	
2	硝酸を窒素源： $\frac{1}{28}NO_3^- + \frac{5}{28}CO_2 + \frac{29}{28}H^+ + e^- = \frac{1}{28}C_5H_7O_2N + \frac{11}{28}H_2O$	
	電子受容体の反応 (R_a)	
3	酸素： $\frac{1}{4}O_2 + H^+ + e^- = \frac{1}{2}H_2O$	-18.675
4	硝酸塩： $\frac{1}{5}NO_3^- + \frac{6}{5}H^+ + e^- = \frac{1}{10}N_2 + \frac{3}{5}H_2O$	-17.128
5	硫酸塩： $\frac{1}{8}SO_4^{2-} + \frac{19}{16}H^+ + e^- = \frac{1}{16}H_2S + \frac{1}{16}HS^- + \frac{1}{2}H_2O$	5.085
6	二酸化炭素（メタン発酵）： $\frac{1}{8}CO_2 + H^+ + e^- = \frac{1}{8}CH_4 + \frac{1}{4}H_2O$	5.763
	電子供与体の反応 (R_d)	
	有機供与体（従属栄養的反応）	
7	家庭下水： $\frac{9}{50}CO_2 + \frac{1}{50}NH_4^+ + \frac{1}{50}HCO_3^- + e^- = \frac{1}{50}C_{10}H_{19}O_3N + \frac{9}{25}H_2O$	7.6
8	タンパク質（アミノ酸，タンパク質，含窒素有機物）： $\frac{8}{33}CO_2 + \frac{2}{33}NH_4^+ + \frac{31}{33}H^+ + e^- = \frac{1}{66}C_{16}H_{24}O_5N_4 + \frac{27}{66}H_2O$	7.7
9	炭水化物（セルロース，デンプン，糖）： $\frac{1}{4}CO_2 + H^+ + e^- = \frac{1}{4}CH_2O + \frac{1}{4}H_2O$	10.0
10	油脂（脂肪と油）： $\frac{4}{23}CO_2 + H^+ + e^- = \frac{1}{46}C_8H_{16}O + \frac{15}{46}H_2O$	6.6
11	酢酸塩： $\frac{1}{8}CO_2 + \frac{1}{8}HCO_3^- + H^+ + e^- = \frac{1}{8}CH_3COO^- + \frac{3}{8}H_2O$	6.609

表 3.2 （続き）

反応番号	半反応式	$\Delta G^0(W)$〔kcal/電子当量〕
12	プロピオン酸塩： $\frac{1}{7}CO_2 + \frac{1}{14}HCO_3^- + H^+ + e^- = \frac{1}{14}CH_3CH_2COO^- + \frac{5}{14}H_2O$	6.664
13	安息香酸塩： $\frac{1}{5}CO_2 + \frac{1}{30}HCO_3^- + H^+ + e^- = \frac{1}{30}C_6H_5COO^- + \frac{1}{4}H_2O$	6.892
14	エタノール： $\frac{1}{6}CO_2 + H^+ + e^- = \frac{1}{12}CH_3CH_2OH + \frac{1}{4}H_2O$	7.592
15	乳酸塩： $\frac{1}{6}CO_2 + \frac{1}{12}HCO_3^- + H^+ + e^- = \frac{1}{12}CH_3CHOHCOO^- + \frac{1}{3}H_2O$	7.873
16	ピルビン酸塩： $\frac{1}{5}CO_2 + \frac{1}{10}HCO_3^- + H^+ + e^- = \frac{1}{10}CH_3COCOO^- + \frac{2}{5}H_2O$	8.545
17	メタノール： $\frac{1}{6}CO_2 + H^+ + e^- = \frac{1}{6}CH_3OH + \frac{1}{6}H_2O$	8.965
18	無機供与体（独立栄養的反応）： $Fe^{3+} + e^- = Fe^{2+}$	-17.780
19	$\frac{1}{2}NO_3^- H^+ + e^- = \frac{1}{2}NO_2^- + \frac{1}{2}H_2O$	-9.43
20	$\frac{1}{8}NO_3^- + \frac{5}{4}H^+ + e^- = \frac{1}{8}NH_4^+ + \frac{3}{8}H_2O$	-8.245
21	$\frac{1}{6}NO_2^- + \frac{4}{3}H^+ + e^- = \frac{1}{6}NH_4^+ + \frac{1}{3}H_2O$	-7.852
22	$\frac{1}{6}SO_4^{2-} + \frac{4}{3}H^+ + e^- = \frac{1}{6}S + \frac{2}{3}H_2O$	4.657
23	$\frac{1}{8}SO_4^{2-} + \frac{19}{16}H^+ + e^- = \frac{1}{16}H_2S + \frac{1}{16}HS^- + \frac{1}{2}H_2O$	5.085
24	$\frac{1}{4}SO_4^{2-} + \frac{5}{4}H^+ + e^- = \frac{1}{8}S_2O_3^- + \frac{5}{8}H_2O$	5.091
25	$H^+ + e^- = \frac{1}{2}H_2$	9.670
26	$\frac{1}{2}SO_4^{2-} H^+ + e^- = \frac{1}{2}SO_3^{2-} + \frac{1}{2}H_2O$	10.595

〔注〕 反応物と微生物の活量は1とし，水素イオン濃度 $[H^+]=10^{-7}$ とする。

生物化学的反応は，細胞合成反応と電子受容体の反応と電子供与体の反応から構成されているので，全体的な反応収支式はつぎのように表すことができる。

$$R = f_s R_c + f_a R_a - R_d \tag{3.35}$$

R_c は細胞合成の半反応式で，窒素源の種類によって表3.2の反応1，2のいずれかを選ぶ。R_a は電子受容体の半反応式，R_d は電子供与体の半反応式を示し，f_s と f_a は電子供与体が細胞合成とエネルギーに利用される割合を示し，

$$f_s + f_a = 1.0 \tag{3.36}$$

f_s の最大値 $f_{s(max)}$ の代表的な値を**表3.3**に示す。一般に電子供与体と受容体の反応によって大きなエネルギーが得られるほど $f_{s(max)}$ は大きくなる。また，最大値は若い細胞が急速に増殖するときの値で，老化したり増殖の遅い細胞ほど維持代謝の割合が大きくなって，f_s は $f_{s(max)}$ より小さくなる。

表3.3 バクテリア反応の代表的 $f_{s(max)}$ 値

電子供与体	電子受容体	$f_{s(max)}$
従属栄養的反応		
炭水化物	O_2	0.72
	NO_3^-	0.60
	SO_4^{2-}	0.30
	CO_2	0.28
タンパク質	O_2	0.64
	CO_2	0.08
脂肪酸	O_2	0.59
	SO_4^{2-}	0.06
	CO_2	0.05
メタノール	NO_3^-	0.36
	CO_2	0.15
独立栄養的反応		
S	O_2	0.21
$S_2O_3^{2-}$	O_2	0.21
$S_2O_3^{2-}$	NO_3^-	0.20
NH_4^+	O_2	0.10
H_2	O_2	0.24
H_2	CO_2	0.04
Fe^{2+}	O_2	0.07

【例12】 酢酸塩のメタン発酵における反応式を求めよ。

（解）メタン発酵は CO_2 を電子受容体とする反応であり，表3.3より，f_s は最大値を用いることとし 0.05 とする。$f_a = 1 - f_s = 0.95$ であり，窒素源はアンモニア態窒素とする。R_c は1，R_a は6，R_d は11の反応をそれぞれ表3.2

より選べばよいから

$$f_s R_c : 0.01\ CO_2 + 0.0025\ HCO_3^- + 0.0025\ NH_4^+ + 0.05\ H^+ + 0.05\ e^-$$
$$= 0.0025\ C_5H_7O_2N + 0.0225\ H_2O$$
$$f_a R_a : 0.11875\ CO_2 + 0.95\ H^+ + 0.95\ e^- = 0.11875\ CH_4 + 0.2375\ H_2O$$
$$\underline{-R_d : 0.125\ CH_3COO^- + 0.375\ H_2O = 0.125\ CO_2 + 0.125\ HCO_3^- + H^+ + e^-}$$
$$R : 0.125\ CH_3COO^- + 0.0025\ NH_4^+ + 0.00375\ CO_2$$
$$= 0.11875\ CH_4 + 0.0025\ C_5H_7O_2N + 0.1225\ HCO_3^-$$

あるいは

$$100\ CH_3COO^- + 2\ NH_4^+ + 3\ CO_2 = 95\ CH_4 + 2\ C_5H_7O_2N + 98\ HCO_3^-$$

【例13】 NH_4^+ を NO_3^- に独立栄養的に酸化するときの反応式を導け。

(解) 表3.3より $f_s=0.10$, $f_a=0.9$, R_c, R_a, R_d はそれぞれ表3.2より1, 3, 20の反応を選べばよい。

$$f_s R_c : 0.02\ CO_2 + 0.005\ HCO_3^- + 0.005\ NH_4^+ + 0.1\ H^+ + 0.1\ e^-$$
$$= 0.005\ C_5H_7O_2N + 0.045\ H_2O$$
$$f_a R_a : 0.225\ O_2 + 0.9\ H^+ + 0.9\ e^- = 0.45\ H_2O$$
$$\underline{-R_d : 0.125\ NH_4^+ + 0.375\ H_2O = 0.125\ NO_3^- + 1.25\ H^+ + e^-}$$
$$R : 0.130\ NH_4^+ + 0.225\ O_2 + 0.02\ CO_2 + 0.005\ HCO_3^-$$
$$= 0.005\ C_5H_7O_2N + 0.125\ HCO_3^- + 0.12\ H_2O + 0.25\ H^+$$

あるいは

$$26\ NH_4^+ + 45\ O_2 + 4\ CO_2 + HCO_3^-$$
$$= C_5H_7O_2N + 25\ NO_3^- + 24\ H_2O + 50\ H^+$$

となり，前述の硝化反応式に近い式が得られる（$f_s=0.12$ 程度でほぼ一致する）。

$f_s=0$, $f_a=1.0$ とすると，基質と反応生成物との関係を示す式が得られる。例えば，例13で $f_s=0$ とすると

$$R : \frac{1}{8}NH_4^+ + \frac{1}{4}O_2 = \frac{1}{8}NO_3^- + \frac{1}{8}H_2O + \frac{1}{4}H^+$$

あるいは
$$NH_4^+ + 2\,O_2 = NO_3^- + H_2O + 2\,H^+$$
が得られる。

発酵の場合は，同一の有機物が電子供与体と電子受容体との両方の役割を行う。例えば，グルコースからエタノールを得る発酵では
$$C_6H_{12}O_6 = 2\,C_2H_5OH + 2\,CO_2$$
と表される変化が生じ，エタノールとなった炭素は還元され，二酸化炭素となった炭素は酸化されたことになる。ゆえに，表3.2の反応1，9，14を適当なf_sのもとで用いれば，アルコール発酵に関する反応収支式を求めることができる。

3.1.6 微生物反応における栄養条件

前項で示した微生物反応の収支式に含まれている元素は，C，H，O，Nの4種にとどまっているが，実際にはこれら以外に多くの微量元素が関与している。Stanierら[1]は微生物（大腸菌）の構成元素とその生理的な機能として**表3.4**および**表3.5**を示し，EckenfelderとO'Connor[2]は窒素，リン以外の微量無機元素の作用として**表3.6**を示している。ゆえに，微生物反応の収支式は厳密にはすべての元素を含むことが正しいが，いたずらに複雑化を招くのみであって，実用的には上記4元素かたかだかそれらに加えてリンを含めた程度のものにとどまっている。例えば，Richardsは海における植物プランクトンの光合成反応について

表3.4 大腸菌（*Escherichia coli*）の構成元素

元 素	乾燥量の%	元 素	乾燥量の%
炭 素	50	ナトリウム	1
酸 素	20	カルシウム	0.5
窒 素	14	マグネシウム	0.5
水 素	8	塩 素	0.5
リ ン	3	鉄	0.2
硫 黄	1	その他	〜0.3
カリウム	1		

表3.5 主要元素の一般的な生理的機能

元素	生理的機能
水素	細胞水,有機細胞物質の構成成分
酸素	細胞水,有機細胞物質の構成成分,O_2として好気性菌の呼吸における電子受容体
炭素	有機細胞物質の構成成分
窒素	タンパク質,核酸,補酵素の構成成分
硫黄	タンパク質の構成成分(アミノ酸であるシステインおよびメチオニンとして),一部の補酵素の構成成分(例えばCoA,コカルボキシラーゼ)
リン	核酸,リン脂質,補酵素の構成成分
カリウム	細胞中における主要な無機陽イオン,一部の酵素の補酵素
マグネシウム	細胞中の重要な陽イオン,ATPが関与する多くの酵素反応の無機補酵素,酵素と基質の結合における役割,クロロフィルの構成成分
マンガン	一部酵素の無機補酵素,時にマグネシウムの代用となる
カルシウム	細胞中の重要な陽イオン,一部酵素(例えばタンパク質加水分解酵素)の補酵素
鉄	シトクロム,他のヘムおよび非ヘムタンパク質の構成成分,多くの酵素の補酵素
コバルト	ビタミンB_{12}およびその補酵素誘導体の構成成分
銅,亜鉛,モリブデン	特殊な酵素の無機構成成分

表3.6 微生物の栄養として必要な無機性元素

元素	機能
カリウム	おもに触媒作用
カルシウム	触媒作用,細胞物質の一部となる。
リン	不明
マグネシウム	葉緑素の成分
イオウ	タンパク質の成分
鉄	触媒作用
マンガン,銅,亜鉛	触媒作用

$$106\,CO_2 + 16\,HNO_3 + H_3PO_4 + 122\,H_2O\,(+微量元素,エネルギー)$$
$$= (CH_2O)_{106}(NH_3)_{16}H_3PO_4 + 138\,O_2$$

を示している。

このように窒素とともに比較的多量に必要とされるのはリンであり,これら以外の微量元素の不足によって生物処理に不都合が生じることは少ないが,窒素,リンについては適正量となるよう補給しなければならないこともまれでは

ない。

Mckinney[3] は微生物の有機成分の化学組成として**表3.7**を示し，細菌の場合，乾燥重量の90％が有機物，10％が無機物であり，無機物の組成は P_2O_5 50％, K_2O 6％, Na_2O 11％, MgO 8％, CaO 9％, SO_3 15％, Fe_2O_3 1％であるとしている。

表3.7 微生物の有機成分の化学式

細　菌	$C_5H_7O_2N$
菌　類	$C_{10}H_{17}O_6N$
藻　類	$C_5H_8O_2N$
原生動物	$C_7H_{14}O_3N$

このような微生物の組成と，増殖収率とから，基質濃度に対応した微量元素の必要な濃度を求めることができる。

【例14】 グルコース200 mg/l の水溶液で細菌を培養するとき，水溶液中に添加すべき窒素およびリンの必要とされる濃度を求めよ。増殖収率係数を0.5とする。

（解） 上記の説明より，菌体は $C_5H_7O_2N$ 90％, P_2O_5 5％，その他の無機物5％からなる。したがって，菌体のN，P組成は

$$N: 0.9 \times \frac{N}{C_5H_7O_2N} = 0.9 \times \frac{14}{113} = 0.112$$

$$P: 0.05 \times \frac{P_2}{P_2O_5} = 0.05 \times \frac{62}{142} = 0.022$$

200 mg/l のグルコースより，$200 \times 0.5 = 100$ [mg/l] の菌体が生成するので，必要濃度は

$$N: 100 \times 0.112 = 11.2 \text{ [mg/}l\text{]}$$

$$P: 100 \times 0.022 = 2.2 \text{ [mg/}l\text{]}$$

となる。すなわち，基質：N：Pの濃度比は100：5.6：1.1となる。

生物学的処理では，一般に除去すべきBODに対するN，Pの濃度比を目安として用いる。3.1.2項で述べたように酸素1個は有効電子4個に相当し，有

効電子1個当りのエンタルピー変化にはあまり大きな差がないことより，BODは基質濃度と増殖収率係数との積に近い性格をもっていると考えられるので，そうした取扱いの妥当性は十分に認められる。Helmersら[4]はNの最大必要量は5〜6 lb/100 lb-除去BOD，最小必要量は3〜4 lb/100 lb-除去BODであり，Pの最大および最小必要量はそれぞれ1.0 lb/100 lb-除去BODおよび0.6 lb/100 lb-除去BODであるとしている。またEckenfelderら[2]は，一般にBOD：N：P＝100：5：1が良好な栄養状態であるとしている。これらは，好気性反応における値であり，それより増殖収率係数のずっと低い嫌気性反応ではこの比の値も当然低くなる。

Henzeら[5]はSpeeceら[6]が嫌気性消化において生成される揮発性浮遊物質のN，Pの含有率がそれぞれ10.5％および1.5％であるとしていること，および増殖収率係数の理論最大値が約0.18 kg-VSS/kg-除去CODであることより，理論最小COD/N比は350/7であるとしている。ゆえに，COD：N：P＝350：7：1となる。この値はvan den Bergら[7]が示したCOD/N比の420/7という値に近い。

【例15】 酢酸のメタン発酵における菌体増殖収率係数を0.05 g-cell/g-基質とするとき，酢酸に対して必要とされるN，Pの濃度の比を求めよ。ただし，菌体のN，P含有率は10.5％および1.5％とする。

（解） 酢酸1gより生成する菌体量は0.05 gであり，その中に含まれると考えられるN，Pの量は

N：$0.05 \times 0.105 = 0.00525$ 〔g〕

P：$0.05 \times 0.015 = 0.00075$ 〔g〕

ゆえに，酢酸に対して必要なN，Pの比は

HAc：N：P＝1：0.00525：0.00075

$= 1333 : 7 : 1$

酢酸1gの理論COD（COD$_{cr}$に近い）は$64/60$ gであるから

COD：N：P＝$1333 \times \dfrac{64}{60} : 7 : 1$

$= 1\,422 : 7 : 1$

この場合，酸発酵を伴わないため，菌体増殖収率係数がきわめて小さく，したがって有機基質に対する N, P の濃度比も小さくなる。

3.2 微生物反応の速度論

微生物反応（microbiological reaction）の速度論（chemical kinetics）的取扱いは，反応を定式化し，反応装置（bio-reactor）を設計するうえできわめて重要である。一般に反応速度は，基質の種類・濃度，微量栄養物質，pH，温度などの環境因子のほか，微生物自体の種類・濃度，活性度など種々の因子によって影響され，その定量的取扱いは必ずしも容易ではない。

本節では，まず一般的な反応速度論の基礎について述べ，ついで微生物反応の速度論的諸問題を論じる。

3.2.1 反応の次数

反応物 A, B, …, N が関与する反応において，A の減少速度が次式のように濃度の項の積に比例するとき，べき指数の和を反応の次数（order）という。

$$-\frac{dc_A}{dt} = k c_A{}^a c_B{}^b \cdots c_N{}^n \tag{3.37}$$

$$-\frac{dc_A}{dt} = k_1 c_A \qquad\qquad 1\,次反応$$

$$-\frac{dc_A}{dt} = k_2 c_A{}^2 \quad あるいは \quad k_2 c_A c_B \qquad 2\,次反応$$

$$-\frac{dc_A}{dt} = k_3 c_A{}^3,\ k_3 c_A{}^2 c_B \quad あるいは \quad k_3 c_A c_B c_C \qquad 3\,次反応$$

といったようになる。したがって，速度が反応物の濃度によらず一定で

$$-\frac{dc_A}{dt} = k_0 \tag{3.38}$$

と表されるとき，0 次反応（zero-order reaction）という。いずれの場合も k_n を速度定数（rate constant）という。

反応の次数と混同されやすい概念に反応の分子数（molecularity）がある。例えば

$$NO+O_3 \rightarrow NO_2+O_2$$

という素反応は2分子が関係しているので2分子反応（bimolecular reaction）という。ただし，反応式が上記のように表せても，素反応は2分子反応でないことが多いので注意を要する。

2分子反応は必ず2次反応であるが，逆は必ずしも正しくない。

エステルの加水分解反応のように，本来エステルと水との二分子反応であっても，水のように大過剰に存在する反応物は反応の前後を通じてほとんど濃度が不変であって，反応速度は見かけ上エステル濃度にのみ依存する単分子反応として扱える場合もある。

〔1〕 1 次 反 応

いま，A→Bという1次反応を考え，Aの初濃度をa，時間tにおける濃度をc_Aとすると，反応速度，すなわちc_Aの減少速度は

$$-\frac{dc_A}{dt}=k_1 c_A \tag{3.39}$$

で表され，この式を$t=0$で$c_A=a$という初期条件のもとで積分すると

$$\ln\frac{c_A}{a}=-k_1 t \quad \text{あるいは} \quad c_A=ae^{-k_1 t} \tag{3.40}$$

が得られる。

Aの濃度が初濃度の半分になるのに要する時間を半減期（half-life）といい，半減期$t_{1/2}$は式(3.40)に$t=t_{1/2}$で$c_A=a/2$を代入して

$$t_{1/2}=\ln\frac{2}{k_1}=\frac{0.693}{k_1} \tag{3.41}$$

が得られる。半減期が初濃度に関係しないことが，1次反応の大きな特徴である。

2章で述べた酵素反応速度式(2.2)は，$K_m \gg s$であれば，$v=(v_{max}/K_m)s$と1次反応で近似される。このほか，微生物が関与している反応槽や水環境での現象を1次反応表示することが多い。

〔2〕 2 次 反 応

A+B→C+D と表される反応が 2 次反応であるとき，反応速度は

$$-\frac{dc_A}{dt}=-\frac{dc_B}{dt}=k_2 c_A c_B \tag{3.42}$$

と表される。$t=0$ において $c_A=a$，$c_B=b$ とし，時間 t のうちに A，B の x モルが変化したとすると

$$\frac{dx}{dt}=k_2(a-x)(b-x) \tag{3.43}$$

これを $t=0$ で $x=0$ という初期条件のもとで積分すると，つぎのような反応速度式が得られる。

$$\frac{1}{a-b}\ln\frac{b(a-x)}{a(b-x)}=k_2 t \tag{3.44}$$

$a=b$ であるときは，$dx/dt=k_2(a-x)^2$ より

$$\frac{x}{a(a-x)}=k_2 t \tag{3.45}$$

式(3.45)において $t=t_{1/2}$ で $x=a/2$ とおくと

$$t_{1/2}=\frac{1}{k_2 a} \tag{3.46}$$

として半減期が求められ，半減期は初濃度に反比例することがわかる。微生物反応においても，基質の減少速度が基質および微生物の濃度に関して 2 次反応と見なし得る場合がある。

〔3〕 **反応次数の決定**

一般に A+B+…+Z → A′+B′+…+Z′ といった反応において，反応速度は

$$\frac{dx}{dt}=k(a-x)^{n_A}(b-x)^{n_B}\cdots(z-x)^{n_Z} \tag{3.47}$$

と表されるとして，x が十分に小さいとき，初速度は，次式のようになる。

$$\frac{dx}{dt}=k a^{n_A} b^{n_B}\cdots z^{n_Z} \tag{3.48}$$

$b\sim z$ の濃度を一定として a だけをいろいろに変えて初速度を求めることに

より，n_A を決定できる．同様に，順次各成分の初濃度を変えて $n_B \sim n_Z$ が求められる．これを初速度法（intial concentration method）という．

$b \sim z$ に比べて a が小さいとき，a の濃度変化に比べて $b \sim z$ の濃度変化が無視できると，式(3.47)は

$$\frac{dx}{dt} = k(a-x)^{n_A} b^{n_B} \cdots z^{n_Z} \tag{3.49}$$

と書くことができるので，実測値が n_A がどの値のとき式に一致するかを検討する方法を分離法（isolation method）という．

3.2.2 連 続 反 応

A → B → C というように連続して起こる反応を連続反応という．いずれの反応も1次反応である場合について論じると，反応速度は次式で示される．

$$-\frac{dc_A}{dt} = k_1 c_A, \quad -\frac{dc_B}{dt} = -k_1 c_A + k'_1 c_B, \quad \frac{dc_C}{dt} = k'_1 c_B$$

ここで，k_1，k'_1 はそれぞれ A → B および B → C における反応速度定数である．$t=0$ のとき A，B，C の濃度をそれぞれ a，0，0 とすると

$$\left.\begin{aligned}c_A &= a e^{-k_1 t} \\ c_B &= \frac{k_1 a e^{-k'_1 t}}{k'_1 - k_1} \{e^{(k'_1 - k_1)t} - 1\} \\ c_C &= a\left(1 - \frac{k'_1 e^{-k_1 t} + k_1 e^{-k'_1 t}}{k'_1 - k_1}\right)\end{aligned}\right\} \tag{3.50}$$

として各成分の濃度の時間変化を示すことができる．

式(3.50)の c_C の式において $k_1 \ll k'_1$ であるとき

$$c_C = a(1 - e^{-k_1 t}) \tag{3.51}$$

となり，k'_1 とは無関係になる．すなわち，連続反応において，ある反応段階がほかよりもはるかに遅く進行するとき，全体の反応速度はその遅い段階の速度によって支配される．これを律速段階の原理（bottle-neck principle）といい，反応速度を支配する段階を律速段階（rate limiting step）という．

3.2.3 反応速度の温度依存性

ほとんどの化学反応や生物反応は,温度上昇によって反応速度が増大する。ただし,生物反応の速度は,温度が至適温度を超えると急激に低下する。こうした温度上昇に伴う反応速度の増大は反応速度定数の増大として示され,つぎの Arrhenius 式が適用される。

$$\frac{d \ln k}{dT} = \frac{E_a}{RT^2} \tag{3.52}$$

ここに,k:反応速度定数,E_a:活性化エネルギー,R:気体定数,T:絶対温度である。

式(3.52)を積分すると

$$k = A \exp\left(\frac{-E_a}{RT}\right) \tag{3.53}$$

が得られ,A は定数である。あるいは式(3.52)を T_1 から T_2 まで積分すると

$$\ln \frac{k_2}{k_1} = \frac{E_a(T_2 - T_1)}{RT_1 T_2} \tag{3.54}$$

となり,温度変化が小さいときは,(E_a/RT_1T_2) は定数と見なし得るので,これを θ とおくと

$$\ln \frac{k_2}{k_1} = \theta(T_2 - T_1) \tag{3.55}$$

$$k_2 = k_1 e^{\theta(T_2 - T_1)} = k_1 \theta'^{(T_2 - T_1)} \tag{3.56}$$

として近似的に示すことができる。

微生物反応における E_a の値としては,60 300 J/mol といった値が知られており,これと $R = 8.314$ 〔J/mol・K〕,$T_1 = 293$ 〔K〕,$T_2 = T_1 + \varDelta T \cong T_1$ を式(3.54)に代入すると

$$\log \frac{k_2}{k_1} = 0.036\,7\,\varDelta T = 0.036\,7(t_2 - t_1) \tag{3.57}$$

ここに,t:温度〔℃〕である。

これと類似の式として,以下のようなものがある。

$$\text{Wuhrman[8]}: 0.031\,5 = \frac{\log k_1 - \log k_2}{t_1 - t_2} \tag{3.58}$$

Sawyer と Rolich[9]：$100 \dfrac{k_t}{k_{25℃}} = 0.71\, t^{1.54}$ (3.59)

Phelps[10]：$k_t = k_{20℃} \cdot 1.065^{(t-20)}$ (3.60)

すなわち，微生物反応の速度は水温の 1℃ の上昇に対して 3〜6％ の割合で増加する。

微生物反応に対して式(3.53)〜(3.60)のような式を適用し得ても，温度変化への微生物のなれ，あるいは微生物相の変化などが関与してくるので，その取扱いについては十分に注意しなければならない。

【例 16】 放射性核種 P^{32} の半減期は 14.3 日である。反応速度定数と放射能が 1/100 に減衰するのに必要な日数を求めよ。

（解） 半減期が初濃度によらない一定値であるから一次反応であり，速度定数 k_1 は式(3.41)より

$$k_1 = \dfrac{0.693}{t_{1/2}} = \dfrac{0.693}{14.3} = 0.048\,5\ [1/\mathrm{day}]$$

$$\dfrac{c_A}{a} = e^{-k_1 t} = \dfrac{1}{100} \qquad k_1 t = 4.61 \qquad t = 95.0\ [\mathrm{day}]$$

【例 17】 ある生物反応が 20％ 進行するのに 288 K で 6.5 時間，298 K で 4.2 時間かかった。活性化エネルギー E_a を求めよ。

（解） 反応速度は所要時間に逆比例するから，式(3.54)に数値を代入すると，$R = 8.31$ [J/mol·K] として

$$\ln\dfrac{6.5}{4.2} = \dfrac{E_a(298-288)}{8.31 \times 288 \times 291}$$

$$E_a = 3.11 \times 10^4\ [\mathrm{J/mol}]$$

3.2.4 微生物増殖の反応速度

微生物を適当な培地に植種して回分培養（batch cultivation）を行ったとき，生細胞数の時間的な変化は，一般に図 3.2 のようになり，大別すると（1）誘導期または遅滞期（lag phase），（2）対数増殖期（logarithmic growth phase, phase of exponential growth），（3）増殖減衰期（declining growth

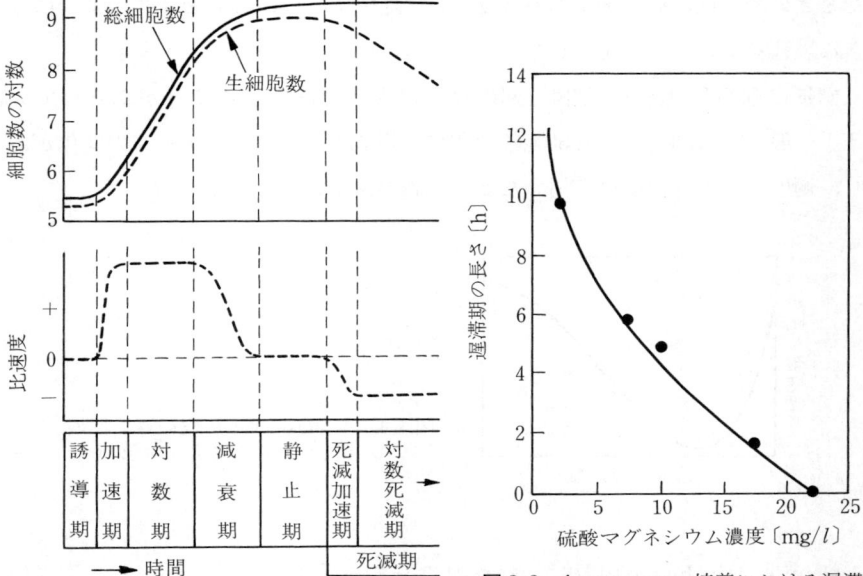

図 3.2　単細胞微生物の一般的増殖曲線

図 3.3　A. aerogenes 培養における遅滞期の長さに対する Mg^{2+} 濃度の影響

phase），（4）静止期（maximun stationary phase），（5）死滅期（death phase）が観察される。

〔1〕誘　導　期

新しい培地に植種したときの誘導期の長さは，植種細胞の培地の栄養構成に対する経験，細胞齢，植種のサイズによって変わる。

制限基質が変われば酵素的適応のための時間が必要であり，新しい培地の基質濃度がより高くなったときも増殖遅れを生じることがある。

細胞内酵素の多くは共役因子やビタミン，活性剤（activator）を必要とし，これらは比較的低分子であるため細胞膜を透過しやすく，小さいサイズの植種を大量の培地へ植種したとき，培地中にこれらの成分が不足していれば，これらの活性物質は細胞外へ拡散してしまう。増殖速度は細胞内での活性物質の不足度に応じて低下し，それらの細胞濃度が高くなるまで増殖遅れが生じる。一例として，Dean ら[11]は，Aerobacter aerogenes をグルコース培地に植種し

たときの誘導期は活性剤である Mg^{2+} の培地中濃度によって**図3.3**のように大きな影響を受けることを示している。

植種の細胞齢（age）も誘導期の長さに大きく影響することが知られている。一般に誘導期の長さと細胞齢の間には**図3.4**のようなパターンの変化があり，適度な細胞齢の植種を用いたとき，誘導期は最短となる。

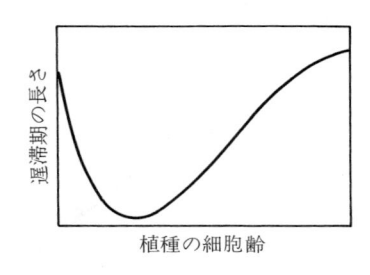

図3.4 A. aerogenes 培養の遅滞期の長さに対する植種細胞齢の影響

Dean と Hinshelwood[12)] は，培養中でのある活性物質の濃度がある臨界値 c' に達したとき，誘導期が終わると考えた。活性物質の接種後時間 t における濃度は

$$c = \alpha v + \beta n_0 t + \gamma t \tag{3.61}$$

で表され，v：植種とともに持ち込まれた古い培地の量，n_0：新しい培地の単位容積当りの細胞数，α, β, γ：定数である。第1項は前培養液によって持ち込まれた活性物質，第2項は植種した細胞が生産した活性物質量，第3項は個々の細胞が他の細胞によるのでなく自らの細胞に蓄積した活性物質をそれぞれ表している。この値が c' に達したとき $t = t_{\text{lag}}$ となるとすると

$$t_{\text{lag}} = \frac{c'/\beta - \alpha v/\beta}{n_0 + \gamma/\beta} \tag{3.62}$$

が誘導期の長さを与える。

植種した細胞の中に死菌が含まれているために観察される，見かけの増殖の遅れ（apparent lag）という現象もある。接種生菌数を n_0，接種死菌数を n_d，真の誘導期の長さを t_{lag} とするとき，$t > t_{\text{lag}}$ において

$$n = n_0 \exp((t-t_{\text{lag}})\mu) + n_d \tag{3.63}$$

によって総菌数の時間変化を示すことができる。ここに，μ：比増殖速度である。式(3.63)より

$$\frac{dn}{dt} = \mu n_0 \exp\{(t-t_{\text{lag}})\mu\} = \mu(n - n_d) \tag{3.64}$$

見かけの比増殖速度を μ_{app} とすると

$$\frac{dn}{dt} = \mu_{\text{app}} n \tag{3.65}$$

式(3.64)，(3.65)の比較より

$$\mu_{\text{app}} = \mu\left(1 - \frac{n_d}{n}\right) \tag{3.66}$$

を得る。すなわち，$n_d \ll n$ という状態に達するまで，見かけの比増殖速度は一定値に達せず，あたかも誘導期が続いているような増殖パターンを示す。

〔2〕 対 数 増 殖 期

誘導期が終わると，細胞物質ないしは細胞数は，時間とともに規則的に倍加して行く。細胞数の変化は次式で示される。

$$\frac{dn}{dt} = \mu n \qquad \text{または} \qquad \frac{1}{n} \cdot \frac{dn}{dt} = \mu \tag{3.67}$$

ただし，$t = t_{\text{lag}}$ で $n = n_0$ である。この条件を用いて式(3.67)を解くと

$$\ln\frac{n}{n_0} = \mu(t - t_{\text{lag}}) \qquad \text{または} \qquad n = n_0 \exp(\mu(t - t_{\text{lag}})) \tag{3.68}$$

細胞数が初期の2倍になるのに必要な時間，すなわち倍加時間（doubling time）t_d については，式(3.68)に $t = t_{\text{lag}} + t_d$ で $n = 2n_0$ を代入して，つぎの関係が得られる。

$$t_d = \ln\left(\frac{2}{\mu}\right) = \frac{0.693}{\mu} \tag{3.69}$$

同様の意味で世代時間（generation time）という語も使われる。

多くの微生物の増殖パラメーター定数を**表3.8**に示す。一般に高等な生物ほど比増殖速度が小さい。

対数増殖期においては，増殖特性は唯一のパラメーター定数 μ によって表

表3.8 生物の増殖速度

微生物名		増殖速度 μ [/day]	t_d [h]	培養温度 [℃]	1細胞の乾燥重量 [mg]
細菌類	Bacillus megatherium	31.8	0.52	30	3.8×10^{-9}
	Escherichia coli	59.1	0.28	37	4.0×10^{-10}
	Rhodopseudomonas spheroides	6.9	2.4	34	—
	Nitrosomonas sp.	1.3	12.7	25	—
	Staphylococcus aureus	37.6	0.44	37	1.5×10^{-10}
藻類	Anabaena cylindrica	0.66	25	25	—
	Microcystis aeruginosa	0.64	25.9	25	—
	Navicula minima	0.97	17.1	25	—
	Chlorella ellipsoidea	2.5	6.7	25	—
	Selenastrum capricornutum	1.9	8.7	25	1.9×10^{-8}
菌類	Saccaromyces cerevisiae	8.3	2.0	30	7.1×10^{-8}
原生動物	Vorticella microstoma	3.3	5.0	20	3.9×10^{-6}
	Epistylis plicatilis	1.6	10.2	20	—
	Colpidium campylun	3.6	4.7	20	1.6×10^{-6}
	Paramecium caudatum	1.4	12	20	3.0×10^{-4}
	Tetrahymena pyriformis	5.3	3.1	25	1.4×10^{-6}
	Colpoda steinii	5.5	3.0	30	1.2×10^{-6}
	Stentor coeruleus	0.75	22.1	19	5.0×10^{-3}
	Aspidisca costata	1.2	13.6	20	—
後生動物	Rotaria sp.	0.28	59.1	20	—
	Philodina sp.	0.23	72.0	20	1.8×10^{-4}
	Lecane sp.	0.31	54.0	20	—
	Aeolosoma hemprichi	0.35	47.3	20	3.8×10^{-4}
	Nais sp.	0.12	138	20	6.6×10^{-3}
	Pristina sp.	0.12	138	20	—
	Dero sp.	0.07	238	20	—

され，それゆえ環境条件の増殖に及ぼす影響を示すのに μ の値が広く用いられる。

① **温度** 生命を維持し得る温度範囲は概略 $-5 \sim 95$ ℃ の範囲にあり，原核生物は増殖温度によって**表3.9**のように分類される[13]。

一般に，世代時間ないし比増殖速度の温度依存性は**図3.5**(a)，(b)のように表され，至適温度を超えると急激に増殖が鈍化する。図3.5(b)において $\ln \mu$ が絶対温度の逆数の増加に伴って直線的に減少している区間では，反応速度に Arrhenius 式(3.52)が適用できることを意味する。

表3.9 増殖速度の温度依存性による微生物の分類

グループ	温度〔℃〕		
	最小	至適	最大
好熱性	40〜45	55〜75	60〜80
中温性	10〜15	30〜45	35〜47
低温性：			
偏性	−5〜5	15〜18	19〜22
通性	−5〜5	25〜30	30〜35

(a) 温度の影響　　(b) Arrhenius プロット

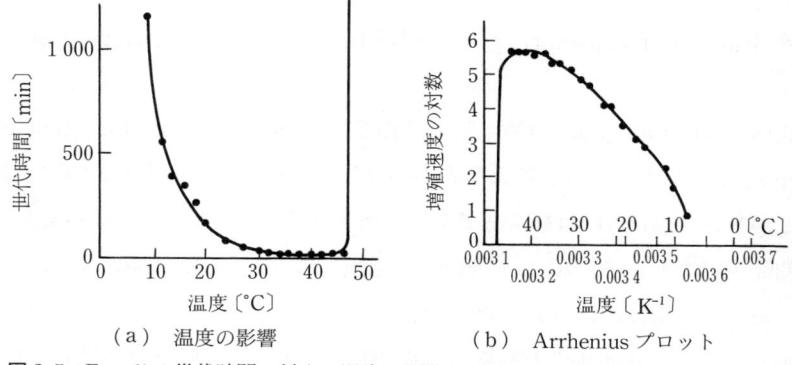

図 3.5　E. coli の世代時間に対する温度の影響と同じデータの Arrhenius プロット

② **pH**　　μ の pH 依存性は，2 章で述べた酵素活性の pH 依存性（図 2.3）と同様に，至適 pH を中心としたほぼ対称な曲線となる。至適 pH は菌の種類によって異なり，広い分布を示すが，最大の増殖を示す pH 範囲は 1〜2 pH 単位であり，増殖が認められる範囲は 2〜5 pH 単位である。

③ **基質濃度**　　培養中の他の成分の濃度を一定にしておいて，ある必須成分のみの濃度を変えたとき，比増殖速度の変化は，**図 3.6** のような双曲線状の曲線に従う。μ と必須成分濃度との関数関係は Monod[14] によって提示された。

$$\mu = \frac{\mu_{max} s}{K_S + s} \tag{3.70}$$

ここに，μ_{max}：最大比増殖速度で，$s \gg K_S$ のとき μ がこの値に近づく。もう一つのパラメーター定数 K_S は $\mu = \mu_{max}/2$ を与える基質濃度に相当し，飽和

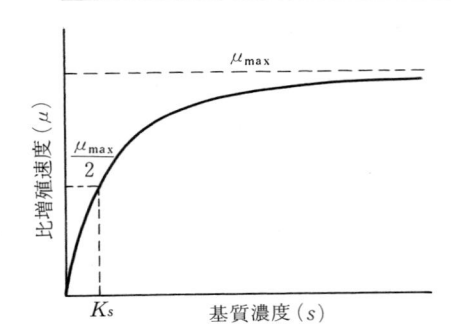

[図 3.6: 縦軸 比増殖速度 (μ)、μ_{max}、$\dfrac{\mu_{max}}{2}$、横軸 基質濃度 (s)、K_s を示す飽和曲線]

図 3.6 基質濃度と比増殖速度

定数(saturation constant)または半飽和定数(half saturation constant)という。

式(3.70)は Langmuir の等温吸着式あるいは酵素反応における Michaelis-Menten 式と同型であり,特に酵素が関与していることから後者と混同されることが多い。式(3.70)は経験式であり,増殖は多様な細胞活動の総合的かつ統一的発現であるから,K_s に Michaelis 定数のような理論的意味づけはできない。ただし,結果的に μ が外部基質濃度に支配されるということを式(3.70)は示しており,外部基質の細胞内への摂取(uptake)の過程が増殖の律速段階であり,かつその速度が透過酵素の関与した酵素反応速度であるとすれば,K_s は K_m に近い意味をもってくる。

表 3.10 に基質と微生物の組合せにおける K_s の値を示す。一般的にいって,炭素源基質に対する K_s は 10^{-5} mol のオーダーで,アミノ酸やビタミンでは,これより1ないし2オーダー低い。無機イオンは 10^{-5} mol のオーダー,O_2 では $10^{-6} \sim 10^{-5}$ mol のオーダーであり,これらの相対的大小関係はある程度細胞の要求量と関係があるものと思われる。このように K_s の値はかなり小さいので,たいていの場合,$s \gg K_s$ であり $\mu \cong \mu_{max}$ と近似される。

Monod 式が適用可能であるのは,本来下記のような条件を満たす増殖である。

　i) 増殖は調和型増殖(balanced growth),すなわち,代謝物質や酵素などすべての成分の相対的濃度が一定値を保っている増殖であること。

表 3.10 種々の基質を利用する微生物増殖の飽和定数（K_s の値）〔Prit, S. J.: Principles of Microbe and Cell Cultivation, 12, Blackwell Scientific Publications (1975)〕

微生物	基質	K_s [mg/l]	K_s [10^{-5} mol]
Escherichia	グルコース	6.8×10^{-2}	3.8×10^{-2}
未同定バクテリア	フェノール	9.0×10^{-1}	1.0
Escherichia	マニトール	2.0	1.1
Escherichia	グルコース	4.0	2.2
Aspergillus	グルコース	5.0	2.8
Candida	グリセリン	4.5	4.9
Tetrahymena	バクテリア	12.0	—
Escherichia	ラクトース	20.0	5.9
Saccharomyces	グルコース	25.0	14.0
Pseudomonas	メタノール	0.7	2.0
Pseudomonas	メタン	0.4	2.6
Klebsiella	二酸化炭素	0.4	9×10^{-1}
Escherichia	リン酸イオン	1.6	1.7
Klebsiella	マグネシウムイオン	5.6×10^{-1}	2.3
Klebsiella	カリウムイオン	3.9×10^{-1}	1.0
Klebsiella	硫酸イオン	2.7	2.8×10^{-1}
Candida	酸素	4.5×10^{-1}	1.4
Candida	酸素	4.2×10^{-2}	1.3×10^{-1}
Aspergillus	アルギニン	5.0×10^{-1}	2.9×10^{-1}
Escherichia	トリプトファン	1.1×10^{-3}	5.4×10^{-3}
Escherichia	トリプトファン	4.9×10^{-4}	3.4×10^{-3}
Cryptococcus	サイアミン	1.4×10^{-7}	4.7×10^{-10}

ii) 培地中の単一成分，すなわち増殖制限基質（growth-limitting substrate）のみに支配され，他の必要成分は十分に存在する。

iii) 増殖を単一反応のようにとらえ，収率は一定で，動的遅れはない。

増殖がゆっくりしていて，細胞数も極度に多くない回分培養においては，調和型の増殖の仮定は妥当性を失わない。しかしながら，基質消費が非常に速く，細胞内基質濃度が細胞外のそれよりずっと低く，かつ細胞外基質濃度自体が時間的に変化しているような状況のもとでは，細胞内の状態の制御や代謝制御がつねに最適の状態を維持しているというわけにはゆかず，正しい意味での対数増殖は起こらない。こうした速い増殖に対しては

$$\mu = \frac{\mu_{max} s}{K_S s_0 + s} \tag{3.71}$$

あるいは

$$\mu = \frac{\mu_{max} s}{K_{S1} + K_{S2} s_0 + s} \tag{3.72}$$

といった形の式が用いられる。ここに，s_0：基質の初濃度である。

一方，基質がある濃度以下になると，維持代謝（3.1.4項参照）のみに基質が利用されるが，増殖が起こっているときでも維持代謝は並行して行われていると考えられるので，その影響を加味すると

$$\mu = \frac{\mu_{max} s}{K_S + s} - b \tag{3.73}$$

が用いられる。さらに，過剰に存在すると増殖を阻害するような基質の場合には，つぎのような式が用いられる。

$$\mu = \frac{\mu_{max} s}{K_S + s + s^2/K_i} \tag{3.74}$$

$$\mu = \frac{\mu_{max}}{1 + (k_s/s) + (s/k_i)^n} \tag{3.75}$$

合葉ら[15]はグルコースの酵母による嫌気性発酵に対して生成物阻害（product inhibition）の効果を包含した次式を適用している。

$$\mu = \mu_{max} \frac{s}{K_S + s} \cdot \frac{K_P}{K_P + p} \tag{3.76}$$

ここに，p：生成物の濃度，K_P：定数である。

式(3.76)は $p \to \infty$ で $\mu \to 0$ であるが，p の有限値 p_{cri} に対して μ が 0 となる方が実際的であり，Levenspiel[16] は次式を提示している。

$$\mu = \mu_{max}\left(1 - \frac{p}{p_{cri}}\right)^n \left(1 + \frac{K_S}{s}\right) \tag{3.77}$$

また，増殖制限基質が同時に2種以上存在する場合には，各成分にMonod式を用いて

$$\mu = \mu_{max} \frac{s_1}{K_{S1} + s_1} \frac{s_2}{K_{S2} + s_2} \cdots \tag{3.78}$$

が適用される。

〔3〕 増殖減衰期

細胞数があまり多くなく,増殖に必要な成分が十分に供給されている間は,対数増殖期が続くが,そうした条件が維持し得なくなると,増殖速度が衰えてくる。

これを増殖減衰期（declining growth phase）というが,その原因となる環境の変化として,つぎのようなものがある。

（a） 必須栄養基質の不足

必須栄養基質が減少してくると,それに応じて増殖速度が低下するが,この関係はMonod式で表現できる。すなわち,対数増殖期には$\mu \cong \mu_{max}$が維持されているが,基質濃度が低下して$\mu < \mu_{max}$となると増殖減衰期となり,さらに式(3.73)の右辺が0となるような基質濃度レベルに達すると$\mu = 0$となって静止期に入る。

（b） 酸素供給の不足

好気性生物の場合,培地中の細胞数がある限界を超えると,それに見合った酸素の供給が不可能となって,増殖が制限される結果となる。この場合,式(3.78)において,s_1を炭素源基質の濃度,s_2を酸素濃度として,s_2の減少によるμの低下として扱うこともできる。

（c） 阻害物質の蓄積

増殖に伴って阻害物質が蓄積し,それによって増殖速度の低下から増殖停止に至る過程は,式(3.76)あるいは式(3.77)によって表現できる。また,培地のpHの変化によって増殖が影響を受けることも多い。

（d） 生物的空間の不足

微生物は$10^9 \sim 10^{10}$ cell/mlになると栄養源が十分に存在しても増殖を停止することが知られており,細胞の占める必要最小空間の存在が考えられる。

〔4〕 静止期

基質の涸渇による増殖の停止に関しては,つぎのような定量関係が成り立つ。

式(3.21)より

$$\frac{dX}{ds} = -Y_{X/S}$$

これを $s=s_0$ で $X=X_0$, $s=0$ で $X=X_s$ で解くと

$$X_s = X_0 + Y_{X/S}s_0 \tag{3.79}$$

が得られる。ただし，X_0，X_s：初期および静止期の細胞物質量である。すなわち，細胞物質の増加量は培地中に存在した基質の量に比例する。

阻害物質の蓄積によって対数増殖からの乖離(かいり)が生じるときは，一般に次式の形で表される。

$$\frac{dX}{dt} = kX(1-f(c_t)) \tag{3.80}$$

ここに，c_t：阻害物質濃度であり，最も単純な場合

$$\frac{dX}{dt} = kX(1-bc_t) \tag{3.81}$$

阻害物質の蓄積速度は細胞物質量 X に比例すると考えるのは妥当な仮定であるから

$$\frac{dc_t}{dt} = qX, \quad c_t = q\int_0^t X dt \tag{3.82}$$

を式(3.81)に代入すれば

$$\frac{dX}{dt} = kX\left(1-bq\int_0^t X dt\right) \tag{3.83}$$

となり，有効比増殖速度 μ_{eff} は

$$\mu_{\text{eff}} = \frac{1}{X}\frac{dX}{dt} = k\left(1-bq\int_0^t X dt\right) \tag{3.84}$$

で与えられる。

であるから，μ_{eff} は時間とともに加速度的に減少し

$$\frac{1}{bq} = \int_0^t X dt \tag{3.85}$$

のとき，増殖は停止する。

培地の基質初濃度と，最大細胞数，すなわち静止時の細胞数との関係を模式的に示すと，**図3.7**のようになる。低基質濃度域では増殖の制限因子は基質の

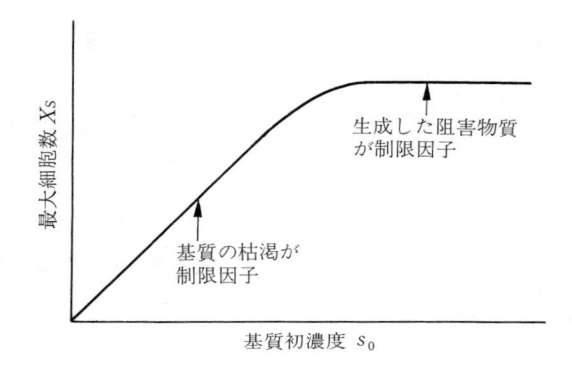

図 3.7 基質の初濃度と最大細胞数との一般的関係

消費であり，高濃度域では阻害物質の蓄積である。

増殖が対数増殖から乖離して静止期に至る過程は，後述のロジスティック曲線（logistic curve）など，他の非構造型モデル（unstructured model）によっても表現できる。

〔5〕 死　滅　期

静止期が過ぎて，細胞数が減少に向かう過程を死滅期（death phase）という。この期においても，個々の微生物のあるものは増殖し，逆に他のあるものは死んで分解したりしているが，全体としては増殖減衰期について述べたような増殖環境の悪化のために現存する細胞数の維持が困難となって，時間とともに減少していく。細胞数の時間変化は次式で示される。

$$n = n_s e^{-k_d t} \tag{3.86}$$

ここに，n：死滅期開始後時間 t 経過時の細胞数，n_s：静止期の細胞数，k_d：死滅速度定数である。

式(3.86)の物理的解釈は，細胞の死がランダムに起こるということである。

〔6〕 ロジスティック曲線とその発展型

回分増殖において増殖阻害項を含む式は，Verlhurst (1844)，Pearl と Reed (1920) によって示された。阻害作用は細胞量 X の 2 乗に比例するとすると

$$\frac{dX}{dt} = kX(1-\beta X) \qquad X(0) = X_0 \tag{3.87}$$

式(3.87)を積分すると，つぎのロジスティック曲線（logistic curve）が得られる。

$$X = \frac{X_0 e^{kt}}{1-\beta X_0(1-e^{kt})} \tag{3.88}$$

図3.8に示すように，ロジスティック曲線はS字型で，静止細胞数 $X_s = 1/\beta$ であり，$\beta X = 1/2$ を与える点が変曲点である。

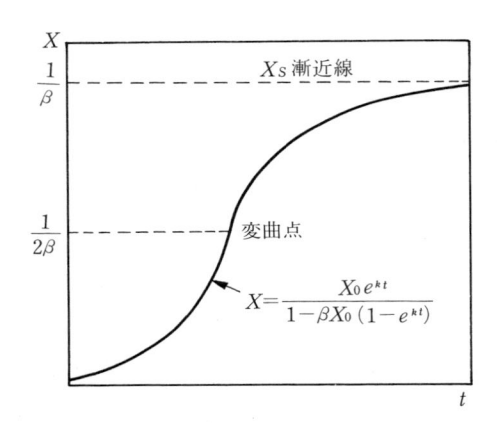

図3.8 ロジティック曲線

ロジスティック曲線に対する一つの可能な解釈として，阻害物質の生成速度と細胞の増殖速度との間に比例関係が成立すると考えると

$$\frac{dc_t}{dt} = \alpha \cdot \frac{dX}{dt} \qquad c_t(0) = 0 \tag{3.89}$$

$$c_t = \alpha(X - X_0) \tag{3.90}$$

式(3.82)において，$X_0 \ll X$ の場合は，式(3.90)を式(3.81)に代入すると，式(3.87)と同型の式が得られる。

ロジスティック曲線の欠点の一つは，静止期の後に始まる死滅期を予測し得ないことである。Volteraaのモデルはこれに対する一手段を与えるもので，つぎの積分項を付加する。r は積分変数である。

$$\int_0^t K(t,r)X(r)dr \tag{3.91}$$

すなわち,過去の細胞数のすべての値が現在の増殖速度に影響する.K が K_0 であるとき

$$\frac{dX}{dt} = kX(1-\beta X) + K_0 \left| \int_0^t X(r)dr \right| \tag{3.92}$$

ここで,K_0 が負であれば阻害剤,正であれば増殖促進剤の影響を示す項であるという解釈が成り立つ.また,K_0 が負のときは,細胞数は最大値を示した後に減少し始める.

3.2.5 基質除去速度

基質の除去速度は,増殖収率係数によって増殖速度と関係づけられる.すなわち,基質の比代謝速度 Q_s は

$$-\frac{dX}{ds} = \frac{\mu}{Q_s} = Y_{X/S} \tag{3.21}$$

によって比増殖速度 μ と一定の比を有するものとして一般に取り扱われている.あるいは基質の除去速度 r_s は

$$r_s = \frac{ds}{dt} = Q_s X = \mu \cdot \frac{X}{Y_{X/S}} \tag{3.93}$$

で与えられ,式(3.70)〜(3.78)に示した各種の比増殖速度式と関係づけられる.たとえば,μ が Monod 式で表される場合には

$$r_s = \frac{\mu_{\max}}{Y_{X/S}} \frac{sX}{K_s + s} \tag{3.94}$$

となり,さらに維持代謝を含めると,式(3.65)を用いて

$$r_s = (\mu + b)\frac{X}{Y_{X/S}} = \frac{1}{Y_{X/S}} \left(\mu_{\max} \frac{s}{K_s + s} + b \right) X \tag{3.95}$$

あるいは,式(3.32)の維持定数を用いると

$$r_s = \left(\frac{\mu_{\max}}{Y_G} \cdot \frac{s}{K_s + s} + m \right) X \tag{3.96}$$

がより一般的な関係式として得られる.

3.2.6 排水処理における基質除去速度式

前節で論じた基質除去速度中の μ_{max}, K_S, $Y_{X/S}$ などのパラメーター定数は，基質と微生物との組合わせによって定まるものである。ゆえに，排水の生物学的処理のように基質を構成する成分や微生物集団を構成する生物種が種々雑多であるときには，これらの式が直接に適用できるとは限らない。また，生物学的処理における微生物の増殖は，必ずしも3.2.4項の〔2〕で述べたMonod式が適用可能となるような条件を満たす型の増殖であるといいきれない。そうした問題も含めて，多くの基質除去速度が提示されており，内藤ら[17]は表3.11のようにまとめている。これらの式は，大別してMonod式あるいはその修正型 (5, 9, 11)，Monod式において $K_S \gg s$ に該当する基質濃度に関して1次反応型 (2, 6, 7, 8, 13)，$K_S \ll s$ に該当する0次反応型 (1, 3)，その他 (4, 10, 12) に分類される。ただし，3.2.4項の〔2〕で示したように，一般に有機基質の K_S 値は 10^{-5} mol のオーダーであって，きわめて小さい値であるから，$K_S \gg s$ が満足され1次反応型が適合するケースはきわめて特殊な場合に限定されると考えてよいであろう。

3.2.7 酸素利用速度

酸素も広い意味で一種の基質と見なすことができ，したがって酸素利用速度 (oxygen uptake rate) についても，基質のそれと同様の取扱いが可能である。

$$r_0 = Q_{O_2} X \tag{3.97}$$

ここに，r_0：酸素利用速度，Q_{O_2}：呼吸速度である。

式(3.97)に式(3.34)を用いると

$$r_0 = \left(m_0 + \frac{1}{Y_{GO}} \mu \right) X = \left(m_0 + \frac{\mu_{max}}{Y_{GO}} \frac{s}{K_S + s} \right) X \tag{3.98}$$

が得られる。

排水の生物学的処理技術の分野では，生物酸化に必要な酸素量を

$$O_2 [\text{kg/day}] = a' \times (\text{除去された BOD [kg/day]}) + b' \times (\text{MLVSS [kg]}) \tag{3.99}$$

表 3.11 BOD 除去速度 r_s の数式モデル [内藤正明, 津野 洋: 化学工学便覧, 1106, 丸善 (1969)]

適用範囲	番号	関数形	パラメーターの数	提案者	備考	パラメーターの値 (BOD, MLSSの単位はいずれも [mg/l])
二相説 指数増殖相 $(s/x)<(s_B/x_B)$	1	$r_s=-k_1 x$	1	Eckenfelder, Garret, Sawyer	基質が豊富でこれが律速とならない場合	$s\gtrsim 100\sim 300$ [BOD] $k_1=0.1\sim 0.4$ [BOD/(MLSS)・h]
二相説 減衰増殖相 $(s/x)<(s_B/x_B)$	2	$r_s=-k_2 sx$	1		基質の濃度が汚泥生成に影響を及ぼす場合	$s\gtrsim 100\sim 300$ [BOD] $k_1=0.1\sim 0.4$ [BOD/(MLSS)・h]
二相説 指数増殖相 $(s/x)<(s_B/x_B)$	3	$r_s=-k_1 x$	1	南部	s/x (BOD対MLSSの比) が大きく影響するとするMckinneyの考え方に従ったもの	
二相説 減衰増殖相 $(s/x)<(s_B/x_B)$	4	$r_s=-k_4 fn\left(\dfrac{s/x}{s_B/x_B}\right)$	3(?)			
BOD除去の全範囲 一相説	5	$r_s=-\dfrac{r_{max}s}{K_s+s}x$	2	Monod	細菌増殖の実験データより	$K_s=10\sim 500$ [BOD] $r_{max}=0.06\sim 0.6$ [BOD/(MLSS)・h]
BOD除去の全範囲 一相説	6	$r_s=-\sum k_{6i}s_i x$	1	Moore, Wuhrmann	廃水中の有機物を成分に分けて扱ったもの ($s=\sum s_i$)	
BOD除去の全範囲 一相説	7	$r_s=-k_6\left(\dfrac{s}{s_0}\right)^n x$	2	Fair と Geyer	添字0は初期状態を示す。	
BOD除去の全範囲 一相説	8	$r_s=-\dfrac{k_2}{1+mt}s$	2	Fair と Moore	反応開始後の t 時間を示す。	
BOD除去の全範囲 一相説	9	$r_s=-\left\{k_1\left(\dfrac{s}{s_0}\right)^n+k_0\right\}$	4	北尾	Monod式とFairとGeyerの式を合成した型	r_s が除々に遅くなる現象を表現する式
BOD除去の全範囲 一相説	10	$r_s=-r_{max}(1-e)^{-s/K}$	3	Shulze		
BOD除去の全範囲 一相説	11	$r_s=-\dfrac{r_{max}s^n}{K_s+s^n}x$	3	楠本		$n=0.4\sim 0.5$ $K_s=20\sim 400$ [BOD] $r_{max}=0.03\sim 0.08$ [BOD/(MLSS)・h]
BOD除去の全範囲 一相説	12	$r_s=-\left\{\dfrac{2sD}{AZ_f^2}\right\}^{1/2}A$	2	Baillod と Byle	BOD除去は活性汚泥フロック内の有機物拡散に律速されるとしたもの。	$D=0.2\sim 0.3\times 10^{-7}$ [cm²/s]
BOD除去の全範囲 一相説	13	$r_s=-k_0\lambda sx+\beta bx$	2	内藤, 津野 Blackwell Andrews	吸着理論により空席率あるいは微生物細胞内の蓄積物の変化を考慮して活性度λを導入したもの。	$k_0=0.003\sim 0.001$ [/(MLSS)・h]

と慣習的に表すが，その意味するところは式(3.98)とほぼ同じである。MLVSS はばっ気混合液揮発性浮遊物質量（mixed liquor volatile suspended solid）で，biomass 量を間接的に表示するものである。a' および b' の値はそれぞれ 0.35〜0.55 および 0.05〜0.20 の範囲内にあることが多い。

4 微生物系における移動現象

4.1 微生物反応系と移動現象とのかかわり

　前章では，微生物反応の速度について述べた。しかし，そこで述べたことはいずれも完全な均質系（homogeneous systems）においてのみ成り立つもので，実験室規模での微生物反応ではともかく，実施設規模の反応では成り立たない。その結果，生物化学的反応速度だけでなく，何らかの物理的な移動現象も総合的な反応速度に関与してき，時には後者が律速段階となることもある。例えば，好気性の反応系において，炭素源基質の供給が十分であれば，反応速度は酸素供給速度によって支配される。また，微生物反応装置（microbial reactor）はしばしば連続流式装置（continuous flow reactor），すなわち原液の流入および反応液（処理水）の流出を連続的に行う装置として運転されるが，その場合，装置内の混合の強弱は，微生物，基質，溶存酸素等の空間的な濃度分布に影響することを通して装置内での総括的な反応速度に影響を及ぼすだけでなく，液が流入してから流出するまでの時間，すなわち滞留時間（retention time）の分布にも影響する。

　このように，微生物反応装置の効率に対しては，細胞，フロックあるいは生物膜での物質移動といったようなミクロスケールの移動現象と，装置内でのかくはん，混合，流動特性といったマクロスケールの移動現象が関与している。例えば，装置内液中に吹き込まれた空気の気泡から酸素が液に溶け込み，微生物フロック中の微生物によって消費される場合（図4.1）について速度過程を

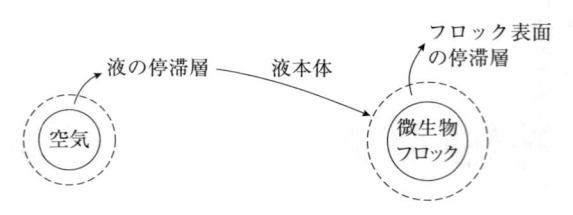

図4.1 空気-水-微生物輸送経路

列挙すると

ⅰ) 空気本体から気-液界面への拡散
ⅱ) 気-液界面内での移動
ⅲ) 気泡に接した液の停滞層内での拡散
ⅳ) 液本体中での移動
ⅴ) 微生物フロックに接した停滞層での拡散
ⅵ) 微生物フロック中での拡散
ⅶ) 微生物フロック中の微生物による摂取

の七つの過程から構成されている。これらのうち，ⅳ)の過程はミクロ，マクロの両方にわたる移動現象が，ⅶ)を除く残りの過程はミクロな移動現象がそれぞれ支配している。ⅶ)は真の生物反応速度（intrinsic reaction rate）に関係している。

4.2 基礎移動現象論

4.2.1 拡散の基本法則

流れ系の中では，物質は流れによって運ばれたり，拡散や沈殿によって移動したりする。その際，単位面積を単位時間に通過する物質の量をその物質の流束（flux, mass flux）という。拡散のみによる流束を考えてみよう。拡散物質 i の濃度を c_i とし，その濃度こう配の方向に x 軸をとり，x 軸に垂直な単位面積を単位時間に通過する物質 i の量，すなわち x 方向の物質 i の拡散流束 J_i は Fick の第1法則（Fick's 1st law）により，次式で示される。

$$J_i = -D_i \frac{\partial c_i}{\partial x} \tag{4.1}$$

すなわち，J_i は濃度こう配 $\partial c_i/\partial x$ に比例し，D_i は比例定数に相当する．右辺の負符号は x の正方向への拡散流束を正と扱うためである．D_i は物質 i に特有の定数で拡散定数（diffusion coefficient）といい，cm^2/s の次元をもっている．この値は温度と濃度とによって変わるが，濃度の影響は小さいので通例不変として扱う．より一般的表示として，Fick の第 1 法則は

$$J_i = -D_i \,\mathrm{grad}\, c_i \tag{4.2}$$

と表される．

非定常拡散では $\partial c_i/\partial x$ ないし $\mathrm{grad}\, c_i$ は一定でないので，第 1 法則は用いられない．こうした場合には，間隔が dx の接近した単位面積の 2 面を x 軸に垂直にとり，それらによって挟まれた部分での物質収支を考えると

$$\left(\frac{\partial c_i}{\partial t}\right)dx = (J_i)_x - (J_i)_{x+dx} = D_i\left[\left(\frac{\partial c_i}{\partial x}\right)_{x+dx} - \left(\frac{\partial c_i}{\partial x}\right)_x\right]$$
$$= D_i\frac{\partial}{\partial x}\left(\frac{\partial c_i}{\partial x}\right)dx = D_i\frac{\partial^2 c_i}{\partial x^2}dx \tag{4.3}$$

両辺を dx で割ると，次式を得る．

$$\frac{\partial c_i}{\partial t} = D_i\frac{\partial^2 c_i}{\partial x^2} \tag{4.4}$$

これを Fick の第 2 法則（Fick's 2nd law）という．式(4.4)を一般化すると

$$\frac{\partial c_i}{\partial t} = \frac{\partial}{\partial x}\left(D_i\frac{\partial c_i}{\partial x}\right) + \frac{\partial}{\partial y}\left(D_i\frac{\partial c_i}{\partial y}\right) + \frac{\partial}{\partial z}\left(D_i\frac{\partial c_i}{\partial z}\right)$$
$$= \mathrm{div}(D_i \,\mathrm{grad}\, c_i) \tag{4.5}$$

となる．

拡散が分子運動によって進むとき，それを分子拡散（molecular diffusion）といい，その拡散係数を分子拡散係数という．一方，乱流中では渦運動によって流体魂自身が激しく移動して拡散が起こる．これを乱流拡散（渦動拡散）といい，そのとき拡散係数を乱流拡散係数（渦動拡散係数）といい，通常 ε で示す．

4.2.2 物質移動係数

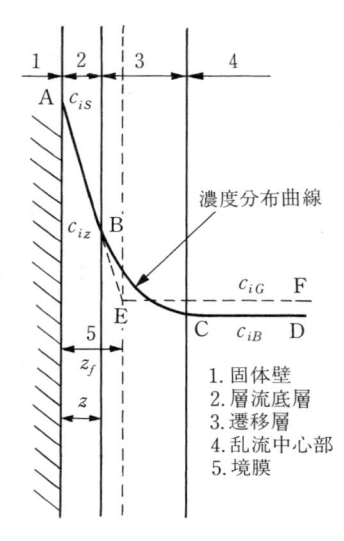

図4.2のように流体が乱流で固体表面に接して流れている場合，固体面上での流速は0で，それに続いて急激な流速こう配をもつ層流境界層（laminar boundary layer）があり，さらに乱流本体に連なっている。乱流本体中では流体は固体表面に沿った方向および垂直方向のいずれにおいてもよく混合されている。したがって，固体側から流体側に物質 i が移動しているとして，乱流本体中では濃度こう配は無視し得る。このような現象は，混じり合わない2相が乱流で流れているときも同様である。これに反して，層流底層では流れに垂直な方向での流体の移動はなく，物質の移動は分子拡散のみにより生じる。ゆえに，i の濃度プロフィルは曲線 ABCD のようになり，その流束は層流底層の厚さ z とその点での i の濃度 c_{iz} がわかっていれば，式(4.1)に従って求めることができる。しかし，z の値は不確実であり，c_{iz} となるといっそう求めにくい。したがって層流境界層，遷移部，乱流本体を含んだ流れ全体としての濃度を c_{iG} とし，図のように濃度差 $c_{iS} - c_{iG}$ を推進力としてすべて分子拡散のみによって移動が起こる（したがって濃度こう配は層流底層でのそれに等しい）としたとき，仮想的な厚さ z_f の部分，いいかえれば曲線 ABCD を折線

1. 固体壁
2. 層流底層
3. 遷移層
4. 乱流中心部
5. 境膜

図4.2 個体表面上の流体中での濃度分布と境膜

ABEFで近似したときの固体表面からEまでの部分を有効境膜（effective laminar film）あるいは単に境膜（laminar film）という。一般に境膜内の流量は全流量に対して無視できるので，c_{iG}は乱流部の濃度c_{iB}としてよい。このとき，iの流束J_iは

$$J_i = D\frac{c_{iS}-c_{iB}}{z_f} = \frac{D}{z_f}(c_{iS}-c_{iB}) = k_L \Delta c_i \tag{4.6}$$

と表され，k_Lはcm/sの次元をもつ値で，物質移動係数（mass transfer coefficient）という。

4.2.3 二重境膜説と物質移動係数

図4.3のように，気体と液体とが接して流れており，気体が液体中に溶解していくときについて考える。このとき，前項で述べたような境膜が気体側および液体側の双方に生じると考え，物質移動抵抗は二つの境膜での抵抗として表されるとするものを二重境膜説（double film theory）という。図に示したように，気体の分圧および液中での濃度を定めると，界面での気体の蓄積はないことより，気体の流束J_Aは

$$J_A = k_G(p_{AG}-p_{AS}) = k_L(c_{AS}-c_{AB}) \tag{4.7}$$

で表される。ここに，k_G，k_Lは気相および液相物質移動係数である。

p_{AS}とc_{AS}を実測することは不可能であるので，つぎのようにしてこれらの

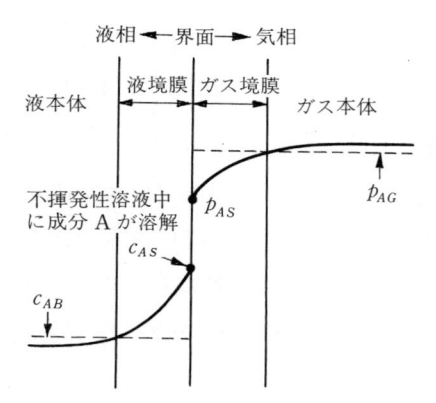

図4.3 二重境膜モデル（定常状態における液境面付近の圧力と濃度の分布）

値を式(4.7)から除く。気体分圧と液中濃度との間にヘンリー則で示される平衡関係が成立するとし，p_{AG} に平衡な液中濃度を c_A^*，c_{AB} に平衡な気体分圧を p_A^* とすると

$$\left. \begin{array}{l} c_A^* = m p_{AG} \\ c_{AB} = m p_A^* \end{array} \right\} \quad (4.8)$$

かつ，p_{AS} と c_{AS} とは平衡関係にあると考えられるから

$$c_{AS} = m p_{AS} \quad (4.9)$$

式(4.8)，(4.9)を式(4.7)に用いると

$$J_A = k_G(p_{AG} - p_{AS}) = k_L(m p_{AS} - m p_A^*)$$

$$= \frac{p_{AG} - p_{AS}}{1/k_G} = \frac{p_{AS} - p_A^*}{1/m k_L} = \frac{p_{AG} - p_A^*}{1/k_G + 1/m k_L}$$

$$= K_G(p_{AG} - p_A^*) \quad (4.10)$$

$$\frac{1}{K_G} = \frac{1}{k_G} + \frac{1}{m k_L} \quad (4.11)$$

K_G を気体分圧基準の総括物質移動係数（overall mass transfer coefficient）という。同様に式(4.8)，(4.9)を式(4.7)に用いて液中濃度のみの式に変形すると

$$J_A = k_G\left(\frac{c^*}{m} - \frac{c_{AS}}{m}\right) = k_L(c_{AS} - c_{AB})$$

$$= \frac{c^* - c_{AS}}{m/k_G} = \frac{c_{AS} - c_{AB}}{1/k_L} = \frac{c^* - c_{AB}}{m/k_G + 1/k_L}$$

$$= K_L(c^* - c_{AB}) \quad (4.12)$$

$$\frac{1}{K_L} = \frac{m}{k_G} + \frac{1}{k_L} \quad (4.13)$$

K_L は液側濃度基準の総括物質移動係数である。式(4.11)，(4.13)からわかるように，m が大きいときは K_G，K_L に対する k_G の影響が大きく，移動速度は気体側での移動速度の影響を強く受けるので，気体側（ガス側）支配であるという。反対に m が小さいときは液側支配である。生物処理において最も重要な作用である酸素の水への溶解は，酸素の水に対する溶解度がきわめて低いので，液側支配の代表的な例である。

4.2.4 浸透モデル

境膜モデルは定常拡散を前提としたものであるが,気液が接触した瞬間に定常状態に達するわけではない。浸透モデル（penetration model）は非定常拡散に基づいたモデルで,Fickの第2法則より

$$\frac{\partial c_A}{\partial t}=D\frac{\partial^2 c_A}{\partial z^2} \tag{4.14}$$

を以下の条件で解く。

$$\left.\begin{array}{ll} \text{I.C.}: & c_A=c_{AO} \quad \text{at} \quad t=0 \\ \text{B.C.1}: & c_A=c_{AS} \quad \text{at} \quad z=0 \\ \text{B.C.2}: & c_A=c_{AO} \quad \text{at} \quad z=\infty \end{array}\right\} \tag{4.15}$$

得られる解は

$$\frac{c_A-c_{AO}}{c_{AS}-c_{AO}}=1-\mathrm{erf}\left(\frac{z}{2\sqrt{Dt}}\right)=\mathrm{erfc}\left(\frac{z}{2\sqrt{Dt}}\right) \tag{4.16}$$

である。任意の時間 t における吸収速度 J_A は

$$J_A=-D\frac{\partial c_A}{\partial z}\bigg|_{z=0}=\sqrt{\frac{D}{\pi t}}(c_{AS}-c_{AO}) \tag{4.17}$$

すなわち,吸収速度は $\sqrt{t}$ に逆比例して減少する。

また, $t=0\sim\Delta t$ における平均吸収速度は

$$J_{Am}=\frac{1}{\Delta t}\int_0^{\Delta t}J_A dt=2\sqrt{\frac{D}{\pi\Delta t}}(c_{AS}-c_{AO}) \tag{4.18}$$

となり,これと式(4.6)を比較すると

$$k_L=\sqrt{\frac{4D}{\pi\Delta t}} \tag{4.19}$$

となる。すなわち物質移動係数は拡散係数の平方根に比例し,接触時間 Δt の平方根に逆比例する。

一方,Danckwertsの表面更新説によれば,実際の吸収装置では液面にまで乱れが及び,表面が $s\,[\mathrm{cm}^2/\mathrm{cm}^2\cdot\mathrm{s}]$ の割合で更新されるとき,結果だけを示せば

$$k_L=\sqrt{Ds} \tag{4.20}$$

4.2.5 総括酸素移動容量係数

活性汚泥法でばっ気槽に通気している状態などについて考えてみよう。

反応槽の単位容積に単位時間に溶け込む酸素量 Q_{O_2} は，式(4.12)より次式で与えられる。

$$Q_{O_2}=K_L(c^*-c)\frac{A}{V}=K_La(c^*-c) \tag{4.21}$$

ここに，c^*：気体分圧に対し平衡な液体中での酸素濃度，すなわち飽和酸素濃度，c：液本体酸素濃度，A：気液界面の全面積，V：反応槽容積，a：反応槽単位容積当りの気液界面の面積である。

一般的にいって，a の実測は容易ではなく，K_L と a とをひとまとめにしてあたかも一つのパラメーターであるかのように扱う方が実際的であることが多い。K_La を総括酸素移動容量係数（overall volumetric oxygen transfer coefficient）という。

酸素の水への溶解に関しては，k_G は k_L よりはるかに大きく，かつ m は小さいので移動速度は液側支配となる。すなわち

$$K_L=k_L \quad \text{または} \quad K_La=k_La \tag{4.22}$$

である。

K_La の実測には次式が利用できる。

$$\frac{dc}{dt}=K_La(c^*-c) \tag{4.23}$$

上式を $t=0\sim t_1$ について積分し，かつ $t=0$ および $t=t_1$ における c の値をそれぞれ c_0 および c_1 とすると

$$\ln\frac{c^*-c_0}{c^*-c_1}=K_Lat_1 \tag{4.24}$$

が得られる。すなわち，c^*，c_0，c_1 および t_1 は実測可能ないしは既知の値であり，式(4.24)を利用して容易に K_La（k_La にほぼ等しい）を決定することができる。

4.2.6 気泡ないし気泡群における物質移動

密度差が主たる流体運動の推進力となっているような2相(例えば気泡と水)の間の変化の式を無次元化すると,結局式中にはつぎの三つの無次元パラメーターが残る。

$$\left.\begin{array}{l} \text{Grashof 数}: Gr = \dfrac{d_G^3 \rho_g (\rho_l - \rho_g)}{\mu_l^2} \\[6pt] \text{Sherwood 数}: Sh = \dfrac{k_L d_G}{D_l} \\[6pt] \text{Schmidt 数}: Sc = \dfrac{\mu_l}{\rho_l D_l} \end{array}\right\} \quad (4.25)$$

ここに,d_G:代表径,ρ_g, ρ_l:ガスおよび液の密度,μ_l:液の粘度,D_l:液中でのガスの拡散係数である。また,気液界面近傍においては

$$Sh = \frac{k_L d_G}{D_l} = g(Sc, Gr) \tag{4.26}$$

と表し得ることが物質移動式よりいえる。物質移動係数の主たる因子は有効境膜厚さと境膜内での拡散しやすさとであり,それらは Reynolds 数 ($Re = \rho_l d_G u_l / \mu_l$) および Peclet 数 ($Pe = u_l d_G / D_l$) の関数として示されるが,いずれについても代表流速 u_l の代わりに密度差(液中での気泡の上昇流速は密度差に比例する)$\rho_l - \rho_g$ の項で置き換えると Gr および Sc のみの式となることが,式(4.26)の意味するところである。

例えば,液中に微気泡を吹き込んでいるときのように,$Re \equiv \rho_l d_G u_g / \mu_l \ll 1$, $Pe \equiv u_g d_G / D_l \gg 1$ が成り立つとき,$Sc \gg 1$ であり,次式が用い得る。

$$Sh = 1.01\, Pe^{1/3} = 1.01 (u_g d_G / D_l)^{1/3} \tag{4.27}$$

Re が小さいとき,気泡の上昇速度 u_t は,気泡径 d_G を用いれば

$$u_t = \frac{d_G^2 (\rho_l - \rho_g)}{18\, \mu_l} g \tag{4.28}$$

で示され,式(4.27)の u_g として式(4.28)を用いると

$$Sh = 1.01 \left(\frac{d_G^3 (\rho_l - \rho_g) g}{18\, \mu_l D_l} \right)^{1/3}$$

$$= \frac{1.01}{(18)^{1/3}}\left(\frac{d_G{}^3 \rho_l(\rho_l-\rho_g)g}{\mu_l{}^2}\right)^{1/3}\left(\frac{\mu_l}{\rho_l D_l}\right)^{1/3} = 0.39\,Gr^{1/3}Sc^{1/3} \qquad (4.29)$$

と書き改められ，式(4.26)の形で表し得ることが示された。

層流中にある回転を伴わない球形の単一の気泡に対して，Re が大きいときは

$$Sh = 2.0 + 0.60\,Re^{1/2}Sc^{1/3} \qquad Re \gg 1 \qquad (4.30)$$

が得られている。この式も気泡の上昇速度に適当な u_t の式を代入することによって，式(4.26)のように表せることは明らかである。

ほとんどの工業的反応槽においては，ばっ気用空気は気泡群あるいは気泡塊として導入され，こうした場合には単一気泡の流体力学的特性や物質移動特性が当てはまらない。

Calderbank と Moo-Young[1] が実験的に求めた結果によれば，k_L の値は粘度の増加に伴って減少し，気泡径によって三つの領域に分けられるような挙動を示す。

気泡径が 0.8 mm 以下では

$$Sh = 0.31\,Gr^{1/3}Sc^{1/3} = 0.3/Ra^{1/3} \qquad (4.31)$$

（Ra = Rayleigh 数）

気泡径が 2.5 mm 以上では

$$Sh = 0.42\,Gr^{1/3}Sc^{1/2} \qquad (4.32)$$

両領域の中間では遷移的に変化する。気泡径が 0.8 mm より小さい領域では k_L は $D_l{}^{2/3}$ に比例し，気泡は剛体球として挙動している。一方，気泡径が 2.5 mm より大きくなると，気泡は回転だ円体となり，面界が動くので k_L は $D_l{}^{1/2}$ に比例する。

以上のような式によって，k_L を推定することができる。

4.2.7　界面面積 a の推定

式(4.31)や式(4.32)からわかるように，かくはん動力を増しても k_L はあまり変化しない。k_L は液やガスの密度，液の粘度，液中でのガスの拡散係数な

どによって支配されるからである。つまり，かくはん動力を増しても主として気泡が分裂して小さくなるのにエネルギーが費やされ，境膜抵抗の減少にあまり寄与しないのである。したがって，K_La を高くするためには a を大きくすることが実際的である。a は写真撮影などにより平均気泡径 d_G が既知のとき，ガスホールドアップ H より次式によって求められる。

$$a=\frac{H}{(\pi/6)\overline{d_G}^3}\times\pi\overline{d_G}^2=6\frac{H}{d_G} \tag{4.33}$$

また，H は，無通気時の液深を h_w，通気時の液深を h_a とすると，次式で求められる。

$$H=\frac{h_a-h_w}{h_w} \tag{4.34}$$

H はガスの線速度 V_g がある範囲内では V_g に比例し，気泡塔での H として次式が与えられている[2)]。

$$\frac{H}{(1-H)^4}=0.20\left(\frac{gD_T^2\rho_l}{\sigma_l}\right)^{1/8}\left(\frac{gD_T^3}{\nu_l}\right)^{1/12}\left(\frac{V_g}{\sqrt{gD_T}}\right) \tag{4.35}$$

ここに，D_T：気泡塔径，σ_l：液の表面張力，ν_l：液の動粘度である。V_g がある範囲を超えるとフラッディング現象が生じ，H は減少する。

a に影響を及ぼす因子の中で最も重要なのは，平均気泡径とその分布である。通気エアレーションにおいて単一気泡の場合，通気速度が 0.02〜0.50 cm³/s とあまり速くないとき

$$\frac{\pi}{6}\cdot d_G^3\Delta\varphi g=\pi d\sigma_l \tag{4.36}$$

が与えられている。

ここに，d：オリフィス径，$\Delta\varphi$：気液の密度差，g：重力加速度である。通気量が上記の範囲を超えると，気泡径は通気量 Q によって変化し，実験式として次式が示される。

$$d_G\propto Q^{n'} \qquad n'=0.2-1.0 \tag{4.37}$$

実際の微生物反応装置では気泡の分裂，会合の結果として気泡径やその分布が決まる。

Kolmogoroff の局所等方性理論[3]によると，分裂を受けない最大の気泡径は，槽の単位容積当りのかくはん所要動力 (P/V) により気泡にかかる外力と表面張力 σ とのバランスによって決まり，次式が示されている。

$$d_{G\max} \propto \frac{\sigma^{0.6}}{\rho_l^{0.2}(P/V)^{0.4}} \tag{4.38}$$

4.2.8 物質移動係数に対するその他の影響因子

$K_L a$ に対する水温の影響に関して O'Connor[4] は次式を示した。

$$\frac{K_L a(t_1)}{K_L a(t_2)} = \sqrt{\frac{T_1 \mu_2}{T_2 \mu_1}} \tag{4.39}$$

ここに，μ_1，μ_2：水温 t_1，t_2 での液の粘度，T_1，T_2：絶対温度〔K〕である。Eckenfelder ら[4]によれば

$$\frac{K_L a(t)}{K_L a(20)} = 1.02^{(t-20)} \tag{4.40}$$

水温 30 ℃以下では，式(4.39)，(4.40)の結果はほぼ一致する。

K_L, a および $K_L a$ に影響を及ぼす主要な因子について，中西[6] は**表 4.1** を示している。また，Eckenfelder ら[5] は実際の排水の $K_L a$ と清水の $K_L a$ の比を α とするとき，各種の排水の α として**表 4.2** を与えている。一般に，生排水の α が比較的大きいときは，処理水では生排水よりも小さく，逆もまた真である。これより，α に影響を及ぼしているのは生物酸化処理によって除去されるような成分であることをうかがい知ることができる。

表 4.1　k_L, a と $k_L a$ に及ぼすおもな因子

因子	k_L	a	$k_L a$
かくはん所用動力，回転数	$-\pm$	$++$	$+$ [12]
ガス線速度	$\pm$	$+$	$+$ [12]
粘度（非ニュートン性）	$-$	$-$	$-$ [44],[47]
塩類（イオン強度）	$\pm$	$+$	$+$ [17],[18],[22]
有機物（界面活性剤等）	$-\pm+$	$-+$	$-$ [38],[40],[45] $+$ [39]
菌体		$\pm$	$-$ [15],[40],[46]

〔注〕 $-$：減少　$\pm$：変化が少ない　$+$：増加　$++$：顕著

表4.2 数種の産業廃液とそれらの生物性酸化処理後の流出水とに対する酸素移動特性の一覧表

廃液	BOD〔ppm〕		α	
	生廃液	流出水	生廃液	流出水
再生紙パルプ[†]	187	50	0.68	0.77
セミケミカル[†]抄紙機返送水	1 872	—	1.40	—
クラフトパルプ工場混合液	150〜300	37〜48	0.48〜0.86	0.70〜1.11
製紙・パルプ（さらし工場）[††]	250[†††]	30[†††]	0.83〜1.98	0.86〜1.0
製紙・パルプ（パルプ工場）[††]	205[†††]	—	0.66〜1.29	—
製薬工場	4 500	380	1.65〜2.15	0.73〜0.83
家庭下水(生)	180	9	0.82	0.98
合成繊維	5 400	585	1.88〜3.23	1.04〜2.66
板紙工場	660[†††]	—	0.53〜0.64	—

[†] 生物性酸化の前に再生紙とセミケミカルパルプとの廃液を混合したもの。
[††] 生物性酸化の前にさらし工場とパルプ工場との廃液を混合したもの。
[†††] 平均値

4.2.9 反応吸収

溶解ガスが液中の成分と反応するとき，境膜内では拡散と反応が同時に起こるため，見かけ上ガスの移動速度は増加する。反応を伴う場合の液境膜物質移動係数 k_L' と物理吸収における k_L との比を反応係数と呼び，β で示す。

$$\beta = \frac{k_L'}{k_L} \tag{4.41}$$

反応速度が溶解ガス濃度に対して擬1次不可逆反応として表し得るとき，すなわち $\gamma = k_1 c$ と表し得るとき，境膜モデルを適用すると，β は次式で与えられる。

$$\beta = \frac{\gamma}{\tanh(\gamma)} \tag{4.42}$$

ここで

$$\gamma = \sqrt{\frac{k_1 D_L}{k_L}} = \delta\sqrt{\frac{k_1}{D_L}} \tag{4.43}$$

である。

γ がきわめて小さいとき（$\gamma < 0.005$），$\beta = 1$ で，吸収速度は物理吸収とほぼ一致する。$\gamma > 3$ のとき，$\beta \cong \gamma$ で，このとき k_L' は

$$k_L' = \sqrt{k_1 D_L} \tag{4.44}$$

で与えられる．すなわち，k_L' は k_L と D_L のみの関数で，液の流動状態とは無関係である．

微生物反応における反応による k_L の増加は少ないとされている．

浸透説，表面更新説によっても同様の検討が行い得るが，境膜説による β との差は僅少(きんしょう)である．

4.3 生物反応装置と混合拡散現象

4.3.1 生物反応装置の操作上の分類とその特質

生物反応装置（bioreactor）に限らず，反応装置は，一般に操作条件によって回分反応槽（batch reactor），半回分反応槽（semi-batch reactor）と連続反応槽（flow reactor）とに大別される．連続反応槽を長期にわたって使用していると雑菌汚染の影響を防ぎにくいので，工業的規模の生物反応装置の大部分が回分または半回分方式で操作される．一方，雑菌汚染が通常問題とならない廃泥・液の生物処理においては，ほとんど連続反応槽が用いられるが，近年一つの反応槽で好気・嫌気の反応や固液分離が行い得る回分活性汚泥処理が用いられるようになった．また，下水汚泥やし尿の嫌気性消化も回分的に操作される．図4.4は操作方法による反応槽の型式と基質濃度の変化を示す．

一般に回分反応槽においては，作業の初めに反応槽に全反応原料を仕込み，適当な時間反応させたのち，全反応生成物を取り出す．しかし，回分式活性汚泥装置においては，原水流入→反応→活性汚泥の沈降→処理水の排出といった一連の操作を繰り返すので，活性汚泥だけは反応槽内につねにとどまっている．回分培養槽における微生物の増殖過程は，3.2.4項で述べたとおりであり，実際の装置ではこの回分培養過程の一部分を利用しているものと見なされている．

半回分式反応槽においては，作業の初めに1成分を仕込み，つぎに他の成分を連続的に添加して反応を進行させる場合（fed batch）とか，または作業の初めに全成分を仕込んでおき反応の進行に応じて生成物を連続的に取り出す場

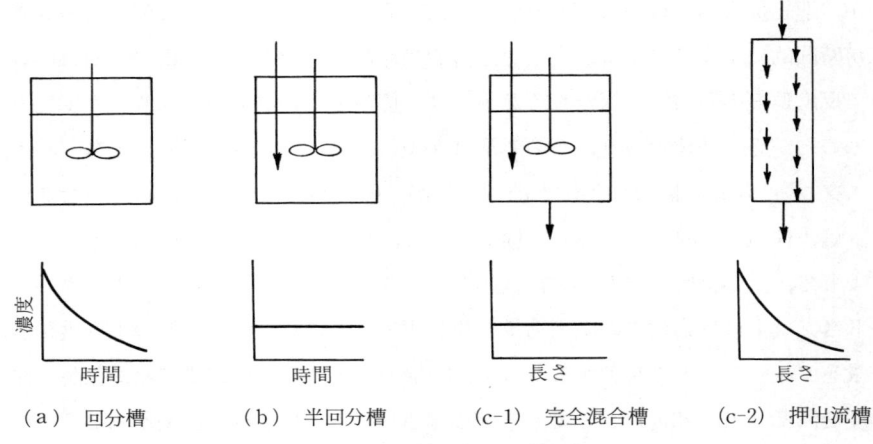

(a) 回分槽　　(b) 半回分槽　　(c-1) 完全混合槽　　(c-2) 押出流槽

図 4.4　反応槽型式と基質濃度変化

合などがあり，成分の取出しおよび添加は連続的であるが，操作は回分的で，反応槽内の液量と組成が時間的に変化する非定常操作である。生物処理では，初めに微生物を仕込んでおき，原水を連続的に注入する方法が用い得る。濃度が高くなると強い阻害性を示す基質を含む排水を回分的に処理するときに，有効な方法である。また，半回分槽は非定常操作であるといっても，回分槽ほど組成の変化は大きくない。例えば，酸素消費速度は反応時間中ほぼ一定値を保っているので，ばっ気装置の設計も容易で経済的にも有効である。

半回分培養においては反応中に培養液量が変化することに注意しなければならない。すなわち，回分培養に対して用いられる式(3.65)は，v を培養液量として，半回分培養については次式のように書き変えなければならない。

$$\frac{d(vn)}{dt} = \mu(vn) \tag{4.45}$$

すなわち，n に代えて vn を用いなければならない。他の成分についても同様である。

連続反応槽においては，槽の一端から原料を，他端から生成物を連続的に導入および排出する。回分および半回分反応槽では，定常的操作は不可能である

が，連続反応槽では流入液の組成，流入・流出液量，槽内での反応速度の3者が時間的に不変であれば，完全な定常的操作が可能である。連続培養槽において反応速度の定常性が保たれるためには，槽内微生物濃度が時間的に不変であることが必要条件であり，その方法はケモスタット（chemostat）とタービドスタット（turbidstat）とに大別されるが，前者が圧倒的に多い。ケモスタットは，何らかのフィードバック機構なしに，一定速度で原液を供給することによって，反応槽内に自然に定常状態を得ようというものである。一方，タービドスタットは反応槽内の微生物量を連続測定し，これを一定に保つよう供給液量をフィードバック制御するもので，初期のこの方式の反応槽では，微生物濃度を濁度（turbidity）としてもっぱら測定したことに名称の由来がある。

ケモスタット反応槽に対して，反応槽流出液中の微生物を回収し反応槽へ返送するという操作を付加すると，性能を高めることができる。しかし，こうしたタイプのケモスタットにおいては，雑菌汚染が生じやすく用途は限定される。排水処理では雑菌汚染はほとんど問題にしなくてよいから，代表的な生物学的排水処理法である活性汚泥法は，一部の変法を除いて，すべてこの手法を用いている。

連続反応槽は液の流通状態によって押出流反応槽（plug-flow reactor, piston-flow reactor：PFR），完全混合流反応槽（completely mixed flow reactor：CMF reactor, continuous-flow stirred-tank reactor：CSTR），および不完全混合流反応槽（imcompletely mixed flow reactor）に分類される。PFR内の流れは完全な押出流であり，流れの進行方向に混合作用はなく，流れ方向に反応の進行に対応した組成分布が形成される。CSTR内では反応液の組成は均一であり，流出液の組成もこれに等しい。押出流および完全混合流は両極端の流れであり，両者をまとめて理想流（ideal flow）ともいう。

不完全混合流反応槽は両理想流の中間に位置し，流れの流通方向にある程度の逆混合（back-mixing）を伴う場合であり，完全混合槽列モデル，拡散モデル，逆混合モデルなどによって表現される。

4.3.2 混合拡散の表現

反応槽の性能を把握するためには，流通状態に関する知見が不可欠であり，混合特性を適確に評価し得るような特性値が重要となる。

それには，槽から流出する流体中の分子の滞留時間分布あるいは系内の分子の滞留時間分布，残余濃度曲線，過渡応答曲線および排出強度関数などが用い得る。

以下に，これらについて概説するが，そのために無次元化時間 θ をつぎのように定義しておく。

$$\theta = \frac{t}{\theta_T} \tag{4.46}$$

ここに，t：時間，θ_T：平均滞留時間（mean residence time）で，$\theta_T = V/Q = L/v$（V：槽容積，Q：流量，L：槽長さ，v：線流速），である。

〔1〕 系内年齢分布関数

定常的な流入，流出がある装置において，系内の個々の流体要素は，それぞれある時間系内に滞留してから流出していく。θ と $\theta + d\theta$ の間の滞留時間をもつ流体要素の分率を $I(\theta)d\theta$ とするとき，$I(\theta)$ を系内年齢分布関数（internal age distribution function）という。$I(\theta)$ はつねに減少関数で，次式が成り立つ。

$$\int_0^\infty I(\theta)d\theta = 1 \tag{4.47}$$

〔2〕 滞留時間分布関数

系から流出する流体について年齢分布を考え，滞留時間が θ と $\theta + d\theta$ の間にある流体要素の分率が $E(\theta)d\theta$ であるとき，$E(\theta)$ を滞留時間分布関数（residence time distribution function）といい，次式が成り立つ。

$$\int_0^\infty E(\theta)d\theta = 1 \tag{4.48}$$

いま，流出水中の θ 以下の滞留時間をもつ流体要素の分率を $F(\theta)$，θ より大きい滞留時間をもつ流体要素の分率を $R(\theta)$ とすると

$$F(\theta) + R(\theta) = 1 \tag{4.49}$$

であり，$F(\theta)$ はつねに増加関数，$R(\theta)$ は減少関数である。$F(\theta)$，$R(\theta)$ はそれぞれ1個の流体要素が θ 以下の時間だけ系内に滞留する確率，および θ より大きい時間だけ系内に留まる確率を示す。$E(\theta)$，$I(\theta)$，$F(\theta)$，$R(\theta)$ は次式によって関連づけられる。

$$E(\theta) = -\frac{dI(\theta)}{d\theta} = \frac{dF(\theta)}{d\theta} = -\frac{dR(\theta)}{d\theta} \tag{4.50}$$

〔3〕 排出強度関数

系内に時間 θ 滞留した流体要素がつぎの微小時間 $d\theta$ の間に系外に排出される確率が $\lambda(\theta)d\theta$ で表されるとき，$\lambda(\theta)$ を排出強度関数 (intensity function) と呼び，これによって系の特性を表現できる。定義に従って，次式の関係が成立する。

$$E(\theta)d\theta = R(\theta)\lambda(\theta) \tag{4.51}$$

$$\lambda(\theta) = \frac{E(\theta)}{R(\theta)} \tag{4.52}$$

式(4.52)に式(4.50)を用いると

$$\lambda(\theta) = \frac{1}{R(\theta)}\left(-\frac{dR(\theta)}{d\theta}\right) = -\frac{d\ln(R(\theta))}{d\theta} \tag{4.53}$$

式(4.53)を積分して

$$\int_0^\theta \lambda(\theta')d\theta' = -\ln R(\theta)$$

$$R(\theta) = e^{-\int_0^\infty \lambda(\theta')d\theta'}$$

ゆえに

$$E(\theta) = \lambda(\theta)R(\theta) = \lambda(\theta)e^{-\int_0^\infty \lambda(\theta')d\theta'} \tag{4.54}$$

完全混合系では θ によらず $\lambda(\theta)$ は一定と考えられるから，$\lambda(\theta) = \lambda =$ 一定 とすると

$$E(\theta) = \lambda e^{-\lambda\theta} \tag{4.55}$$

となり，流体要素が系内に時間 θ だけとどまる分率は，θ の増加とともに指数関数に従って減少する。

4.3.3 混合特性の測定

ある系内での混合特性を調べ，滞留時間分布，$F(\theta)$, $R(\theta)$, $\lambda(\theta)$ などを知ることによってそれを評価するためには，通常系を一つの開かずの箱（black box）と見なし，外部から流体の濃度変化のような適当な刺激（exitation）を加えて，その系の示す応答を測定する方法が広く用いられている。

〔1〕 残余濃度曲線

図 4.5 のような断面積 S，長さ L，容積 $V(=LS)$ の系へ，濃度 c_0 の流体が連続的に流速 $v(=Q/S, Q=流量)$ で供給されているとき，$\theta=0$ の瞬間に系入口へ入る流体の濃度を 0 として出口での排出濃度の経時変化を測定すると，図 4.6 のような曲線が得られる。この場合，出口濃度を c とすれば

$$R(\theta) \equiv 1 - F(\theta) \equiv \frac{c}{c_0} \tag{4.56}$$

である。

図 4.6 において，残余濃度曲線（residence time curve），すなわち $R(\theta)$ は，流れが押出流であれば ABCD，完全混合流であれば AHE となる。しかし，一般にはこれらの中間的挙動を示し AF のような形をとるものが多く，ま

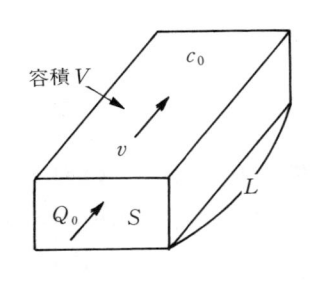

図 4.5 濃度 c_0 の系へ濃度 0 の流体の供給（あるいは濃度 0 の系への濃度 c_0 の流体の供給）

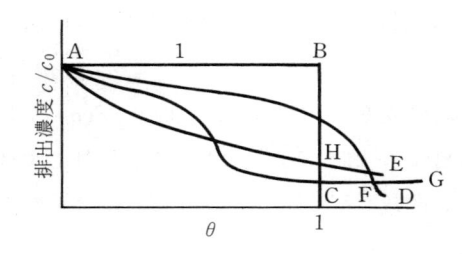

ABCD：押出流
AHE ：完全混合流
AF ：不完全混合流
AG ：死空間や吹き出しのある流れ

図 4.6 残余濃度曲線

た系内に死空間（dead space）があったり，流体が一部吹き抜けているときは，AGのような形をとる。

〔2〕過度応答

同じく，図4.5のような系において，系内での初濃度が0であって，$\theta=0$の瞬間から流入濃度をc_0としたとき流出濃度cの時間θに対する変化を示す曲線として定義される。

このとき

$$F(\theta) \equiv 1 - R(\theta) \equiv \frac{c}{c_0} \tag{4.57}$$

という関係がある。図4.7は図4.6に対応する$F(\theta)$を示している。

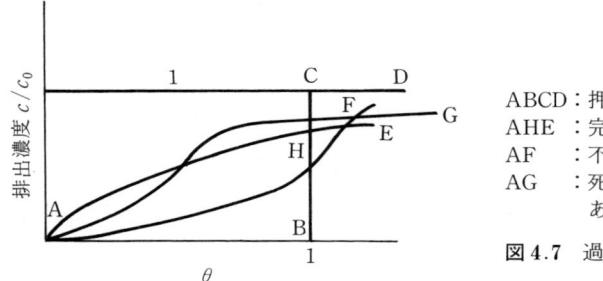

ABCD：押出流
AHE ：完全混合流
AF ：不完全混合流
AG ：死空間や吹き出しの
       ある流れ

図4.7 過渡応答曲線

〔3〕δ応答

Diracのδ関数は，次式で定義される。

$$\int_{-\infty}^{+\infty} \delta(\theta)d\theta = 1 \quad \text{ただし} \quad \begin{cases} \theta < -0 \text{ に対し } \delta(\theta) = 0 \\ -0 < \theta < +0 \text{ に対し } \delta(\theta) = \infty \\ +0 < \theta \text{ に対し } \delta(\theta) = 0 \end{cases} \tag{4.58}$$

ここで，+0，-0はそれぞれ0よりわずかに大きい値および小さい値を示す。

したがって，縦軸に$\delta(\theta)$，横軸にθをとって図に示すと，$\delta(\theta)$は原点（$-0 < \theta < +0$）においては曲線の幅は0，高さは∞となり，それ以外のすべてのθに対しては$\delta(\theta) = 0$となる。δ関数に従うような濃度のパルスを系内へ

流入する定常流に与えた際に，系の出口で得られる濃度変化を δ 応答（delta response）と呼ぶ．実験的に δ-応答を求めるためトレーサーを加えるためには，ある程度の幅をもった投入とならざるを得ないが，θ として $0.01 \sim 0.05$ の範囲内とすべきである．

このようにして求めた濃度変化 c を（cV/投入トレーサー量）として無次元化し，θ を横軸に，無次元化濃度 $g(\theta)$ を縦軸にとって図示すると，**図 4.8** のようになる．定義から容易にわかるように

$$g(\theta) = E(\theta) \tag{4.59}$$

である．

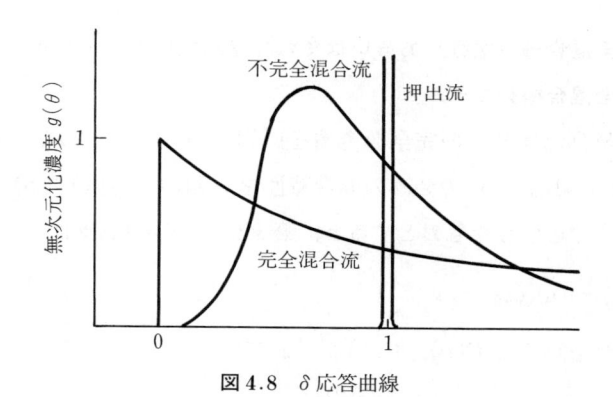

図 4.8　δ 応答曲線

〔4〕　**その他の方法**

周波数応答法は，系の入口に正弦波状の濃度変化を与えたとき出口で求められる濃度変化がその系の特性に応じて振幅の低下と位相のずれが現れることを利用したもので，これを種々の周波数について測定することにより系の特性を知ることができる．そのほか，系の入口付近，中心軸上よりトレーサーを吹き込み，下流での広がりを測定する方法，系の出口付近から定常的に吹き込んで上流へ逆混合してくるトレーサーの濃度を測定する方法などがある．

4.3.4 混合モデル

系を通過する流れは，ⅰ）理想流（ideal flow）とⅱ）非理想流（non-ideal flow, imcomplete mixing flow）とに分けられ，ⅰ）はさらに押出流（plug flow）と完全混合流（complete mixing flow, backmix flow）とに分けられるが，理想流に関する数学的表現はいうまでもなくきわめて簡単である。一方，非理想流は両極端に位置する2種の理想流の中間に位置するもので，混合が弱い場合，系内によどみ部が存在する場合，流体の一部が吹き抜けている場合などに生じる。

流れの理想流からの乖離，すなわち非理想性の表現のため各種の混合モデルが用いられる。

〔1〕 完全混合槽（槽列）あるいはそれの修正型によるモデル

（a） 完全混合槽列モデル

完全混合槽列とは多くの完全混合槽を直列につないだもので，このモデル（図4.9(c-1)）は容積 V の装置の混合特性を n 個の等容積（V/n）の完全混合槽の直列結合で近似したものとすると，第 k 槽での物質収支は

$$\frac{V}{n}\frac{dc_k}{dt} = Q(c_{k-1} - c_k) \tag{4.60}$$

であり，これを解くと $R(\theta)$，$E(\theta)$ はそれぞれ

$$R(\theta) = 1 - F(\theta) = e^{-n\theta} \sum_{k=1}^{n} \frac{(n\theta)^{k-1}}{(k-1)!} \tag{4.61}$$

$$E(\theta) = \frac{n^n \theta^{n-1} e^{-n\theta}}{(n-1)!} \tag{4.62}$$

となる。n が大きくなるに従って押出流に近づくことがわかる。

完全混合槽列モデルの $E(\theta)$ の分散と拡散モデルの $E(\theta)$ の分散とが等しいとおいて決めた E_z（4.3.4項の〔2〕参照）を，この系の見かけの混合拡散係数とすると

$$\frac{2(n-1)^2}{n} = Pe \tag{4.63}$$

が得られる。ここに，Pe：ペクレ数である。

4.3 生物反応装置と混合拡散現象

(a) バイパス流を伴う完全混合槽

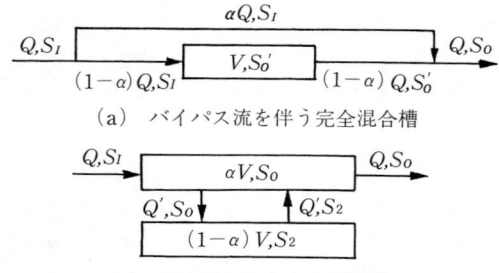

(b) 死水域を伴う完全混合槽

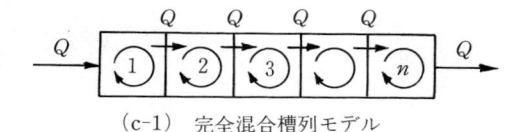

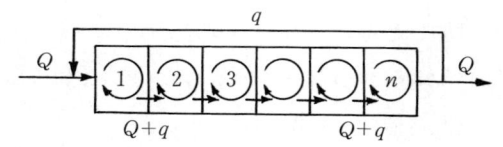

(c-1) 完全混合槽列モデル

(c-2) 循環流を伴う完全混合槽列モデル

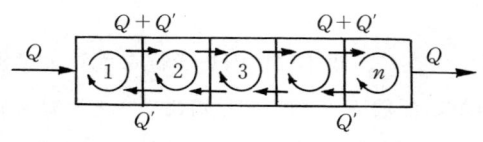

(c-3) 逆混合流を伴う完全混合槽列モデル

図4.9 不完全混合槽の完全混合槽モデルによる表現

(b) 逆混合流モデル

このモデルが完全混合槽列モデルと異なる点は，隣接した各完全混合槽間に一定の逆混合流のあることである．したがって，図4.9 (c-3) に示すように槽列全体としての液体の流入および流出速度は Q であっても，各隣接槽間で逆混合流 Q' があるため平均流の方向に $Q+Q'$，逆方向に Q' なる流れをもつ．このモデルにおいて，$Q'=0$ とすれば完全混合槽列モデルに，また，槽数 $n=\infty$ に，同時に1個の槽長 L_0 を0に近づけると拡散モデルとなる．

このモデルの有効な混合拡散係数 E_z は次式で与えられる．

$$\frac{1}{PeB} = \frac{E_z}{vL} = \frac{n}{2(n-1)^2} + \frac{\alpha}{n} \tag{4.64}$$

ここに，$B=L/d$，d は代表径で，$d=L$ のとき $B=1$，$\alpha=Q'/Q=v'/v$ である。

$L=nL_0$ であるから

$$E_z = \frac{vL_0}{2}\left(1-\frac{1}{n}\right)^2 + v'L_0 \tag{4.65}$$

$n \gg 1$ のときは

$$E_z = \frac{FL_0}{2} + v'L_0 \tag{4.66}$$

(c) その他

完全混合槽ないしは完全混合槽列をベースとするその他のモデルとしては

ⅰ) 完全混合槽にバイパス流を付加したもの（図4.9(a)）。
ⅱ) 槽が完全混合槽とよどみ部(死水域)からなっているもの(図4.9(b))。
ⅲ) 返送流（循環流）のある完全混合槽列モデル（図4.9(c-2)）。

などがある。

〔2〕 拡散モデル

拡散モデルとは，図4.10に示すように，液体は槽内を一様な流速 v で流れ，かつ流れの方向に一様な混合拡散係数 E_z（機構が乱流によるときは乱数拡散係数を，分子拡散によるときは分子拡散係数をとるが，生物反応槽ではスケールの大きい混合拡散が生じる）を考えるようなモデルをいい，最も広く用いられる。拡散モデルでは平均流速 v の一次元流動を扱い，z 方向に一定な混合拡散係数 E_z を仮定しているから，$r(c)$ を反応項とすると

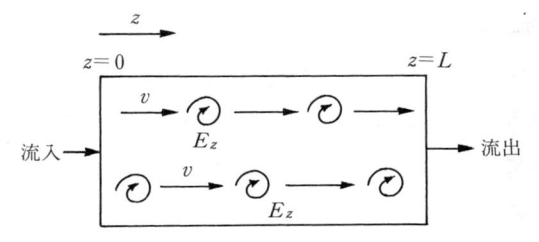

図4.10 一様な流速と混合拡散を伴う流れ（平面図）

$$\frac{\partial c}{\partial t} = E_z \frac{\partial^2 c}{\partial z^2} - v \frac{\partial c}{\partial z} - r(c) \tag{4.67}$$

と表される。式中の E_z は軸方向拡散係数（longitudinal diffusion coefficient, axial dispersion coefficient）あるいは逆混合係数（back-mixing coefficient）と呼ぶ。

式(4.67)で反応項 $r(c)=0$ のとき，過渡状態に対して

$$\frac{\partial c}{\partial t} = E_z \frac{\partial^2 c}{\partial z^2} - v \frac{\partial c}{\partial z} \tag{4.68}$$

が，また，反応を伴う定常状態の系に対しては

$$E_z \frac{d^2 c}{dz^2} - v \frac{dc}{dz} - r(c) = 0 \tag{4.69}$$

が得られる。これらの式を解くための境界条件について考えるとき，最も重要なのは装置外での，つまり流入・出管等での混合拡散係数よりも装置内でのそれがはるかに大きいときであり，その場合装置入口において濃度の不連続な変化が生じる。それを説明するため装置入口に $z=0 \sim dz$ の微小部分の単位断面積当りについて物質収支を考えると，この部分への物質供給は vc_0 であり，流出は $vc_{z=dz} - E_z(dc/dz)_{z=dz}$ であり，$dz \to 0$ であれば反応量 $r(c)dz$ は無視できるので

$$vc_0 = vc_{z=0+} - E_z \left(\frac{dc}{dz} \right)_{z=0+} \tag{4.70}$$

$$c_{z=0+} = c_0 + \frac{E_z(dc/dz)_{z=0+}}{v} \tag{4.70}'$$

が成り立つ。すなわち，濃度の不連続変化が示された。一方，装置の出口（$z=L$）でも同様に考えると

$$-E_z \left(\frac{dc}{dz} \right)_{z=L-} = v(c_L - c_{z=L-}) \tag{4.70}''$$

が得られる。この左辺が正であれば $c_L > c_{z=L-}$ となり，負であれば dc/dz がこの近傍で正となって，いずれにしても不合理な結果となる。ゆえに，出口側の境界条件は

$$-E_z\left(\frac{dc}{dz}\right)_{z=L-}=0 \tag{4.71}$$

とならざるを得ない。境界条件が式(4.70)′および式(4.71)で示されるとき，式(4.68)に対する滞留時間分布関数 $E(\theta)$ は次式のように与えられる。

$$PeB=4\sum_{n=1}^{\infty}\frac{(-1)^{n+1}\mu_n\exp(PeB/2)}{(PeB/2)^2+PeB+\mu_n{}^2}e^{-\left(\frac{PeB/2+\mu_n}{PeB}\right)\theta} \tag{4.72}$$

ここに，μ_n は $\cot\mu=(2\mu/PeB-PeB/2\mu)/2$ の小さい方から数えて第 n 番目の正根である。また $Pe=vd/E_z$，$B=L/d$，d は代表径，d として L を用いるときは $B=1$，$\theta=t/\theta_T$（θ_T は平均滞留時間 L/v）。

式(4.72)は $PeB>10$ 程度では級数の収斂(しゅうれん)がよくないので，この領域では次式のような近似解が便利である。

$$E(\theta)=\frac{2/\sqrt{\pi}}{\sqrt{\theta/PeB}}\left(\frac{PeB\theta}{2}+1\right)e^{-\left(\frac{(1-\theta)^2}{4\theta/PeB}\right)}-2(PeB)$$
$$\times\left(\frac{PeB\theta}{4}-1+\frac{PeB}{4}\right)e^{PeB}\mathrm{lrf}\left(\frac{1+\theta}{2\sqrt{\theta/PeB}}\right)$$

$$\text{Houston} \tag{4.73}$$

$$E(\theta)=\frac{1}{2\sqrt{\pi\theta/PeB}}e^{-PeB(1-\theta)^2/4\theta} \qquad \text{Levenspiel} \tag{4.74}$$

$E(\theta)$ を図 4.11 に示す。$E(\theta)$ は PeB という無次元数のみで決まり，PeB が大きくなるほど押出流に近づく。したがって，他の条件が同じであれば，装置長さが長いほど流れの特性は押出流に近くなる。

一方，式(4.69)において反応項が $r(c)=kc$（一次反応）と表されるとき，この式を式(4.70)′および式(4.71)で示される境界条件のもとで解くと

$$\frac{c}{c_0}=2\exp\left(\frac{PeB}{2}Z\right)$$
$$\times\frac{(1+\beta)\exp[\beta\cdot PeB(1-Z)/2]-(1-\beta)\exp[-\beta\cdot PeB(1-Z)/2]}{(1+\beta)^2\exp(\beta\cdot PeB/2)-(1-\beta)^2\exp(-\beta\cdot PeB/2)}$$

$$\tag{4.75}$$

ここに，$Z=z/L$，$\beta=\sqrt{1+PeB\cdot Nr/4}$，$Nr=kL/v$ である。

ここで，$Z=1$ とおくと装置出口での濃度が求まる。c/c_0 の値を PeB およ

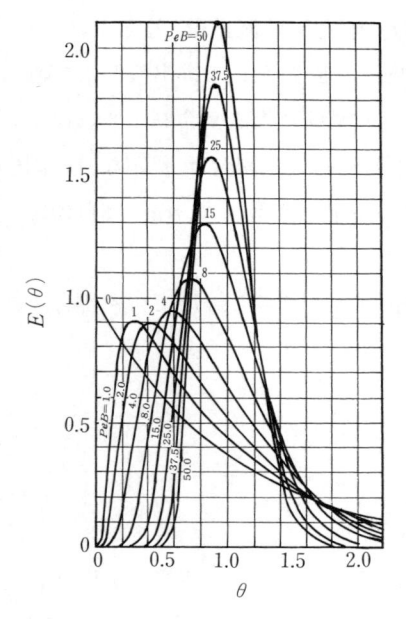

図 4.11　拡散モデルの $E(\theta)$

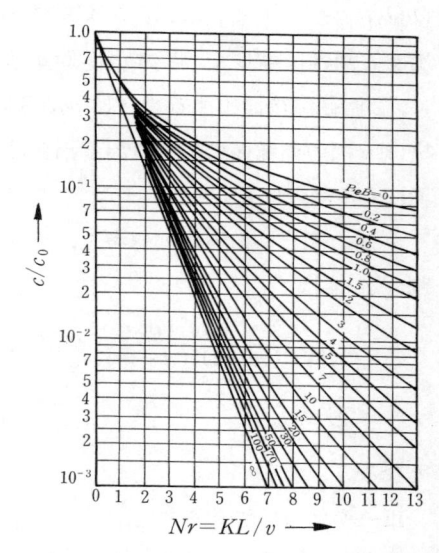

図 4.12　1 次反応，拡散モデルにおける応答

び Nr の関数として図 4.12 に示す。

〔3〕 **循環式槽およびその槽列**

単一の循環式槽として，図 4.13 のドラフト管を介して液を循環させるもの（図(a)）および流動反応槽（図(b)）がある。

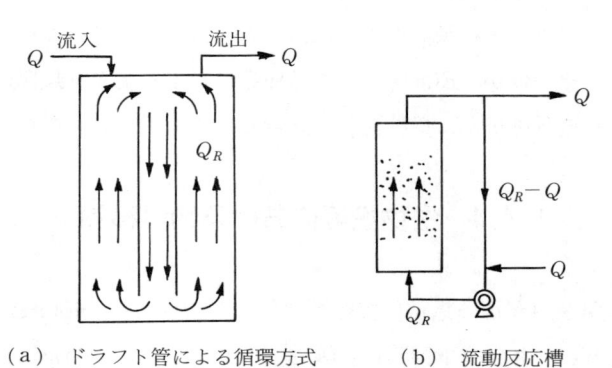

(a) ドラフト管による循環方式　　(b) 流動反応槽

図 4.13　循環式反応槽

こうした槽において，供給液の流量を Q，槽内循環流量を Q_R とし，$p=Q/Q_R$，$q=1-p$ とすれば，p は供給液が槽内を一回循環して排出液として流出する割合に等しく，したがって q は2回目の循環に入る割合を示す。ゆえに，2回循環後流出する割合は pq，3回目の循環に入る割合は q^2 となり，同様に n 回の循環後に槽から出る割合は pq^{n-1}，槽内に残留して $n+1$ 回目の循環に入る割合は q^n となる。

m 個の等しい循環槽列を考え，それらを合計 n 回循環して出て行く部分の割合 $\varDelta_{m\cdot n}$ は

$$\left.\begin{array}{l}\varDelta_{m\cdot n}=\dfrac{(n-1)!}{(m-1)!(n-m)!}p^m q^{n-m} \\ \displaystyle\sum_{n=m}^{\infty}\varDelta_{m\cdot n}=1\end{array}\right\} \tag{4.76}$$

となる。

単一槽について考えると，$\varDelta_{1\cdot n}=pq^{n-1}$，$n$ 回循環に要する時間は nV/Q_R，平均滞留時間は $\theta_T=V/Q$ であるから，$\theta=(nV/Q_R)/(V/Q)=np$ のときに滞留時間分布が $\varDelta_{1\cdot n}$ となる。

こうした循環槽は，Q に対して Q_R が十分に大きいとき（Q_R が10倍程度以上のとき），完全混合槽と見なしてよい。

〔4〕 その他のモデル

速度分布モデルは，例えば円管内の流れに対して，管の半径方向に流速分布が生じ，それによって結果的に平均流方向の混合が助長されることに注目したものである。そのほか，Einstein の拡散係数に対する定義を類似に混合拡散係数に適用した統計モデル，異種混合の組合せによる近似表現などがある。

4.4 生物膜等における物質移動

接触ばっ気法（浸漬ろ床法，接触酸化法：submerged biofilter），嫌気ろ床法（anaerobic filter），回転板接触法（回転円板法：rotating biological

4.4 生物膜等における物質移動

contactor），散水ろ床法（trickling filter）などのいわゆる生物膜（biofilm）を用いる処理装置においてはもちろん，菌体が凝集して形成されるフロック，ペレット，さらには人工的に固定化された菌体等を用いる反応槽においては，そうした微生物集合体内での物質移動，特に酸素の移動の影響が無視できない。上記の処理法の多くは好気性処理法であり，微生物集合体内部への酸素の輸送が不十分であると内部は嫌気性となり，有効に作用する微生物量がそれだけ減少して，微生物集合体の見かけの生物学的活性が低下する。また，反応速度論的取扱いも完全に分散した微生物を用いる場合によりもはるかに複雑となる。以下に，生物膜を中心として，その解析，処理特性等について論じる。

4.4.1 生物膜等による基質除去の速度過程

生物膜等が関与している反応系は，一種の不均一系触媒反応と見なすことができ，固定化酵素の反応速度論と同様に扱うことができる。少なくとも，液相（被処理水）と固相（生物膜）の2相，あるいは好気性処理ではさらに気相（空気）が共存する。

図 4.14 のように，生物膜表面を均一な流速で流れている水溶液（液本体）

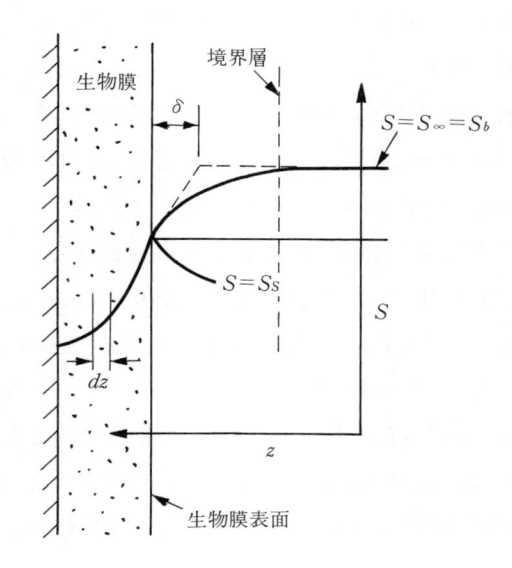

図 4.14 生物膜とそれに沿った水流中での基質の濃度分布

から基質が生物膜表面に到達し，ついで生物膜中を拡散によって移動しながら微生物反応を受ける。反応生成物は，逆の経路を経て液本体中に出てくる。生成物が生物膜中で別の微生物反応を受けることもあるが（例 $NH_4^+ \to NO_3^- \to N_2$），ここでは考えない。なお，ここでいう基質とは，生物膜内を直接に拡散によって移動し得る低分子物質のみを示し，コロイドや浮遊物質は該当しない。また，酸素は基質ではないが，この場合その挙動が類似していることから，基質の一種として扱うことができる。

上記のような仕組みで生物膜による基質の取込みが進む場合，観察される反応速度（overall reaction rate, apparent reaction rate）と微生物学的な真の反応速度（intrinsic reaction rate）とは一般には一致せず，前者はつぎのような速度過程の影響を受けると考えられている。

ⅰ) 生物膜と接している液相での基質の輸送
ⅱ) 生物膜表面から内部へ向かっての基質の拡散移動
ⅲ) 生物膜内での微生物反応
ⅳ) 反応生成物の生物膜外への輸送

反応生成物が過度に蓄積して微生物反応を阻害するなどの例がなくはないが，通常ⅳ)の過程が総括的な反応速度に及ぼす影響は無視し得るので，そのことを前提として以下の論述を進める。

このように，一連の速度過程を経て進行する反応において，総括反応速度がある単一の速度過程のみによって支配されるとき，その速度過程を律速段階（rate limitting step, rate limitting process）という。また，ⅰ)やⅱ)のような拡散による移動の段階が律速段階となっているとき拡散律速（diffusion limitting），ⅲ)の反応が律速段階であるとき反応律速（reaction limitting）であるという。通常，微生物反応には基質，酸素，微量栄養素など複数の成分を必要とするから，それらのうちの一つが総括反応速度を支配しているとき，その物質，すなわち供給速度の消費速度に対する比が最小の物質を制限物質（limitting substance）という。好気性処理に用いられている生物膜では，酸素が制限物質となり，深部は嫌気的になっていて，有効な生物膜厚（thickness of effective layer）が制限されることが多い．

4.4.2　生物膜近傍での基質濃度分布

　懸濁性の微生物を用いた反応槽においては，微生物と基質とは容易に混合され，均一反応系として取り扱うことができる．しかし，生物膜等においては，深さ方向に基質濃度分布が形成され，それに基づいて反応速度分布が決定され，総括反応速度が求められることになる．

　界面に形成される境膜については4.2.2項で述べたが，図4.14に示したように，生物膜に沿って被処理水が流れているとき，膜面上に液境膜が形成され，液境膜を通過する基質の流束は，次式で与えられる．

$$N = -D_w \frac{dS}{dz} = -\frac{D_w}{\delta}(S_b - S_s) = k_L(S_b - S_s) \tag{4.77}$$

ここに，N：境膜を通る基質の流束，D_w：基質の水中での拡散係数，S_b：液本体での基質濃度，S_s：生物膜面での基質濃度，δ：境膜の厚さ，k_L：物質移動係数で D_w/δ に等しい．流束 N は z の正の方向への移動量を正の値として扱う．

　δ は，基質の拡散しやすさや生物膜近傍での水理学的状態，さらには生物膜表面の状況によって大きく影響されるものと考えられる．

　Willianson と McCarty[7] は，δ は二つの部分 L_1 と L_2 とからなり，外側 L_1 は混合が十分に強くなると 0 に近づくが，内側すなわち生物膜側の層の厚さ L_2 は液・生物膜界面の非平滑性ないしはスポンジ様性質に由来するものであって，混合の強さによらず一定（56 μm）であるとしている．外層の厚さ L_1 に関しては，レイノルズ数の関数として実験式を与えている．

　k_L についても多くの実験式が与えられている．特に，球形粒子表面での k_L については多くの実験式が示されており，Carbbery[8] の式は最も一般的なもので，Re が 1～1 000 の広い範囲にわたって成立するとされ，次式で与えられる．

$$\frac{k_L}{u/\varepsilon} = \left(\frac{\mu}{\rho D_w}\right)^{2/3} = 1.15\left(\frac{d_p u \rho}{\mu \varepsilon}\right)^{-0.5} \tag{4.78}$$

ここに，u：空塔速度（球形粒子充てん塔への通水を想定，以下同じ，単位 m³/h・m²），d_p：固体粒子径 [m]，ε：空隙率 [−] である。

充てん粒子が細かく，充てん粒子径基準の Re が小さいときは，Wilson と Geankoplis[9] の式の信頼性が高い。

$$\varepsilon\left(\frac{k_L}{u}\right)\left(\frac{\mu}{\rho D_w}\right)^{2/3} = 1.09\, Re^{-2/3}$$

$$0.016 < Re < 55 \tag{4.79}$$

Kataoka ら[10] は修正レイノルズ数 Re' と k_L との関係として次式を示し

$$\left(\frac{1-\varepsilon}{\varepsilon}\right)^{1/3} \frac{k_L Sc^{2/3}}{u/\varepsilon} = 1.85\, Re'^{-2/3} \tag{4.80}$$

$Re<10$ では式(4.80)が，$10<Re<100$ では，式(4.78)，式(4.80)共に，$Re<100$ では式(4.78)が実測値とよく一致することを指摘している。Re' は

$$Re' = \frac{d_p u \rho}{(1-\varepsilon)\mu} \tag{4.81}$$

で与えられ，Sc はシュミット数（Schmidt number）で

$$Sc = \frac{\mu}{\rho D_w} \tag{4.82}$$

で示される。

1個の球形粒子が流体中に置かれた場合，Ranz-Marshall 式が用いられる。

$$Sh = \frac{k_L d_p}{D_w} = 2.0 + 0.6\, Re^{1/2} Sc^{1/3} \tag{4.83}$$

ここで，Sh は Sherwood 数である。

Dewalle ら[11] は，充てん塔における流量 Q と物質移動係数 k_L との関係を示す簡易式として

$$\left.\begin{array}{ll} k_L = kQ^{1/3} & \text{for} \quad Re<10 \\ k_L = kQ^{1/2} & \text{for} \quad Re>10 \end{array}\right\} \tag{4.84}$$

を与えている。Q と u とは比例関係にあるから，式(4.84)の上式と式(4.79)とは k_L に対する u の影響のパターンは同一であり，式(4.84)の下式と式

(4.78)も同様の関係にある。ゆえに，一般に Re が低い領域では k_L は Q または u の1/3乗に，Re が大きくなると1/2乗にそれぞれ比例するといってよいであろう。

k_L は，しばしば，無次元化されて次式で示される J_D モデュラスとして与えられる。

$$J_D = \frac{k_L}{u}\left(\frac{\nu}{D_w}\right)^{2/3} = f(\varepsilon)\cdot Re^m \tag{4.85}$$

ここに，ν：動粘度，ε：充てん層空隙率である。

固定床に対しては

$$J_D = 1.99(1-\varepsilon)^{0.5} Re^{-0.5} \qquad \text{Pohorechi と Wronski[12]} \tag{4.86}$$

$$\left.\begin{array}{l} J_D = 1.625\, Re^{-0.507} \quad \text{for} \quad Re<120 \\ J_D = 0.687\, Re^{-0.327} \quad \text{for} \quad Re>120 \end{array}\right\}$$

$$\text{McCune と Wilhelm[13]} \tag{4.87}$$

流動床に対して

$$J_D = 0.0795(1-\varepsilon)^{0.345}\left(\frac{Re}{Ga}\right)^{-0.345} \qquad \text{Keinath と Weber[14]} \tag{4.88}$$

ここに Ga は Galileo 数で，$Ga = d_p^3(\rho_p - \rho)g/(\nu^2\rho)$ で示される無次元数である。

$$\left.\begin{array}{l} J_D = 0.783(1+F(\varepsilon))^{0.54} Re^{-0.54} \\ F(\varepsilon) = 2(1-\varepsilon)(2-\varepsilon)^2\varepsilon^{-2} \end{array}\right\} \text{Harmanowicz と Roman[15]} \tag{4.89}$$

固定床，流動床の双方に対して

$$J_D = 0.813\, \varepsilon^{-1.5} Re^{-0.5} \qquad \text{Snowdow と Turner[16]} \tag{4.90}$$

$$J_D = 3.39(1-\varepsilon)^{0.75}\varepsilon^{-0.75} Re^{-0.5} \qquad \text{Rittman[17]} \tag{4.91}$$

などが与えられている。

4.4.3 生物膜内部における基質の拡散・代謝の基礎方程式

生物膜の厚さは一様で，生物膜内部には液の流動はなく，微生物の分布は均等で，基質は微生物細胞の間隙を分子拡散のみによって移動していくものとす

る。実際に基質が拡散し得るのは空隙部だけであるから，拡散速度は水中でよりも小さい。このような場での拡散に対しても，あたかも均一な場で拡散が生じていると見なしたとき，見かけの拡散係数は水中での拡散係数より小さい。この見かけの拡散係数を有効拡散係数（effective diffusion coefficient）という。多孔質粒子内での有効拡散係数 D_e は粒子内空隙率 ε_p と細孔構造を表す迷宮度 τ によって

$$D_e = \varepsilon_p \cdot \frac{D_w}{\tau} \tag{4.92}$$

で表し得る。なお，生物膜中での D_e として，水中でのそれの 0.75～0.95 倍程度の値が一般に報告されている。

図 4.14 のように，生物膜に垂直に z 軸を考え，生物膜内微小厚さ dz の単位面積の部分について基質の物質収支を考える。

input : $D_e\left(\dfrac{\partial S_c}{\partial z}\right)$

output : $-D_e\left(\dfrac{\partial S_c}{\partial z} + \partial\left(\dfrac{\partial S_c}{\partial z}\right)/\partial z \cdot dz\right)$

comsumption : $(M_c dz) Q$

ここに，D_e：生物膜内部での基質の有効拡散係数 [cm²/day]，S_c：生物膜内基質濃度 [mg/cm³]，M_c：生物膜内微生物密度 [g/cm³]，Q：単位微生物量当りの基礎代謝速度 [mg/g・day] である。

物質収支の一般式は

(accumulation) = (input) − (output) − (comsumption)

と表されるから

$$\left(\frac{\partial S_c}{\partial t}\right) dz = D_e\left(\frac{\partial^2 S_c}{\partial z^2}\right) dz - (M_c dz) Q \tag{4.93}$$

が，すなわち

$$\frac{\partial S_c}{\partial t} - D_e\left(\frac{\partial^2 S_c}{\partial z^2}\right) + M_c Q = 0 \tag{4.94}$$

が基礎方程式として得られる。

より一般化すると

$$\frac{\partial S_c}{\partial t} - \frac{D_e}{z^m}\frac{\partial}{\partial z}\left(z^m \frac{\partial S_c}{\partial z}\right) + M_c Q = 0 \qquad (4.95)$$

となり，パラメーター m は直角座標，極座標および球座標に対してそれぞれ 0，1 および 2 となる。式(4.94)ないしは式(4.95)の第 1 項は生物膜中の座標 z の点での基質の蓄積を，第 2 項は基質の拡散による移動を，第 3 項は基質の代謝による除去を示している。Q は基質の真の（intrinsic）除去速度であり，つぎの二つの表記法が最も広く用いられている。

n 次反応式； $Q = k_n S_c^n \qquad 0 \leq n \leq 1 \qquad (4.96)$

Monod 式； $Q = \dfrac{k S_c}{K_s + S_c} \qquad (4.97)$

かりに式(4.97)を用いたとして，これを式(4.94)に代入すると

$$\frac{\partial S_c}{\partial t} - D_e \frac{\partial^2 S_c}{\partial z^2} + \frac{M_c k S_c}{K_s + S_c} = 0 \qquad (4.98)$$

となる。定常状態のもとでは式(4.98)は簡易化されて

$$D_e \frac{d^2 S_c}{dz^2} - \frac{M_c k S_c}{K_s + S_c} = 0 \qquad (4.99)$$

式(4.99)を適当な境界条件のもとで解き，S_c を z の関数として表し得たとき，生物膜による総括基質除去速度は次式によって求められる。

$$Q_b = \frac{1}{V_b}\int_{V_b} Q(S_c) dV_b \qquad (4.100)$$

ここに，V_b：生物膜の容積である。

式(4.99)の一般的な解析解を求めることはできないが，S_c と K_s との大小関係によって，この式はつぎのように単純化できる。

$$\frac{d^2 S_c}{dz^2} = \frac{k M_c}{D_e K_s} \qquad \text{for} \qquad S_c \gg K_s \qquad (4.101)$$

$$\frac{d^2 S_c}{dz^2} = \frac{k M_c}{D_e K_s} S_c \qquad \text{for} \qquad S_c \ll K_s \qquad (4.102)$$

すなわち，これらの場合，式(4.97)による表現は式(4.96)による表現に帰結し得る。したがって，S_c と K_s との大小関係が式(4.101)および式(4.102)に示されている両対極の中間にあるときも，式(4.96)，(4.97)の両式は近い関係

を示すことが予想される。

つぎに、基礎方程式を解くための境界条件について述べる。

図 4.15 の A のように生物膜最深部まで完全に基質が到達している場合、生物膜表面での基質濃度を S_s とし、また生物膜と担体との界面での基質の輸送はないので、境界条件は

$$\left. \begin{array}{ll} [\text{B.C. I}] & z=0 \; : \; S_c = S_s \\ [\text{B.C. II}] & z=L \; : \; \dfrac{dS_c}{dz}=0 \end{array} \right\} \qquad (4.103)$$

となる。ここに、L：生物膜の厚さである。こうした基質濃度分布は生物膜厚が小さいときに起こりやすいので、実際の生物膜厚の大小より基質濃度分布に着目して、A のような場合、その生物膜を浅い (shallow) 生物膜という。

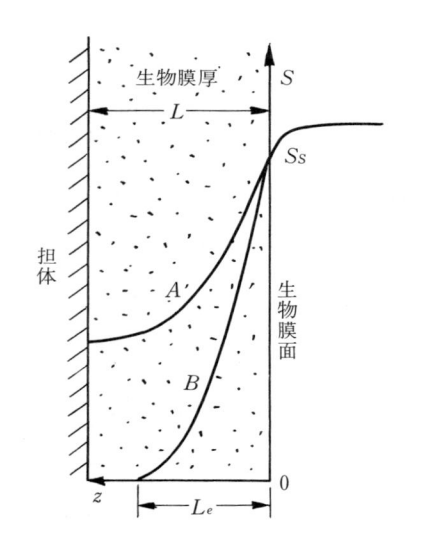

図 4.15 浅い生物膜(A)と深い生物膜(B)

一方、真の基質除去速度が大きいと、生物膜内部に向かって基質濃度が急激に低下し、実際上ある深さより奥では生物反応は生じない。

こうした場合の基質濃度分布は図 4.15 の B のようになり、このような生物膜を深い (deep) 生物膜という。境界条件は

4.4 生物膜等における物質移動

$$\left.\begin{array}{l}\text{[B.C. I]} \quad z=0 \;:\; S_c=S_s \\ \text{[B.C. II]} \quad z=L_e \;:\; S_c=0 \quad \text{および} \quad \dfrac{dS_c}{dz}=0\end{array}\right\} \quad (4.104)$$

で与えられ，ここに L_e：基質の到達距離で有効生物膜厚（thickness of effective biofilm layer）という。式(4.104)によって L_e を決定するためにはもう一つ条件が必要である。

すなわち

$$c \to 0 \quad \frac{dQ}{dc} \to \infty \quad (4.105)$$

が満たされなければ，L_e は理論上無限大となる。したがって，反応速度式が式(4.97)型であるときは数式的に L_e を求めることはできず，式(4.96)型において $0 \leq n \leq 1$ のときのみ可能である。ただし，この問題を避ける便法として，ある限界基質濃度以下では生物反応は起こらないとする手法も用いられている。すなわち，式(4.104)の B.C. II において $S_c=0$ の代わりに $S_c=S_{L_e}$ を用いればよい。

生物膜の深いないし浅いという概念は実際的な意味において非常に重要である。深い生物膜においては，膜厚さの増加は総括基質除去速度の増加をもたらさないからである。

4.4.4 基質の流束の算定

液側から生物膜への基質の流束 N は，定常状態においては総括反応速度に等しい（式(4.99)）。N を求めるための一般的方法は，式(4.77)と式(4.95)とから，生物膜表面での基質濃度 S_s を消去し，生物膜内基質濃度分布を定め，それに基づいて式(4.100)を計算することである。

式(4.99)の解析解は得られないので，式(4.101)および式(4.102)で近似される場合について考えてみよう。これらは，式(4.96)で $n=0$ および $n=1$ の場合にそれぞれ相当する。

〔1〕 $S_c \gg K_s$ の場合

この条件が実際に生じやすいのは，K_s が小さく，生物反応そのものが 0 次反応で表し得る場合である。

（a） 浅い生物膜

式(4.101)によるまでもなく，$Q=k$ で一定であるから

$$N = kM_c L \tag{4.106}$$

（b） 深い生物膜

式(4.101)を式(4.104)の境界条件で解くと

$$S_c = \frac{kM_c}{2D_e}z^2 - \left(\frac{S_s}{L_e} + \frac{kM_c}{2D_e}L_e\right)z + S_s \tag{4.107}$$

また，生物膜表面では次式が成り立つ。

$$k_L(S_b - S_s) = -\frac{dS_c}{dz}\bigg|_{z=0} \times D_e = \left(\frac{S_s}{L_e} + \frac{kM_c}{2D_e}L_e\right)D_e$$

$$= N = kM_c L_e \tag{4.108}$$

これより，L_e を求めることができる。

$$L_e = \sqrt{\left(\frac{D_e}{k_L}\right)^2 + \frac{2D_e}{kM_c}S_b} - \frac{D_e}{k_L} \doteqdot \sqrt{\frac{2D_e}{kM_c}S_s} \tag{4.109}$$

式(4.108)，(4.109)より

$$N = kM_c L_e = kM_c\left[\sqrt{\left(\frac{D_e}{k_L}\right)^2 + \frac{2D_e}{kM_c}S_b} - \frac{D_e}{k_L}\right] = \sqrt{2D_e kM_c S_s} \tag{4.110}$$

多くの場合 $S_s \cong S_b$ であるから，真の反応が 0 次反応であるにもかかわらず，総括的反応は 1/2 次反応となっている。

〔2〕 $S_c \ll K_s$ の場合

液本体基質濃度が低いか，基質の K_s が非常に大きい場合に該当する。いずれにしても，基質濃度は相対的に低いので，浅い生物膜に関する検討は実用的価値に乏しいので省略し，式(4.102)を式(4.104)の境界条件で解くと

$$S_c = S_s \frac{\cosh[(kM_c/D_e K_s)^{1/2}(L_e - z)]}{\cosh[(kM_c/D_e K_s)^{1/2} L_e]} \tag{4.111}$$

$$N = \int_0^{L_e} \frac{kM_c S_c}{K_s}dz = \left(\frac{D_e kM}{K_s}\right)^{1/2} S_s \tag{4.112}$$

4.4 生物膜等における物質移動　　*121*

式(4.77),(4.112)より

$$k_L(S_s - S_b) = \left(\frac{D_e k M_C}{K_S}\right)^{1/2} S_s \tag{4.113}$$

$$S_s = \frac{1}{1 + (D_e k M_C/K_S)^{1/2}/k_L} S_b \tag{4.114}$$

$$N = \frac{(D_e k M_C/K_S)^{1/2}}{1 + (D_e k M_C/K_S)^{1/2}/k_L} S_b \tag{4.115}$$

すなわち,総括反応速度もまた1次反応に従う。なお,浅い生物膜についても同様の結果が得られる。ゆえに,真の反応が1次反応のときは総括的反応も1次反応となる。

〔1〕,〔2〕に示した結果を総合すると,真の生物反応より生物膜における反応の方が速度の液本体基質濃度依存性がより高濃度側にシフトしており,また前者の速度はつねに kM_C に比例するのに,後者の速度は深い生物膜では $(kM_C)^{1/2}$ に比例する。これらのことは,生物膜法の処理特性と重要な関連がある。

4.4.5　反応の基礎式の無次元化

数学的問題を一般化して扱うためには,無次元化が有力な手段となる。

基礎式である式(4.99)と境界条件式である式(4.103)の下式および式(4.108)とに,つぎの無次元変数と無次元パラメーターを導入する。

$$\left.\begin{array}{l} s = \dfrac{S_C}{S_b}, \quad \rho = \dfrac{z}{L}, \quad q = \dfrac{Q(S_C)}{Q(S_b)} \\[2mm] \phi^2 = \dfrac{L^2}{D_e S_b} Q(S_b) M_C, \quad Bi = \dfrac{k_L L}{D_e} \end{array}\right\} \tag{4.116}$$

ただし,q は $s=1$ のとき $q=1$ となるように定めた無次元反応速度であり,ϕ をシーレモデュラス(Thiele modulus),Bi をビオット(Biot)数と呼ぶ。式(4.116)よりわかるように,シーレモデュラスの2乗は $LQ(S_b)M_C/D_e(S_b/L)$ と書き直せるので,生物膜中での基質消費速度と拡散移動速度の比にあたる。一方,Biot 数は液相および固相(生物膜)の物質移動係数の比である。これらを用いると,基礎式および境界条件は,次式のように表される。

$$\left.\begin{aligned}&\frac{d^2s}{d\rho^2} - \phi^2 q = 0 \\ &\frac{ds}{d\rho}\bigg|_{\rho=1} = 0 \\ &-\frac{ds}{d\rho}\bigg|_{\rho=0} = Bi(1-s|_{\rho=0})\end{aligned}\right\} \quad (4.117)$$

すなわち，モデルの特性はこれら二つの無次元数によって表すことができる。

4.4.6 有 効 係 数

式(4.117)を解いて生物膜内外での基質の濃度プロフィールを求めることが，最終的な目的ではない。式(4.77)で与えられる基質の流束 N を求めることこそ，最終の目的である。すなわち

$$N = -D_e \frac{dS_c}{dz}\bigg|_{z=0} = g(D_e, M_c k, K_s, L, S_b) \quad (4.118)$$

と表される N が総括的反応を示すのである。

ここで，有効係数（effectiveness factor）を定義する。生物膜を構成している微生物が完全に分散状態にあり液本体基質濃度 S_b にさらされていると考えたときの基質除去速度と，生物膜として存在するときの基質除去速度の比を，有効係数という。すなわち，有効係数 η は次式によって示される。

$$\eta = \frac{(\text{生物膜による実際の基質除去速度})}{(\text{生物膜内の基質濃度がすべて } S_b \text{ であるとしたときの基質除去速度})} \quad (4.119)$$

生物膜内部での基質濃度 S_c は S_b より小さいので通常 $0 < \eta \leq 1$ であるが，基質が阻害性物質であったり，基質濃度が高く高濃度阻害が生じるような場合には $\eta > 1$ となることもある。数式表示すれば

$$\eta = \frac{N}{N_b} = \frac{(1/L)\int_0^L Q(S_c)dL}{Q(S_b)} \quad (4.120)$$

ただし

$$N_b = M_c L Q(S_b) \quad (4.121)$$

式(4.118), (4.120), (4.121)より

$$\eta = \left(-D_e \frac{dS_c}{dz}\bigg|_{z=0}\right) \bigg/ N_b = -D_e \frac{S_b}{L} \frac{ds}{d\rho}\bigg|_{\rho=0} \bigg/ M_c L Q(S_b)$$

$$= -\left\{\frac{D_e S_b}{L^2 Q(S_b) M_c}\right\} \frac{ds}{d\rho}\bigg|_{\rho=0} = -\left(\frac{1}{\phi}\right)^2 \frac{ds}{d\rho}\bigg|_{\rho=0} \tag{4.122}$$

を得る。生物膜中の基質濃度プロフィールを求め，これにより式(4.118)によって N を求めるのは非常に面倒であるが，あらかじめ種々の場合について η を算出しておけば，これと S_b とよりきわめて容易に N を求めることができる。

簡単な場合として，真の反応が 0 次反応のときについて述べる。このとき，式(4.117)の第 1 式は

$$\frac{d^2s}{d\rho^2} = \phi^2 \tag{4.123}$$

この式を積分すると

$$-\frac{ds}{d\rho} = \phi^2(\rho^* - \rho) \tag{4.124}$$

ここに，$\rho^* = L_e/L$ である。生物膜表面において

$$-\frac{ds}{d\rho}\bigg|_{\rho=0} = \phi^2 \rho^* = \phi^2 \eta \tag{4.125}$$

であり，式(4.124)を積分して $\rho = \rho^*$ において $s = 0$ なる境界条件を用いると

$$-s = \phi^2 \left(\rho^* \rho - \frac{\rho^2}{2} - \frac{\rho^{*2}}{2}\right) \tag{4.126}$$

$$s|_{\rho=0} = \frac{1}{2}(\rho^* \phi)^2 = \frac{1}{2}(\eta\phi)^2 \tag{4.127}$$

式(4.125), (4.127)を(4.117)の第 3 式に用いると

$$\phi^2 \eta = Bi\left(1 - \frac{1}{2}(\eta\phi)^2\right) \tag{4.128}$$

これより

$$\eta = \left(\frac{2}{\phi^2} + \frac{1}{Bi}\right)^{1/2} - \frac{1}{Bi} \tag{4.129}$$

η と ϕ との関係を Bi をパラメーターとして示すと，**図 4.16** のようになる。

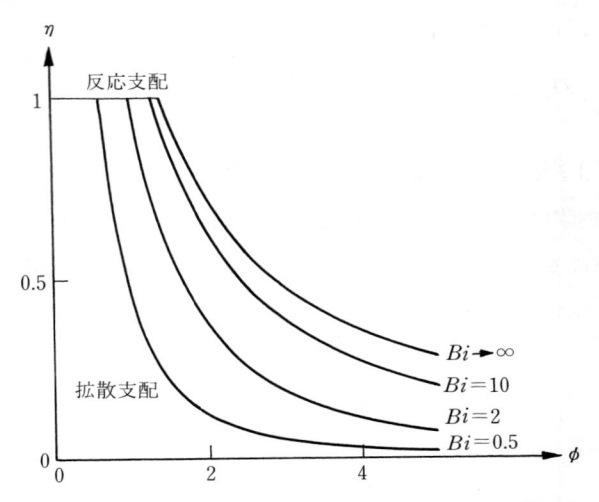

図4.16 有効係数に及ぼすシーレモデュラスの影響
（真の生物反応が0次反応）

HermanowiczとGanczarczyk[18]は，真の微生物反応速度が式(4.96)で表されるとき，一般化されたシーレモデュラスは次式で与えられ

$$\phi_n = \frac{(n+1)k_n M_C L^2 c_s^{(n-1)}}{2D_e} \qquad 0 \leq n \leq 1 \tag{4.130}$$

このとき，1次反応に対する有効係数はつぎの一般式で示され

$$\eta = \frac{\tanh(\phi_n)}{\phi_n} \tag{4.131}$$

深い生物膜に対して，$0 \leq n < 1$ であるときは

$$\eta = \frac{1}{\phi_n} \tag{4.132}$$

で与えられ，深い生物膜の存在条件は

$$\phi_n \geq \frac{1+n}{1-n} \tag{4.133}$$

であることを示している。

さらに彼らは，これより小さい ϕ_n に対しては生物膜は浅くなり，$n=1$ に対しては深い場合と同様に η は式(4.131)で，$n=0$ に対してはただちにわか

るように

$$\eta = 1 \tag{4.134}$$

であることを示している。$0<n<1$ に対しては数値解を求める必要がある。

真の生物反応速度が Monod 式で与えられているとき，すなわち式(4.99)の解析解は得られない。Atkinson と Davies[19] は，式(4.99)の数値解に対してつぎの近似式を与えた。

$$\eta = 1 - \frac{\tan h(\phi_m)}{\phi_m}\left[\frac{\phi_p}{\tan h(\phi_p)} - 1\right] \quad \text{for} \quad \phi_p < 1 \tag{4.135}$$

$$\eta = \frac{1}{\phi_p} - \frac{\tan h(\phi_m)}{\phi_m}\left[\frac{1}{\tan h(\phi_p)} - 1\right] \quad \text{for} \quad \phi_p > 1 \tag{4.136}$$

ここに

$$\phi_p = \phi_m \beta [2(1+\beta)^2 \cdot (\beta - \ln(1+\beta))]^{-\frac{1}{2}} \tag{4.137}$$

であり

$$\phi_m = \left[\frac{kM_cL^2}{D_eK_s}\right]^{1/2}, \quad \beta = \frac{S_s}{K_s}$$

である。ϕ_m は Monod 式に対するシーレモデュラスである。

4.4.7 制限物質の判定

生物反応においては通常複数の成分が関与し，それらのうちで制限物質(4.4.1項参照)を念頭において前項までの議論を展開してきた。

一般に，微生物反応において何が制限物質となっているかを見いだすことは，工学的にきわめて重要な意義をもっている。その物質の供給を増大させる操作がただちに反応効率の増大をもたらすからである。このことに関してしばしば問題となるのは，水素供与体と水素受容体の供給のバランスであり，以下においてはこの問題に関して論じるが，他の任意の2成分についても有効性を失うものではない。

微生物反応が次式のように表されるものとする。

$$\nu_d D + \nu_a A + 栄養塩 \rightarrow 生成物 + 細胞物質 \tag{4.138}$$

ここに，ν_d, ν_a：水素供与体(D)および水素受容体(A)の化学量論係数であ

る。

　分散性生物が関与する反応においては，反応律速の状態にあると考えられるので，以下のような単純な大小関係のみでいずれが制限物質かを判断できる。すなわち

$$\frac{S_{bd}}{\nu_d MW_d} \lessgtr \frac{S_{ba}}{\nu_a MW_a} \tag{4.139}$$

の上から順に，水素受容体が制限，両者の供給は均衡，水素供与体が制限となっている。

　ここに，S_{bd}, S_{ba}：水素供与体および水素受容体の液本体濃度，MW_d, MW_a：水素供与体および水素受容体の分子量である。

　生物膜反応においても，総括的反応が反応律速の状態にあるときは同様に判別できる。しかし多くの場合，拡散律速となっているので，生物膜に対する供給量すなわち流束 N が生物膜内での要求量に対して相対的に小さくなりやすい方の成分が制限物質となる。

　D および A の供給が平衡しているためには，両者の流束 N_d および N_a について次式が成立すればよい。

$$\frac{N_d}{\nu_d MW_a} = \frac{N_a}{\nu_a MW_a} \tag{4.140}$$

また，このとき D と A とは共通の有効生物膜厚 L_e をもつと考えられるので

$$\frac{N_d}{N_a} = \frac{D_{ed} S_{bd}}{D_{ea} S_{ba}} \tag{4.141}$$

ここに，D_{ed}, D_{ea}：D および A の生物膜内有効拡散係数である。

　さらに，$D_{ed}/D_{ea} = D_{wd}/D_{wa}$（$D_{wd}$, D_{wa} はそれぞれ D および A の水中拡散係数）と見なせるので，これを式(4.140)に用いることにより

$$S_{bd} = \frac{D_{ea}\nu_d MW_d}{D_{ed}\nu_a MW_a} S_{ba} = \frac{D_{wa}\nu_d MW_d}{D_{wd}\nu_a MW_a} S_{ba} \tag{4.142}$$

と釣合い条件を表すことができ，これより S_{bd} が大きければ水素受容体 A が，小さければ水素供与体 D が，それぞれ制限物質となる。

　Howell と Atkinson[20] は 2 基質生物反応速度式として式(3.76)と Bright と

Appleby の式

$$Q=\frac{S_d S_a}{S_d S_a + K_{s,a} S_d + K_{s,d} S_a} \tag{4.143}$$

とを用い,これらによる解析と単一基質 Monod 式を用いたときの解析の結果を比較した。その結果,深い生物膜では式(4.142)による判定がおおむね正しく,浅い生物膜から深い生物膜への遷移点付近では両基質の濃度および K_s が関係してくること,および浅い生物膜では両基質の影響は単純に示せないことを指摘している。

5 固液分離

5.1 固液分離の役割

　固液分離とは，浮遊懸濁態の固形物と水とを分離してより清浄度の高い処理水を得る操作を総称し，一般に排水の生物学的処理においては不可欠の要素技術である。
　固液分離の生物処理における役割は
ⅰ）　生物処理の前処理としてバイオリアクターに対する汚濁物負荷を低減し，生物処理の効率化を図る。
ⅱ）　バイオクアクター内で増殖したバイオマスを処理水と分離し，清浄な処理水を得る。また，活性汚泥法等においては回収したバイオマスをリアクターでの再利用に供する。
の二つに大別される。
　ⅰ）の目的での固液分離は厳密には生物処理の一部とはいえないかもしれないが，生物処理システムを構成する単位操作であることには疑いの余地がない。固液分離はバイオリアクターに対する汚濁物負荷を，しかも生物学的分解・資化速度の遅い浮遊懸濁性の負荷を低減し得るばかりでなく，リアクター内でのバイオマスの純度を高め，結果的に見かけの活性度を高める効果を生む。さらに，生物膜ろ過法や接触ばっ気法などのように，ろ床閉塞が問題となる処理法においては，閉塞速度の緩和により安定した処理を可能とする。
　生物学的処理とは，直接に固液分離できない溶解性の汚濁物質を，それが可

能な形であるバイオマスに変換したのち固液分離する処理法であるという見方もできる。その意味では，生物反応段階は前処理であるともみられ，十分な固液分離が行われてこそ処理の目的が達成されるのである。

実際に使用される固液分離法としては，沈殿（遠心分離を含む），浮上分離，ろ過（マイクロスクリーニング，膜ろ過を含む）などがあり，沈殿が圧倒的に多用されてきた。しかし，近年膜分離技術の急速な進歩発展に伴って，多くの利点を有するため急速に普及の兆しをみせつつある。

5.2 沈　　　　殿

沈殿（sedimentation, settling）とは，広義には懸濁液が上澄液より濃縮された懸濁液とに分かれる現象，あるいはその現象を利用した水処理操作をいう。生物処理に関連して用いられる沈殿には，最初沈殿（primary settling）と最終沈殿（final settling）とがある。最初沈殿は1次処理として用いられ，これに続く処理プロセスへの浮遊物や有機物の負荷を軽減する。最終沈殿は2次処理（secondary treatment）である生物処理の構成要素として用いられ，バイオリアクター流出水から浮遊物ないしは生物性汚泥を分離し，濃縮することを目的とする。

沈殿は，懸濁液の濃度や沈降する粒子の凝集性等に起因する粒子群の沈降様式に基づいて，五つの型に分類される。

〔1〕**自　由　沈　降**

自由沈降（free settling）では，沈降粒子は独立して他の粒子の影響を受けないで沈降し続け，ある速度に達すれば粒子に加わる力が平衡し，その後は等速沈降となる（例；沈砂池，最初沈殿池）。

〔2〕**凝　集　沈　降**

凝集性をもつが，あまり濃度の高くない懸濁液での沈降の過程においては，独立して沈降し始めた個々の粒子はおたがいに衝突して粒径の成長とそれに応じた沈降速度の増加を示す。凝集沈降（flocculent settling）などの沈降によ

る除去率は，後出の水面積負荷だけでなく，沈殿池の深さの関数でもある（例；薬品沈殿池，生物処理での最終沈殿池）。

〔3〕 干 渉 沈 降

粒子濃度が高くなると，各粒子の沈降速度が他の粒子の存在によって影響を受け，流線の相互干渉により単粒子の自由沈降より沈降速度が低くなるような沈降を干渉沈降（hindered settling）という（例；最終沈殿池の底部付近）。

〔4〕 ゾーン沈降（集合沈降，界面沈降）

ゾーン沈降（zone settling）は干渉沈降の一つで，濃度がさらに高くなると粒子間の干渉が強くなって，各粒子は相対的に位置を変えることが困難となり，集合的に一体となって沈降する。つまり，清澄部と懸濁部（ブランケット）の間に明瞭な界面を示し，界面がしだいに下降していく形で沈降が進む（例；シックナー）。

〔5〕 圧 密 沈 降

圧密沈降（compression, consolidation）は粒子群が沈殿池底に沈積し，非常に高濃度となると，個々の粒子は相互に接触し，上方の粒子の重量によって下方の粒子が圧縮変形を受け，間隙水を上方に排出して濃縮が進むような沈降（例；シックナーの底面付近）。

5.2.1 単粒子の自由沈降

沈降粒子に作用する力は，重力，浮力および抵抗力であり，粒子が球形のとき，それらの合力 F の大きさは次式で表される。

$$F = \frac{\pi d_p^3}{6}g(\rho_s - \rho_w) - C_d \frac{\pi d_p^2 \rho_w v^2}{8} \tag{5.1}$$

粒子が定速に達したとき（水処理では通常加速時間は無視できる），$F=0$ であるから式(5.1)より

$$v = \sqrt{\frac{3}{4} \cdot \frac{g}{C_d} \cdot \frac{\rho_s - \rho_w}{\rho_w} d_p} \tag{5.2}$$

が得られる。ここに，d_p：粒子の直径，g：重力の加速度，ρ_s, ρ_w：粒子およ

び水の密度，C_d：抵抗係数，v：粒子の沈降速度である．

C_d はレイノルズ数 Re の関数であり

$$C_d = \phi(Re) = \phi\left(\frac{vd_p}{\nu}\right) = \frac{k}{Re^n} \tag{5.3}$$

と表される．ここに，ν；水の動粘度である．n，k の値は Re の値の範囲によって変わり，一括して表5.1に示す．Re のすべての範囲に用い得る式として，Rouse[1] の式がある．

$$C_d = \frac{24}{Re} + \frac{3}{\sqrt{Re}} + 0.34 \tag{5.4}$$

表5.1 沈降速度式

Re	$\sim 10^0$	$10^0 \sim 10^3$	$10^3 \sim 2.5 \times 10^5$
C_d	$24/Re$	$12.65/Re^{0.5}$	0.4
v	$\dfrac{g(\rho_s-\rho_w)}{18\mu}d^2$	$0.23\left[\dfrac{(\rho_s-\rho_w)^2 g^2}{\mu \rho_w}\right]^{\frac{1}{3}} d$	$1.82\left[\dfrac{\rho_s-\rho_w}{\rho_w}gd\right]^{\frac{1}{2}}$
式名	Stokes	Allen	Newton

沈降速度をこれらの式から求めるためには，Re を仮定して適用式を定めて v を求め，求めた v によって仮定した Re が妥当であったかどうか検討する．

球以外の形状の粒子に対しては形状係数（shape factor）を用いて球からのひずみの度合を定量化する．形状係数の一つとして球形度（sphericity）ψ_s は次式で示される．

$$\psi_s = \frac{d_a}{d_e}\left(\frac{1}{n}\right) \tag{5.5}$$

ここに，d_a：非球形粒子の代表的寸法，d_e：非球形粒子と同体積の球（等価球）の径，n：非球形粒子と等価球の比表面積の比である．ψ_s は球に対して 1 で，ひずみが大きいほど小さくなり，それに伴って C_d が急激に増大する．

また，干渉沈降速度に関してはつぎのような表示が用いられる．

$$v = v_f f(\varepsilon) \tag{5.6}$$

ここに，v：干渉沈降速度，v_f：自由沈降速度，ε：懸濁液中での水の占める容積率である．例えば，Steinour[2] はガラス粒子による実験に基づいて

132   5. 固 液 分 離

$$f(\varepsilon) = \varepsilon^2 \cdot 10^{-1.82(1-\varepsilon)} \tag{5.7}$$

を求めた。

5.2.2 理想的沈殿池の理論

理想的沈殿池（ideal basin）とは，その名のように理想的な流れを有する沈殿池で，一般的にはつぎのように定義されている。**図 5.1** のような横流式の連続流沈殿池を考え，流入・流出帯は均一な流入・出を図るための部分であり，汚泥帯とともに沈殿効果はないものと見なされ，沈降作用は沈降帯のみにおいて生じるものとする。このとき

ⅰ）　流れの方向は水平で沈降帯のすべての部分で水平流速は一定であり，完全な押出流を形成する。

ⅱ）　各径の浮遊粒子濃度は，流入帯から沈降帯に入る際，全水深を通じて一様である。

ⅲ）　汚泥帯にいったん沈下した粒子の再浮上はない。

などの条件を満す沈殿池を理想的沈殿池という。

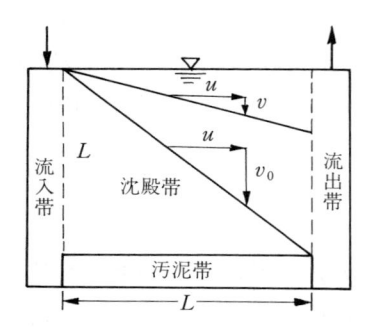

図 5.1 理想的沈殿池における粒子の挙動

しかし，このような定義は長方形断面の横流式沈殿池にのみ当てはまり，Fitch はより一般性のある定義として以下の 3 条件を挙げている。

ⅰ）　沈降粒子のまわりの流体とは無関係に沈降する。すなわち，干渉沈降や凝集の生じる場合は除く。

ⅱ）　底に沈殿した粒子は再浮上しない。

iii) flow path の混合は無視できる。すなわち streamline flow である。

この定義によって円形沈殿池等へも理想的沈殿池という概念を拡大できる。

完全な理想的沈殿池は実在しないが，横流式沈殿池での粒子の除去を考えるうえでの基礎となる。図 5.1 に示した理想的沈殿池において，沈降速度 v を有する粒子の沈降帯を通過する経路は，v と水平流速 u との合ベクトルで示される。いま，図に示すように，沈降帯の水面より流入して，対角線上を移動して流出端でちょうど底に達するような粒子の沈降速度を v_0 とすると，$v \geqq v_0$ である粒子はすべて除去され，$v < v_0$ である粒子の除去率は v/v_0 で示されることがわかる。沈殿池の滞留時間 t_0 は L/u であるから

$$v_0 = \frac{Z_0}{t_0} = \frac{Z_0}{L/u} \tag{5.8}$$

また，池の流量 $Q = u \cdot B \cdot Z_0$（B は池の幅）であるから，v_0 はつぎのように書ける。

$$v_0 = \frac{Q}{LB} = \frac{Q}{A} \tag{5.9}$$

ここに，A：沈降帯の表面積（もしくは底面積）である。したがって，沈降速度 v なる粒子の除去率 r は

$$r = \begin{cases} 1 & \left(v \geqq \frac{Q}{A}\right) \\ \dfrac{v}{Q/A} & \left(v < \frac{Q}{A}\right) \end{cases} \tag{5.10}$$

で示され，また沈降粒子径に分布が存在し，沈降速度が v を超えない粒子の存在比を x とすると，この場合除去率は

$$r = (1 - x_0) + \frac{A}{Q} \int_0^{x_0} v \, dx \tag{5.11}$$

となる。これらの式から明らかなように，理論的除去率は池の水深に無関係で，流量 Q を沈降帯の面積 A で除した値 $v_0 = Q/A$ のみの関数で与えられる。それゆえ，この値を表面負荷率あるいは水面積負荷（surface loading）さらには溢流速度（overflow rate）と呼び，沈殿池設計上の最重要因子とする。

5.2.3 実在沈殿池

実在の沈殿池（actual basin）は理想的沈殿池と異なり，その容積効率は通常 40～60 % である。すなわち，実容積の 40～60 % の容積の理想的沈殿池に相当する。実在の沈殿池が理想的沈殿池からの乖離を示す原因となる現象は多岐にわたり，以下のように分類できる。

① **沈降物質の特性によるもの**　沈降速度および沈降の型（単粒子自由沈降，凝集沈降，干渉沈降など）。

② **沈殿池内での流動特性によるもの**　死水域（dead zone），短絡流（short circuit；density current, streaming），偏流，循環流や乱れによる混合など。

③ **①，②両者によるもの**　底面における洗掘，flocculation など。

流れの非理想性の数学モデルとしての表示については前章で述べた。沈殿池の性能に関しての要点だけをまとめておく。

〔1〕 **槽列モデル**

ⅰ) 押出し流れ，n 池（Camp のモデル）

$$r = 1 - \left(1 - \frac{T}{nt_0}\right)^n \tag{5.12}$$

ⅱ) 完全混合流，n 池（Fair のモデル）

$$r = 1 - \left(\frac{1}{1 + (T/nt_0)}\right)^n \tag{5.13}$$

ここに，T：滞留時間，t_0：沈降時間（Z_0/v_0）である。式(5.13)において，n は静常係数（quiescence number）と呼ばれ，n と沈殿池性能との関係の目安は

$n \cong 1$　　不良

$n \cong 4$　　良好

$n \cong 8$　　優秀

とされている。

〔2〕 拡散式によるモデル

前章（4.3.4項の〔2〕）で示したような扱いをする。ただし，濃度変化は槽の軸方向（x方向）だけでなく鉛直方向（z方向）についても考えなければならず，二次元の拡散方程式として示される。

$$u\frac{\partial c}{\partial z} = E_x\frac{\partial^2 c}{\partial x^2} + E_z\frac{\partial^2 c}{\partial z^2} - v_0\frac{\partial c}{\partial z} \tag{5.14}$$

ここに，u：x方向の平均流速，c：浮遊物の濃度，E_x, E_z：x, z方向の乱流拡散係数，v_0：沈降速度である。

境界条件は，水深を H として

$$z = H（水面）で \quad E_z\frac{\partial c}{\partial z} + v_0 c = 0 \tag{5.15}$$

$$z = 0（底面）で \quad E_z + kv_0 c = 0 \tag{5.16}$$

ここで，k は沈殿と再浮上とのバランスに関する係数で，$0 < k < 1$ で沈殿が卓越し，$k=1$ で沈殿と浮上が平衡し，$k>1$ で浮上が卓越することを示す。

式(5.14)を $z=0$ から $z=H$ まで積分して水深方向に平均化すると

$$E_x\frac{d^2\bar{c}}{dx^2} - u\frac{d\bar{c}}{dx} + \frac{E_z}{H}\left[\frac{\partial c}{\partial z}\right]_0^H + \frac{v_0}{H}[c]_0^H = 0 \tag{5.17}$$

ただし

$$\bar{c} = \frac{1}{H}\int_0^H c(x, z)dz$$

式(5.15)，(5.16)，(5.17)より

$$E_x\frac{d^2\bar{c}}{dx^2} - u\frac{d\bar{c}}{dx} - \frac{v_0}{H}(1-k)c_{z=0} = 0 \tag{5.18}$$

$c_{z=0} \cong \bar{c}$ として式(5.18)を解くと

$$\bar{c} = c_0\frac{\theta_1\exp\{-\theta_1(1-d)\} - \theta_2\exp\{-\theta_1(1-d)\}}{\theta_1\exp(-\theta_1) - \theta_2\exp(-\theta_1)} \tag{5.19}$$

ただし

$$\theta_1 = \frac{1}{2}r\left\{1 + \sqrt{1 + 4(1-k)\frac{pq}{r}}\right\}$$

$$\theta_2 = \frac{1}{2}r\left\{1 - \sqrt{1 + 4(1-k)\frac{pq}{r}}\right\}$$

$$r=\frac{uL}{E_x}, \quad p=\frac{v_0}{u}, \quad q=\frac{L}{H}, \quad d=\frac{x}{L}$$

$L=$沈殿池長

凝集性の粒子の沈降については,水深方向に沿って沈降速度が増加するため,理論的扱いはきわめて困難である。通常,静置された沈降筒を用いた沈降試験の結果より,理想的沈殿池内での沈殿挙動を求める。

5.2.4 沈殿池効率向上のための工夫改良

沈殿池の水流の状態は,つぎの二つの無次元数によって決まる。

レイノルズ数:$Re=\dfrac{uR}{\nu}$

フルード数 :$Fr=\dfrac{u}{\sqrt{gR}}$

ここに,R:径深で(池の断面積/潤辺長)に等しい。

そして,一般に Re が小さいほど,Fr が大きいほど,水流は沈殿池としての理想的状態に近づく。しかし,池の長さ,幅,水深の比を変えることによっては,この要求を満たすことは困難である。池の横断面積を大きくすれば u が減少し,Re は小さくなるが,同時に Fr も小さくなる。また,逆も真である。

池内に各種の構造物を設けると,それだけ潤辺長が大きくなり,したがって径深が小さくなる。すなわち,Re は小さく,Fr は大きくという要求にかなう。

また,池内に板状の構造物を水平にまたは斜めに(すなわち水平投影面積が存在する状態で)挿入すると,水平投影面積に等しい面積だけ池の有効面積が増加し,それに応じて表面負荷率が小さくなる。

おもなものを以下に挙げる。

 i) 流れに平行に置かれた鉛直導流壁(**図**5.2(a)):Fr の増加および Re の減少をもたらす。水流の乱れは流入部付近で大きいので,導流壁は池の流入側にある長さにわたって設けられることが多い。

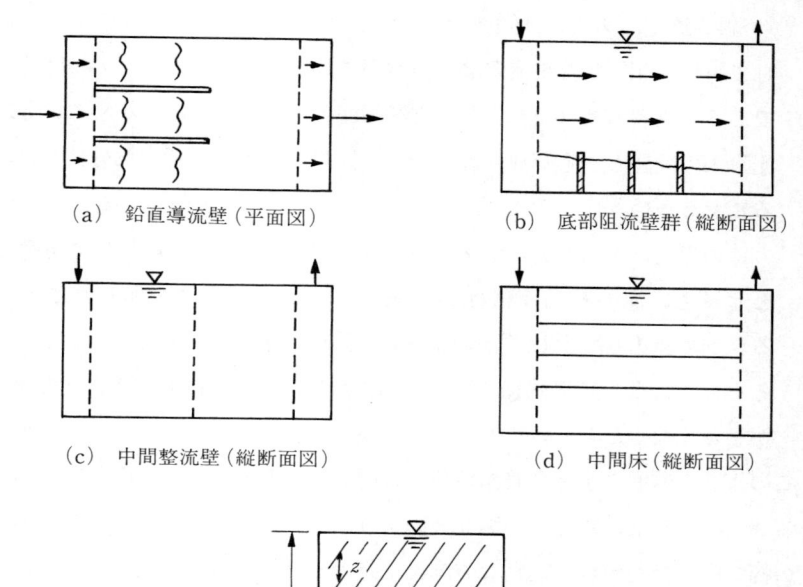

(a) 鉛直導流壁（平面図）

(b) 底部阻流壁群（縦断面図）

(c) 中間整流壁（縦断面図）

(d) 中間床（縦断面図）

(e) 斜導流壁（傾斜板）（横断面図）

図 5.2 沈殿池付帯構造物

ii) 水流に直角に置かれた底部阻流壁群（図 5.2(b)）：底部密度流，堆積汚泥の洗掘，再浮上の防止に役立つ。

iii) 中間整流壁（図 5.2(c)）：偏流，密度流，吹送流などを弱め，流速を均一化して短絡流の防止に役立つ。

iv) 中間床（図 5.2(d)）：n 枚の中間床を入れると表面負荷率は $1/(n+1)$ に減じるとともに，Re を減じ Fr を増し理想流況に近づける。堆積汚泥の除去と各階への均等流量配分に問題がある。この変形として，沈殿池が多数の細管の束で構成されているパイプ沈殿池もある。この場合，パイプ内に堆積した汚泥は逆洗によって洗い出す。ろ過的な性格の強い沈殿池であるといえる。

v) 斜導流壁，あるいは傾斜板（図5.2(e)）：図のように池の横断面に対して斜めに傾斜した導流壁群で，水平中間床と鉛直導流壁との中間的存在である。両者の特質を具備し，堆積汚泥も滑落して底部に集まるので，汚泥除去の問題も一応解決されている。傾斜板は水面に近い部分にだけ設けることも多い。

この場合，挿入した板の各面積を a_i，それらが水平面となす角度を α_i とすると，池の有効面積は A から $A+\sum a_i \cos \alpha_i$ に増加したことになる。別の見方をすれば，池の水深が Z_0 から図中の z に減少したとみることもでき，その結果式(5.8)から，完全に沈降除去される粒子の沈降速度が小さくなったともいえる。

このように非常に小さな表面負荷率と層流効果とによって沈殿効率を高めている傾斜板沈殿池に対して，**図5.3**のように傾斜板面上に板間隔の3分の2程度の幅の阻流板を流れに直角な方向に一定のピッチで設け，阻流板後方に生じる渦によって浮遊物粒子を捕捉し沈殿効率の向上を図っている方式もある。これをフィン付き傾斜板といい，従来の静的分離に加えて渦の巻込みによる動的分離を加えて，顕著な沈殿効率の向上を果たしている。

ただし，こうした傾斜板類を用いた沈殿池を生物学処理に関連して使用すると，スライムや堆泥のために流路が閉塞したり，それらが嫌気化して水面に浮

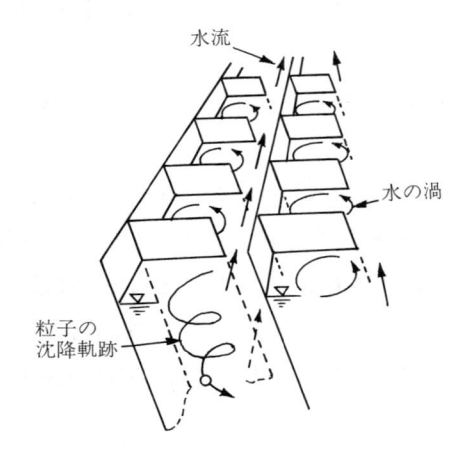

図5.3 フィン付き傾斜板沈殿池

上するなどの障害が発生することが多いので，採用例は多くない。

5.2.5 上昇流式沈殿池

上昇流式沈殿池とは，図5.4のように被処理水が沈殿部を上向流で流下していく間に有効な沈殿作用が生じる型式のもので，沈降速度が上昇流速より遅い粒子はすべて上昇流によって運び去られる。また，上昇流速と表面負荷率とは等しいので，理論的な除去率は

$$r = 1 - x_0 \tag{5.20}$$

となる。横流式沈殿池での除去率を与えている式(5.11)に比べて，右辺第2項がないだけ不利である。それにもかかわらず，横流式沈殿池の2～3倍程度の高い表面負荷率で操作できるのは，流入水中の浮遊物が装置内に既存の高濃度フロックと衝突して急速に凝集が進み分離されやすい状態となることによる。

(a) スラッジブランケット型　　(b) スラリー循環型

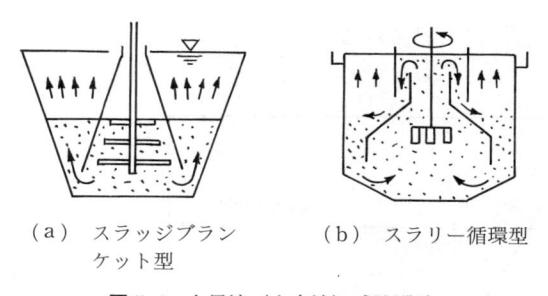

図5.4 上昇流（上向流）式沈殿池

大別すると，図5.4のようにスラッジブランケット型とスラリー循環型とに分けられるが，いずれも上記のような捕集機構に依存している。

ブランケットにおける流入水中の浮遊物の接触捕集の過程は，次式で示される。

$$\frac{N_z}{N_0} = \exp\left(-\frac{3}{2} F \cdot \frac{V_f}{D} z\right) \tag{5.21}$$

ここに，N_0, N_z：ブランケット底部および底部からzの点での未捕集浮遊物濃度，F：接触捕集効率に関する係数 $(0 < F < 1)$，V_f：ブランケットを構

成するフロック体積率 $(1-\varepsilon)$, D: ブランケットを構成するフロックの径, z: ブランケット底部からの距離である。

一方, 乱流かくはん下での接触捕集による浮遊物濃度の時間的変化は, 次式で示される。

$$\frac{N_t}{N_0} = \exp\left(-\frac{9}{\sqrt{15}} \cdot \alpha V_f \sqrt{\frac{\varepsilon_0}{\mu}} \cdot t\right) \tag{5.22}$$

ここに, t: かくはん継続時間, N_0, N_t: $t=0$ および $t=t$ における未捕集浮遊物濃度, α: 衝突合一係数 $(0<\alpha<1)$, ε_0: 有効エネルギー逸散率, μ: 水の粘度である。なお, 式(5.21), (5.22)における単位はいずれも c.g.s. 単位系による。

5.2.6 界面沈降と圧密

活性汚泥混合液のような高濃度の凝集性懸濁液の回分沈降曲線は, 図5.5のように, 三つの区間に分けられる。

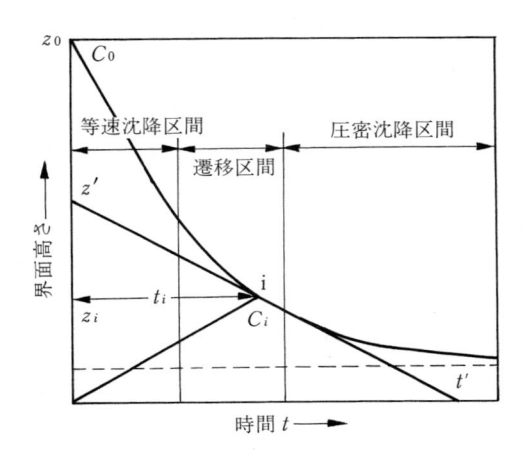

図5.5 界面沈降曲線

Kynch の回分沈降理論は, ある層での沈降速度はその部分での局所濃度 C のみの関数であるという仮定に基づき, ある濃度の懸濁液の沈降曲線から, それより高い任意の濃度における沈降速度を求めるのに利用できる。

図5.5のように，初期の界面高さが z_0，初濃度が C_0 のスラリの界面沈降曲線を描き，その上の任意の点 i で接線と座標軸との交点を z' および t' とすると，点 i での界面濃度 C_i は

$$C_i = C_0 \frac{z_0}{z'} \tag{5.23}$$

で，またこの濃度 C_i の層の沈降速度 w_i は接線のこう配として次式で与えられる。

$$w_i = \frac{z'}{t'} = \frac{(z'-z_i)}{t_i} \tag{5.24}$$

さらに，濃度 C_i の層が生長し，界面に至った時点で消滅してしまう（より濃厚な層に変わる）過程は原点と点 i とを結ぶ直線で示され，次式に従う。

$$z = \left(\frac{z_i}{t_i}\right)t \tag{5.25}$$

これらの関係から，任意の時間における界面下での濃度分布を知ることができる。

等速沈降区間における界面沈降速度は，次式によって示すことができる。

$$\left(\frac{w_C}{w_t}\right)^n = \varepsilon = (1-\bar{C}) \tag{5.26}$$

ここに，w_C：体積濃度 $\bar{C}$ のときの沈降速度，w_t：粒子群を構成する単一粒子の終末沈降速度，ε：空隙率である。また，指数 n は単一粒子の沈降速度と径に関するレイノルズ数の関数で，Richardson ら[3]によって，つぎのような値が示されている。

$Re < 0.2$　　　$1/n = 4.65$

$0.2 < Re < 1.0$　　$1/n = 4.36\, Re^{-0.03}$

$1 < Re < 500$　　$1/n = 4.45\, Re^{-0.1}$

$500 < Re < 7\,000$　$1/n = 2.36$

圧密沈降区間における界面沈降速度は，つぎのような簡単な指数関数表示に従う。

$$\frac{z - z_\infty}{z_C - z_\infty} = e^{-K(t-t_C)} \tag{5.27}$$

ここに，z, z_c, z_∞：沈降時間 t, 圧密沈降開始時および沈降完了時における界面高さ，t_c：圧密沈降開始時までの沈降時間，K：Roberts の定数である。

5.3 浮　　　上

浮上（flotation）は，生物処理との関連においては，最初沈殿や最終沈殿の代わりに用いられるほか，動植物油を多量に含む食品加工や厨房からの排水の生物処理のための前処理として用いられる。

浮上操作は大きく分類して，油粒子のように密度が水より小さいものをそのまま浮上させる自然浮上と，水と密度差の小さい粒子に気泡を付着させて浮上させる強制浮上とがある。さらに，強制浮上には空気を水中に吹き込んで発生した気泡上に浮遊物を取り込んで浮上させる接触空気浮上（気泡吹込み型）と，水中に溶解した空気が気圧の変化に伴って気泡となり浮遊物に付着して浮上させる溶解空気浮上（気泡析出型）とがある。

溶解空気浮上は常圧から減圧への変化による気泡発生を利用する真空法（減圧法）と，加圧から常圧への変化を利用する加圧法とに分けられ，生物学的処理やそれに伴って発生する汚泥の濃縮に利用されるのは加圧法（加圧浮上）である。加圧法の方が利用できる圧力差（2〜4 atm）が大きく，高濃度の懸濁液の処理に適するからである。図 5.6 のようなフローをとる場合が多く，空気-固形物比（重量比）が 0.03〜0.1 となるよう圧力，循環比などを設定する。浮上分離槽（フローテーションタンク）の滞留時間は浮上速度に基づいて決定すべきであるが，通常の排水処理では 20〜30 分，活性汚泥法の固液分離や汚泥の濃縮を目的とするときは浮上汚泥の濃度を高めるためそれより長くする。濃縮の場合には，120 分程度とする必要がある。酸素供給能力を高めるためばっ気槽に加圧ばっ気を用い，そのあと加圧浮上によって固液分離する方式も開発，実施されている。

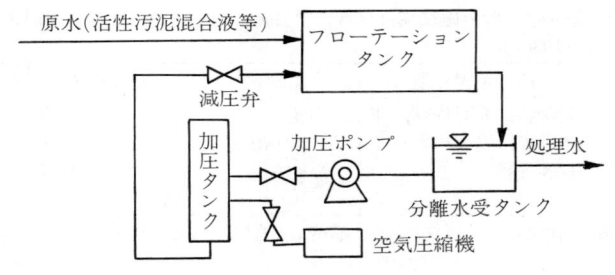

図5.6 加圧浮上プロセス（循環法）

5.4 膜 分 離

膜分離 (membrane separation) には表5.2のような多種の方法があるが，これらのうちで活性汚泥法などの浮遊懸濁態の微生物を利用した生物処理の固液分離操作として用いられるのは，限外ろ過 (ultrafiltration: UF) および精密ろ過 (microfiltration: MF) の2者である。生物処理の固液分離操作として膜分離を用いると，沈殿分離を用いる場合に比べて以下のような利点があると考えられる。

ⅰ） 浮遊物や細菌を含まない（実際には膜分離後の二次汚染による細菌を少量含む）きわめて清澄度および衛生的な安全性の高い処理水が得られる。
ⅱ） 流入変動や誤操作による処理水質の悪化がないので，きわめて安定した処理水質が得られる。
ⅲ） 沈殿分離では不可能な高浮遊物質濃度（数パーセント程度）の懸濁液の固液分離が可能であるため，ばっ気槽等の容積負荷を極度に大きくした運転操作が可能である。
ⅳ） 有用微生物の迅速な集積ができる。
ⅴ） 固液分離装置がコンパクト化でき，特に膜ユニットを生物反応器に浸漬させ処理水を直接引き出すときはこの効果が大きい。

表 5.2 膜分離過程と膜分離機構〔日本化学会編：化学便覧，応用科学編Ⅱ材料編，丸善（1986）〕

分離過程	高分子膜の型	駆動力	分離機構	応用の範囲
気体透過 蒸気透過	対称膜，非対称膜，非多孔膜，場合によっては多孔膜	圧力差（気体の濃度差）	溶解-拡散機構（多孔膜ではクヌーセン流れ機構）	気体および蒸気の混合物の分離
有機液体透過（パーベイパレーション）	対称膜	濃度こう配	溶解-拡散機構	近接沸点混合物，共沸混合物の分離
液液透析	対称膜，膨潤により微多孔膜，0.1〜0.001 μm の孔径	濃度こう配	溶解-拡散機構	高分子溶液から塩および低分子量溶質の分離
逆浸透	非対称膜，表面の薄層は非多孔膜	静水圧差（20〜100 気圧）	溶解-拡散機構	溶液から塩および低分子量溶質の分離
電気透析	陽イオン，陰イオン交換膜	電気的ポテンシャルこう配	粒子の電荷およびイオンの大きさ	イオンを含む溶液からの脱塩
限外ろ過	非対称膜，多孔膜，0.1〜0.002 μm の孔径	静水圧差（0.5〜5 気圧）	ふるい機構	高分子溶液の分離
精密ろ過	対称膜，多孔膜，1〜0.05 μm の孔径	静水圧差（1〜10 気圧）	孔径と吸着によるふるい機構	無菌ろ過，清澄化

欠点としては，膜の目づまり等による透過流束の低下が最大のものであり，目づまり防止策や目づまりしたときの膜洗浄法等について十分に解明されたとはいいにくい。

5.4.1 限外ろ過

限外ろ過という用語が初めて使用された当時は，水とコロイドとの分離を目的としていた（今日いうところの精密ろ過にあたる）が，現在では溶解している分子についても，大きな分子と，小さな分子および水とに分離する操作をいう。その分離機構はふるい効果であるが，膜細孔の孔径は明確に示されておらず，およそ 0.1〜0.01 μm の範囲にある。

〔1〕 分 画 分 子 量

UF 膜を用いて溶液中の溶質を除去しようとするとき，供給液および膜透過液の濃度がそれぞれ c_f および c_p とすると，阻止率 R は

$$R = 1 - \frac{c_p}{c_f} \tag{5.28}$$

で表される。同一の UF 膜に対して分子量の異なる溶質を含む供給液を透過させ，そのときの溶質の分子量と阻止率との関係を図示すると，**図 5.7** のような曲線が得られる。図中には鋭い分画の膜，すなわち孔径の均一な膜と，その反対の膜について曲線を示した。このとき阻止率 90 ％に相当する分子量を分画分子量（molecular weight cutoff）といい，それ以上の分子量の分子が阻止可能であるという目安として用いる。UF 膜の分画分子量は 500～500 000 の範囲にある。したがってウイルス（20 mμφ×230～300 mμL）はもちろんパイロジェン（pyrogen；注射等によって恒温動物の発熱を起こす物質の総称）なども完全に除去され，きわめて衛生的に安全な処理水が得られる。

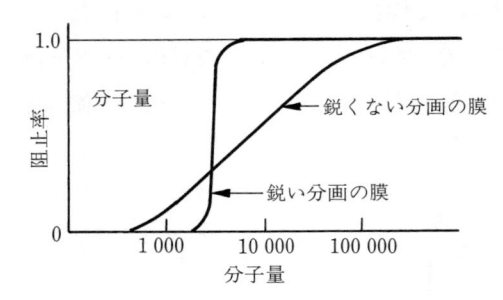

図 5.7 溶質の分子量と阻止率

図 5.7 のように，UF 膜による分画が鋭くならない理由としては，膜細孔径に分布があることのほかに，UF による分離の機構が単に篩分だけでないこともある。例えば，孔の周壁に触れないような位置を通って孔に入った溶質分子のみが孔を通って拡散していくことができ，拡散に有効な面積も孔の面積より小さく，かつ孔壁との摩擦によって拡散も制限されるとして，溶媒に対して溶質の流束が相対的に小さくなることが説明可能である。いずれにしても，UF

においては，膜によって完全に排除されるもの，ある阻止率で排除されるものおよびまったく排除されないものとがあることになる。筆者ら[4]は，阻止率が1，r，0の成分の存在比がそれぞれf_1，f_r，f_0で溶質濃度がc_0の原液を UF 処理して，水回収率すなわち原液に対する透過液の比率がαとなったときの未透過液および透過液の濃度$c_R(\alpha)$および$c_P(\alpha)$は次式で表されることを示し

$$\left.\begin{array}{l}c_R(\alpha)=c_0(f_1(1-\alpha)^{-1}+f_r(1-\alpha)^{-r}+f_0) \\ c_P(\alpha)=c_0(f_r/\alpha(1-(1-\alpha)^{1-r}+f_0))\end{array}\right\} \quad (5.29)$$

かつ，し尿2次処理水を分画分子量1000の膜によって分離したときの透過液CODの挙動は阻止率100％の成分が65％，阻止率70％の成分が35％の系として表されることを示した。ただし，生物処理における固液分離に用いた場合には，完全に阻止されるものとして扱ってよいことはいうまでもない。

〔2〕 濃 度 分 極

水に比べて溶質の透過が少ないと膜面上に溶質が残留し，図5.8に示すような濃度こう配が形成される。この現象を濃度分極（concentration polarization）と呼び，本来溶質の膜透過は，液本体での濃度ではなく，膜面上での濃度に対応して起こると考えられるので，溶質の分離をそれだけ低下させる。膜面上での濃縮率を抑えるためには，液の透過方向と逆方向への溶質の拡散を促進する必要があり，装置的な制約条件となる。

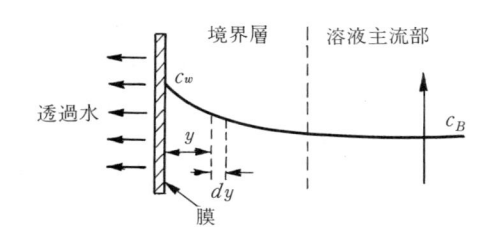

図5.8 膜近傍における濃度分布

図5.8において，膜は溶質をまったく通さないとして，膜面から距離yの点における溶質の収支は次式で示される。

$$J_1\frac{c}{c_1}+(D+\varepsilon)\frac{dc}{dy}=0 \quad (5.30)$$

ここに，J_1：水の流束，c_1：水の濃度，c：溶質の濃度，D：分子拡散係数，ε：渦動拡散係数である。ε は次式で示される。

$$\frac{\varepsilon}{\nu}=1.77\left(\frac{u_B y f}{2\nu}\right)^3 \tag{5.31}$$

ここに，ν：動粘度，u_B：膜面に沿った液本体の流速，f：Fanning の摩擦係数である。

式(5.31)を用いて，$y=0$ で $c=c_w$，$y=y_1$（液本体）で $c=c_B$ という境界条件で式(5.30)を解くと

$$\frac{c_w}{c_B}=\exp\left\{\frac{2J_1 Sc^{2/3}}{c_1 u_B f}\right\} \tag{5.32}$$

ここに，Sc：Schmidt 数である。

限外ろ過においては，しばしばつぎの簡単な式が用いられる。

$$c_w = c_p + (c_B - c_p)e^{J_1 k_l} \tag{5.33}$$

ここに，k_l：膜面での液境膜物質移動係数である。

〔3〕 透 過 流 束

膜を透過する水の流束は次式で表される。

$$J=\frac{\Delta P - \pi}{\mu(R_m + R_f)} \tag{5.34}$$

ここに，J：水透過流束，ΔP：膜の両面での圧力差，μ：水の粘度，R_m，R_f：膜および汚れ層の抵抗，π：膜面での浸透圧であり，π は次式で与えられる。

$$\pi = a_1 c_w + a_2 c_w^2 + a_3 c_w^3 \tag{5.35}$$

ここに，$a_1 \sim a_3$ はビリアル係数である。c_w が大きくなるに従って，π は Van't Hoff の式（$\pi = RTc/M$，M：分子量）から離れる。

〔4〕 膜形状とモジュール

膜形状には，**図5.9** に示すような平板状（平膜）(plate and frame)，管状 (tubular)，中空繊維状 (hollow fibre) のほかにスパイラル状 (spiral wound) の4種類があって，それらの利害得失は**表5.3**のようになっている。どの膜が有利かは処理対象や操作条件によっても異なる。モジュール (mod-

148   5. 固液分離

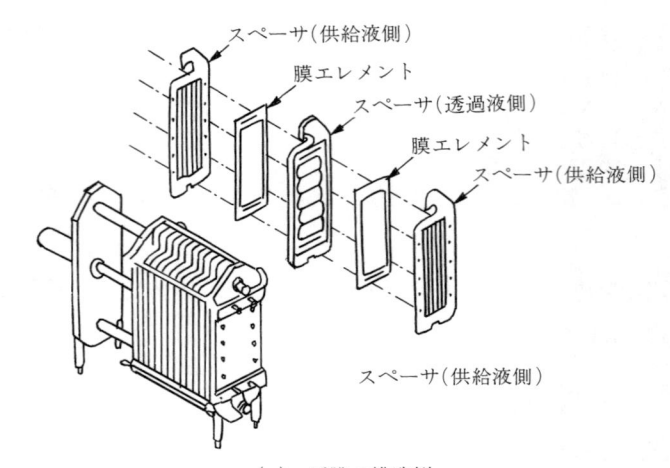

(a) 平膜の構造例

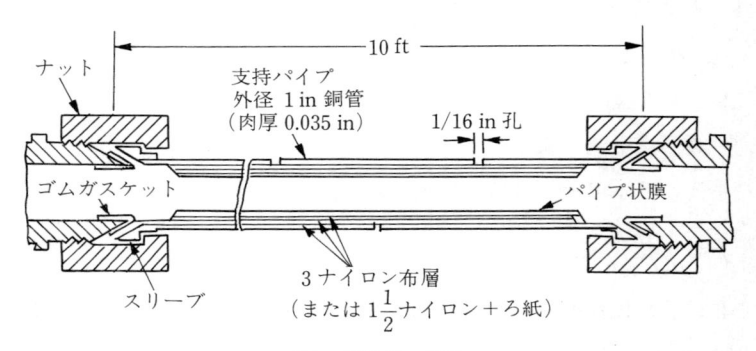

(b) 管状膜の構造

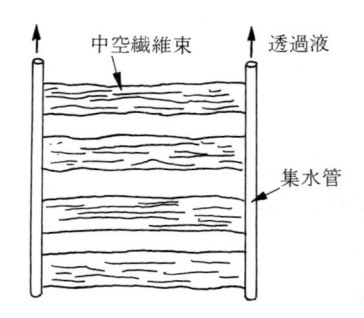

(c) 中空繊維膜の構造例

図 5.9　各種の膜モジュール

表 5.3　各種の膜モジュール

膜モジュール	形状	圧力	膜材質	機械的洗浄	特徴
平膜型	平膜と流路材を重ねたもの	外圧	高分子セラミック	難（易）	管理が容易
チューブラー型	管状膜	外圧, 内圧	高分子セラミック	易	
中空繊維型	非常に細い管状膜	外圧	高分子	難	モジュール体積当りの膜面積が最大

〔注〕　スパイラル型モジュールは生物処理での固液分離には用いられないので除外した。

ule) とは，ある面積の膜を支持体で支持し，容器におさめ，液の入口，出口および透過液の出口を設けたものである。その形状，構造は，膜の形状によって当然ながら大きく変わる。膜形状やその配管はモジュール内での圧力損失や濃度分極，膜透過特性にも影響するのでその選択には十分な注意が必要である。

〔5〕　膜汚れと膜洗浄

膜汚れ（fouling）とは膜の表面ないしは内部の細孔構造に付着するいかなる物質をもいう。膜汚れと（高分子溶質の限外ろ過において生じる）ゲル形成（gel formation）とを区別するべきという考えもあるが，明確な区分は困難であり，ゲル形成は特殊な形の膜汚れであるとみるのが適当である。膜汚れは主として膜透過流束の低下を招きプロセスの効率に著しい悪影響を及ぼすほか，一種の二重膜を形成して溶質の透過にも影響することがしばしばある。したがって，膜分離プロセスにとって膜汚れの進行速度，膜汚れ防止対策，さらには汚れた膜の能力の回復操作すなわち膜洗浄（membrane cleaning）等は，プロセスの成否を左右する重要な問題である。

（a）　膜汚れ物質と付着の機構

種々の物質が膜汚れを形成し得るが，それらは，ⅰ）浮遊性粒子，ⅱ）コロイド粒子，ⅲ）高分子物質，ⅳ）比較的低分子の物質の4種類に分類される。低分子の物質が膜汚れに関与する機構としては，その物質が膜材質に強い親和性をもつことやその物質が膜面で濃縮され（濃度分極），濃度が溶解度を超えてしまうことなどが考えられる。

汚れの付着機構としては，van der Waals 引力，水素結合，静電引力など種々の表面相互作用があり得る。これらは複雑に関連し合いながら作用している。例えば，タンパク粒子の膜との相互作用は粒径，粒子形状，表面電位とともに膜の相対的な親水/疎水の程度によって影響される。また，タンパクは一種の両性電解質であるから，表面電位は，したがって膜に付着しやすさは，pH によって強く影響され，多くの場合等電点において最小となるという報告がある。

膜汚れは化学変化によっても生じ，地下水中の第 1 鉄イオンが酸化されて水酸化第 2 鉄の沈殿物の汚れ層が形成されるのはその代表例である。また，濃度分極によってリン酸カルシウムや炭酸カルシウムのような難溶性塩のスケールが膜面に形成されることもある。

膜面上でのバクテリアの増殖や細胞外ポリマーの排出など生物学的作用も，膜汚れを引き起こす原因となる。

(b) 膜汚れモデル

供給液中の膜汚れ物質の濃度を c_f，膜透過液流束を J とすると，単位時間に膜面に供給される汚れ物質の量は Jc_f であるから，そのうち膜面に付着する割合を示す係数として付着係数 ξ を導入すると，膜汚れ m の増加速度は次式で表される。

$$\frac{dm}{dt} = \xi J c_f \tag{5.36}$$

一方，いったん膜に付着した汚れが乱流の作用（turbulent burst）によって液中に再分散する速度 r_e は，Gutman[5] によってつぎのように表された。

$$r_e = \frac{\beta \tau m}{100 \mu} \tag{5.37}$$

ここに，β：乱流作用により浄化される膜面積の割合，τ：膜面上でのせん断力，μ：粘度である。

式(5.36)，(5.37)の両式の値が等しくなると，m は一定値となるが，そうした動的平衡がつねに生じるとは限らない。すなわち，乱流作用による再分散

がまったく認められないことがあるが，そうした場合においても，付着係数 ξ の値は crossflow 流速が大きいほど小さく，膜のタイプによっても大きく変わることが知られている。

Gutman[5] は膜面に到達した汚れ物質のうちで，ある反応によって不可逆的に吸着して再分散しない部分と，そうでない部分とを考えることによって，付着係数 ξ を次式で示した。

$$\xi = \frac{k_a}{k_a + k_e} \tag{5.38}$$

ここに，k_a：不可逆的吸着に関する反応定数，k_e：再分散速度定数で，$k_e = \beta \tau / 100 \mu$ である。吸着速度が速ければ $k_a \gg k_e$ で ξ は1に近く，吸着が遅いと k_e の効果が大きくなってくる。

(c) 膜性能に及ぼす膜汚れの効果

膜汚れは膜による溶質排除効率と液流束との両方に影響を及ぼす。

溶質排除に関しては正負両様の効果が生じ，一般に低分子溶質に関しては濃度分極を助長するために排除率を低下させ，逆に高分子溶質に対しては汚れ層が第2の膜として機能するため排除率が向上する。いずれにしても，溶質排除に及ぼす汚れの影響についての定量的取扱いは困難である。

液透過流束に対する汚れの影響の定量的表示は，比較的容易である。単に膜面上の汚れ層の形成のみとして扱える場合については，すでに式(5.34)に示したとおり，膜固有の抵抗に汚れ層抵抗が加算される形で液流束の低下をもたらす。また，膜汚れ量 m と R_f との関係は，つぎのような単純な扱いが可能である。

$$R_f = k_f m \tag{5.39}$$

ここに，k_f：比例定数である。

一方，汚れが膜構造内部に及ぶ場合，その影響の予測は容易ではない。

(d) 膜汚れの軽減策

原液の前処理は，最も一般的な膜汚れ対策である。原液中のコロイド性物質による膜汚れ効果は，PF（plugging factor）あるいは SDI（silt density index) という二つのパラメーターによって評価し得る。これらは，孔径 0.45 μm の MF 膜を用いて圧力 2.1 bar で dead-end ろ過を行ったときの透過流束の減少速度によって決定される。

$$\mathrm{PF} = 100\left(1 - \frac{t_i}{t_f}\right) [\%] \tag{5.40}$$

$$\mathrm{SDI} = \frac{\mathrm{PF}}{15} \tag{5.41}$$

ここに，t_i：初期にろ液 500 ml を得るのに必要な時間，t_f：15 分後にろ液 500 ml を求めるのに必要な時間である。

もちろん，こうした指標は生物処理のための固液分離操作に対しては意味がない。

膜表面の改質は，生物処理の目的にも有用な膜汚れ軽減策である。膜表面電位がコロイド粒子表面電位と同符号であるときは膜分離が円滑に行われるが，異符号であると膜汚れが極度に進んだ例がある。膜表面にある種のプロテアーゼを結合させて付着したタンパクを分解するなども試みられているが，経済性についてはわからない。膜表面の親水/疎水の度合いを変えることによって，コロイド表面の親水/疎水の性質の逆の性質を保つことも有効であるが，膜に不可逆な汚れが付着（吸着）したのち，もとの表面性質を維持しているかは疑問である。

装置的に膜汚れを軽減する一般的な方法は膜面での乱流効果を高めることであるが，そのほかに，電気的方法として，膜面上の流れの中に電場を形成して滞電した溶質粒子を電気泳動によって膜から遠ざけようという試みもある[6]。膜面を間欠的に超音波で洗浄することもできる。

(e) 膜 洗 浄

膜汚れをできるだけ抑えることは，ろ過継続時間を長く維持するうえでも重要であるが，それにもかかわらず，膜洗浄（cleaning of membranes）がまったく不要になることはない。

膜洗浄は物理洗浄（physical cleaning）と化学洗浄（chemical cleaning）

とに大別される。両者はそれぞれ単独に，あるいは併用され，あるいはまた物理洗浄単独を数回繰り返したのち，それのみによって除去し切れない汚れを除くため化学洗浄を併用するといった用い方がされる。もっとも，膜形状が複雑な場合には，物理洗浄は困難であり，化学洗浄によらざるを得ない。

　最も単純な物理洗浄は，平膜の表面を柔軟な素材でぬぐったり，水ジェットによって洗浄したりする。管状膜（内圧型）の場合，管内に直径が管径よりわずかに小さいスポンジの球型ボールを押し流し，流出側で回収する方法も可能である。逆洗（back washing）は有力な洗浄方法で，平膜，管状膜でも弱い逆圧に耐えることができるが，中空繊維状膜は強い逆洗に耐え得るものが大部分である。逆洗は，ろ過時と圧力をかける方向を反対にし，継続時間は数分以内とする。空気による逆洗を主体とした中空繊維膜モジュールを用いた方式も商品化されている。

　膜面に強固に付着した，あるいは膜細孔構造内部に捕捉された汚れに対して，さらには膜モジュールの構造が複雑に入り組んでいるときには，物理洗浄は十分でなく，化学洗浄が行われる。操作圧を低くした状態で，原液に代えて洗浄液を供給・循環するのが一般的であるが，逆洗可能な膜に対しては透過液側から洗浄液を供給することも行われる。洗浄液の機能は汚れ物質をゆるめたり溶解したり，さらには生物学的汚れに対してはそれを殺したりすることで，それゆえ洗浄液の組成は汚れ物質の性質や膜の特質によって大きく変わることとなる。

　水酸化第2鉄やカルシウム塩の汚れにはクエン酸アンモニウム溶液が，その他無機質の汚れにはシュウ酸，ヘキサメタリン酸，EDTAなどが用いられる。耐薬品性の強い膜には熱強アルカリ溶液（0.5％M　NaOH　50℃）や熱強酸溶液（0.3％M　HNO_3　45℃）を用いることもできる。有機質の汚れには次亜塩素酸溶液，洗剤，酵素入り洗剤がよく用いられる。

5.4.2　精密ろ過

　精密ろ過は通常の化学実験に用いるろ紙よりも小さい孔がある膜によるろ過

とされているが，実際に精密ろ過膜として市販されている膜の孔径は0.1～1 μm の範囲にわたっており，時には数 μm に及ぶことがある。限外ろ過との相異点は膜孔径にあり，除去の機構はもっぱらふるい作用である。モジュールの形状・種類，操作方法等は，UF とまったく同様である。生物学的処理における固液分離に対しては，通常孔径 0.1～0.3 μm の膜が用いられるので，無菌の処理水を得ることができる。

5.4.3 不織布ろ過

北尾ら[7]～[9]は，精密ろ過膜より数 10 倍～100 倍程度大きい孔径を有する多孔性シートとして不織布に着目し，これを平膜と同様に使用する固液分離法を開発した。不織布それ自体には活性汚泥を完全に分離する能力はないが，適当な flux でろ過を続けていると，長くとも 30 分以内に不織布表面に活性汚泥が付着して，一種のダイナミック膜を形成し，十分な分離能力を備えるに至る。

この方法の特長は

ⅰ) 膜素材が格段に安価であること。

ⅱ) 大きな液流束 (flux) が可能であること。

ⅲ) 大きな膜面流速を必要とせず，膜間圧力もきわめて小さくてよいため，省エネルギー性が高い。

などであるが，扱う活性汚泥の凝集性がよくないと，微細粒子によって不織布が閉塞しやすいという欠点を有する。

6 微生物反応各論

6.1 概説

　生物学的処理過程で微生物細胞の合成原料として利用されたり，分解されたりして除去されるものとしては，有機物，窒素化合物，リン化合物がおもなものであり，このほかイオウ化合物，鉄化合物，マンガン化合物なども対象となることがある。時には，分解不可能な鉱物油や銅，水銀などの重金属類，さらには粘土，シルト類などが微生物凝集体上に吸着されたり共沈を形成したりすることもあるが，これらは本来的な除去対象とはいい難い。

　つぎに，微生物は生命を維持し，細胞構成物を合成して増殖するためにエネルギーを必要とするが，それを光（phototroph）あるいは化学反応（chemotroph）に依存している。エネルギー獲得のための化学反応はいずれも酸化還元反応であり，還元剤（水素供与体あるいは電子供与体）と酸化剤（水素受容体あるいは電子受容体）との組合せにより，さらには細胞合成のための炭素源として有機物を必要とするか無機炭素を利用するかによって，微生物あるいは微生物反応の種類分けがされる。水素供与体として NH_3, NO_2^-, H_2S, S, $S_2O_3^{2-}$, Fe^{2+}, CO, H_2 等の無機物を利用するものを無機酸化生物（lithotroph），有機物を利用するものを有機酸化生物（organotroph），また炭素源として CO_2 等の無機物を利用するものを独立栄養生物もしくは自栄養生物（autotroph），有機物を必要とするものを従属栄養生物もしくは他栄養生物（heterotroph）とそれぞれ総称する。さらに，酸化還元過程において最終水素

受容体が分子状酸素であるとき好気性（aerobic），NO_3^-，SO_4^{2-}，CO_2，Fe^{3+}など分子状酸素以外の物質であるとき嫌気性（anaerobic）であるといい，さらに，分子状酸素が存在する状態でも存在しない状態でも生育できる，すなわち分子状酸素の存否によって代謝様式が異なるものを通性嫌気性（facultative anaerobic）微生物という。これらの要素に基づく微生物の分類は**表 6.1**のとおりであり，これら多様な微生物のいずれもが水処理に関与している。

つぎに，微生物に限らず生体内の反応は分解代謝（catabolism）と構成代謝（anabolism）とに大別され，前者はエネルギー供給に役立ち（発エルゴン反応，反応系自体の自由エネルギーは減少），後者は前者によってもたらされたエネルギーを利用して細胞物質の合成を行う。構成代謝は吸エルゴン反応（反応系の自由エネルギーは増加）だから自発的には進行せず，分解代謝によってエネルギーの供給を受けて進むが，両者の仲立ちとなるのがATP (adenosine 5′-triphosphate)-ADP (adenosine 5′-diphosphate) 系であり，ATPは発エルゴン反応によってADPから合成され，解離して大きなエネルギーを生じる。

$$ATP + H_2O \rightarrow ADP + H_3PO_4$$
$$\Delta G = -7.3 \text{ kcal/mol} \quad (\text{pH } 7.0) \tag{6.1}$$

ただし，細胞内の条件ではATP加水分解の自由エネルギー変化は標準自由エネルギー変化より大きく，$\Delta G = -12.0$ kcal/molである。これは反応物質の濃度が標準状態からはずれているためである。

分解代謝は発酵（fermentation）と呼吸（respiration）とに大別され，発酵は無酸素的分解を，呼吸は分子状酸素を用いて基質を酸化分解する作用をいう。したがって，発酵では有機物が水素供与体および水素受容体の両方の役割を果たすことになる。しかし，呼吸，発酵は共に各種の段階の広さの意味で使い分けられており，呼吸の最も一般的な意味は細胞が分子状酸素を吸収して生じるすべての酸化過程と表されているが，これを拡張して酸素の代わりに硝酸塩，硫酸塩などが最終電子受容体となる有機物の酸化も硝酸呼吸，硫酸呼吸などといったように呼びならわされている。発酵についても，微生物による物質

表6.1 エネルギー源と栄養要求性に基づく微生物の分類〔柳田友道:微生物化学1,学会出版センター (1980)〕

エネルギー源	炭素源	窒素源	電子供試体	電子受容体		微生物の例
光合成微生物	CO_2 (独立栄養)	N_2同化可能	H_2O	好気性	O_2	緑藻 藍藻
		化合体N	H_2S	嫌気性	有機酸	緑色硫黄細菌 紅色硫黄細菌
	有機物 (従属栄養)		H_2 有機物		有機物	紅色非硫黄細菌
化学合成微生物	CO_2 (独立栄養)	化合体N	NH_4^+	好気性	O_2	硝化細菌 *Nitrosomonas* 硝化細菌 *Nitrobacter* 水素細菌 鉄細菌 *Thiobacillus thiooxidans* *Thiobacillus denitrificans*
			NO_2^-			
			H_2			
			Fe^{2+}			
			S, $S_2O_3^{2-}$			
			S, $S_2O_3^{2-}$, H_2Sなど	嫌気性	NO_3^-	
	有機物 (従属栄養)	N_2同化可能	発酵性基質	好気性	O_2	窒素固定菌 *Azotobacter* 大腸菌, コウジカビなど *Clostridium Pasteurianum* 脱窒菌 硫酸還元菌 発酵性細菌
		化合体N				
		N_2同化可能	有機物	嫌気性	有機物（糖）	
		化合体N	有機酸, H_2		NO_3^-	
					SO_4^{2-}, SO_3^{2-}, $S_2O_3^{2-}$ など	
			発酵性基質		有機物, NO_3^-	

生産すべてを発酵と呼ぶといった語法があり，また分子状酸素による微生物学的な不完全酸化をも含めて発酵ということもある。糖やエタノールから酢酸を生じる酢酸発酵，グルコースからのグルコン酸発酵はこれに属する。

6.2 代謝作用に基づく微生物の分類

6.2.1 独立栄養生物
〔1〕 光合成微生物

光合成微生物 (phototrophs) とは,光を利用して ATP を合成し得る生物の総称で,光をエネルギー源とし,二酸化炭素を主炭素源とする光合成独立栄養生物 (photoautotroph) と,光をエネルギー源,有機化合物を主炭素源とする光合成従属栄養生物 (photoheterotroph) とに大別され,藻類,藍藻 (blue-green algae) および3科の細菌,すなわち緑色硫黄細菌,紅色硫黄細菌,紅色非硫黄細菌に分類される。

高等植物と藻類および原核生物である藍藻は,H_2O を水素供与体として CO_2 を還元して糖を合成し,O_2 を放出する(植物型光合成)。

$$CO_2 + H_2O \underset{呼吸}{\overset{光合成}{\rightleftarrows}} (CH_2O) + O_2, \quad \Delta G = 114 \text{ kcal/mol}$$

CO_2 1分子当り 114 kcal が光のエネルギーによって供給される。

一方,光合成細菌では,H_2O に代わって,種々の還元された無機化合物や有機物を水素供与体として利用する。水素供与体を H_2D と表せば

$$CO_2 + 2H_2D \xrightarrow{h\nu} (CH_2O) + H_2O + 2D$$

として一般に表すことができる。

水素受容体としては,多くの場合 CO_2 が用いられるが,N_2 を還元して窒素固定をしたり,H^+ を還元して H_2 を発生するものもある。

光合成生物は単に糖類を合成するだけでなく,それを細胞物質に変換する。そうした総合的な反応式として,N,P をも含む以下のような式が用いられる。

$$106 CO_2 + 16 HNO_3 + H_3PO_4 + 122 H_2O \text{ (＋微量元素,エネルギー)}$$
$$= (CH_2O)_{106}(NH_3)_{16}H_3PO_4 + 138 O_2$$

これより，藻類の合成に必要な C：N：P の比は 41：7.2：1 となる。

〔2〕 化学合成微生物

化学合成微生物（chemotroph）とは，化学エネルギーを用いて二酸化炭素を主炭素源として生育する化学合成独立栄養微生物（chemoautotroph）と，化学エネルギーを用いて有機化合物を主炭素源として生育する化学合成従属栄養微生物（chemoheterotroph）とに二大別できる。

化学合成独立栄養細菌（chemoautotrophic bacteria）のうち，無機物（NH_4^+，NO_2^-，H_2，S^{2-}，S^0 など）をエネルギー源とするものは化学合成無機栄養細菌（chemolithotrophic bacteria）と呼ばれ，用・排水処理と関係の深いものが多い。

これらの細菌の反応を表 6.2 に示した。この表に見られるように，これらの細菌が行う反応によって発生するエネルギーは有機物の完全酸化によって得ら

表 6.2 無機物を基質として好気呼吸を行う独立栄養細菌の反応

一般名	菌 名	酸化反応	発生エネルギー〔kcal/mol〕	自由エネルギー効率〔％〕
亜硝酸細菌	Nitrosomonas Nitrosococcus Nitrosocystis[†] Nitrosogloea[†] Nitrosospira	$NH_3+1.5\,O_2 \rightarrow$ $NO_2^-+H^++H_2O$	65.1	max. 20
硝酸細菌	Nitrobacter Nitrosocystis[†]	$NO_2^-+1/2\,O_2 \rightarrow NO_3^-$	18.1	—
水素細菌	Hydrogenomonas Scenedesmus[††]	$H_2+1/2\,O_2 \rightarrow H_2O$	56.7	30
鉄細菌	Thiobacillus ferrooxidans Sphaerotilus Gallionella	$Fe^{2+}+H^++1/4\,O_2 \rightarrow$ $Fe^{3+}+1/2\,H_2O$	17	3
無色硫黄細菌	Thiobacillus thiooxidans Th. thioparus Th. neapolitanus Th. novellus	$H_2S+1/2\,O_2 \rightarrow S+H_2O$ $S+1.5\,O_2+H_2O \rightarrow$ $SO_4^{2-}+2\,H^+$	50.1 149.8	— max. 50

[†] この付属は Bergey's Manual（8版）では認められていない。
[††] これは緑藻の一部である。

れるものより1けた程度小さく,しかもその利用効率も低めのものが多い。このことは,これらの細菌の比増殖速度が小さいことを意味する。ゆえに,水処理という観点からは,いかにして処理系内にこれらの細菌を多量に集積させるかが重要である。

この種の細菌が,増殖が不活発であるという不利な条件を負っているにもかかわらず自然環境に広く分布しているのは,一般にこれらの細菌が,他の微生物の棲息に不適当な環境に棲息しているからである。亜硝酸細菌や硝酸細菌は有機物濃度が低い環境に,鉄細菌や硫黄細菌は耐酸性の性質を備えていて他の多くの微生物が棲息し得ないような酸性の環境に,それぞれ棲息することによってその存在の確保を容易にしている。

(a) 硝化細菌

硝化細菌(nitrifying bacteria)には,アンモニア性窒素を亜硝酸性窒素に酸化する亜硝酸細菌(*Nitrosomonas*)と,亜硝酸性窒素の硝酸性窒素への酸化を行う硝酸細菌(*Nitrobacter*)とがある。アンモニア性窒素の亜硝酸性窒素への酸化は,つぎの2段階に区分できる。

$$NH_3 + \frac{1}{2}O_2 \rightarrow NH_2OH \quad (\varDelta G = 3.85 \text{ kcal/mol})$$

$$NH_2OH + O_2 \rightarrow NO_2^- + H_2O + H^+ \quad (\varDelta G = -68.89 \text{ kcal/mol})$$

Nitrobacter による酸化は,つぎのように表される。

$$NO_2^- + \frac{1}{2}O_2 \rightarrow NO_3^- \quad (\varDelta G = -17.5 \text{ kcal/mol})$$

Nitrobacter には,通性独立栄養,すなわち電子供与体として無機物か有機物,炭素源として CO_2 か有機物のそれぞれいずれかを用い得るもの(例;*Nitrobacter agilis*)がある。

Nitrosomonas と *Nitrobacter* の作用を総括すると

$$NH_3 + 2O_2 \rightarrow NO_3^- + H^+ + H_2O \quad (\varDelta G = -83.5 \text{ kcal/mol})$$

すなわち,1 mol のアンモニア性窒素が 1 mol の硝酸性窒素に酸化される。

さらに,独立栄養細菌としての無機炭素源よりの細胞合成も含めた物質収支

を示す式として次式が与えられている。

$Nitrosomonas$: $55\,NH_4^+ + 5\,CO_2 + 76\,O_2$
$$\rightarrow C_5H_7NO_2 + 54\,NO_2^- + 52\,H_2O + 109\,H^+$$

$Nitrobacter$: $400\,NO_2^- + 5\,CO_2 + NH_4^+ + 195\,O_2 + 2\,H_2O$
$$\rightarrow C_5H_7NO_2 + 400\,NO_3^- + H^+$$

両者を合わせると

$$NH_4^+ + 0.103\,CO_2 + 1.86\,O_2$$
$$\rightarrow \underbrace{0.0182\,C_5H_7NO_2}_{Nitrosomonas} + \underbrace{0.00245\,C_5H_7NO_2}_{Nitrobacter} + 0.979\,NO_3^- + 1.98\,H^+ + 0.938\,H_2O$$

ここに，$C_5H_7NO_2$ は細胞物質（硝化細菌の菌体）を表す．この式より，硝化された窒素の 4.25 倍量の酸素と 7.07 倍量のアルカリ度が消費されるのに対し，菌体の生成量は $Nitrosomonas$ が 0.147 倍量，$Nitrobacter$ は 0.020 倍量にすぎないことがわかる．

硝化細菌の育生に対する影響因子としては，水温，pH，溶存酸素などがある．

Jenkins[1] は，$Nitrosomonas$ と $Nitrobacter$ の比増殖速度を次式のような温度の関数として表した．

$$\left.\begin{array}{l}\mu_n = 0.47\,e^{0.098(T-15)} \\ \mu_m = 0.79\,e^{0.069(T-15)}\end{array}\right\} \quad (6.2)$$

ここに，μ_n, μ_m : $Nitrosomonas$ および $Nitrobacter$ の比増殖速度〔day^{-1}〕，e：自然対数の底，T：水温〔℃〕である．

式(6.1)によれば，10℃の水温上昇によって μ_n, μ_m はそれぞれ 2.66 倍および 1.99 倍に増大することになる．

Sutton ら[2] は，$Nitrosomonas$ の増殖速度（したがってアンモニア性窒素の除去速度）が，アレニウス式に従い，反応速度定数が次式で表され，活性化エネルギー E と頻度因子 A は**表 6.3** のようになることを示した．

$$K = K^* e^{-E/R}\left(\frac{1}{T} - \frac{1}{T_0}\right) \quad (6.3)$$

表6.3 硝化反応における活性化エネルギーと頻度因子

反応様式	活性化エネルギー E 〔cal/g-mol〕	頻度因子 A
Separate Sludge：		
4-day SRT	25 900	2.15×10^{18}
7-day SRT	20 000	6.60×10^{13}
10-day SRT	15 050	1.51×10^{10}
Combined Sludge：		
4-day SRT	25 100	3.08×10^{17}
7-day SRT	21 250	2.89×10^{14}
10-day SRT	11 900	3.18×10^{17}

ここに，$K^* = Ae^{-E/RT_0}$，K：反応速度定数〔h^{-1}〕，A：頻度因子，E：活性化エネルギー〔cal/g-mol〕，R：気体定数〔cal/g-mol・K〕，T：絶対温度〔K〕，T_0：測定温度範囲（5～25℃）の中央値〔K〕。

表6.3から，SRTが長いほど活性化エネルギーが小さく，すなわち温度依存性が低くなること，および，BOD酸化菌と硝化細菌との共存系であるCombined SludgeにおいてはSRTが長くなっても活性度（A）はあまり低下しないのに対して，硝化細菌の純度がより高いと考えられるSeparate Sludgeにおいては，SRTが長くなるとAが急激に低下することがわかる。

硝化細菌に対する至適pHは，一般に *Nitrobacter* よりも *Nitrosomonas* の方が高pH域を好むとされ，一例として，図6.1のようなpH依存性が示されている[3]。しかし，硝化速度のpH依存性については，研究報告による差が大きく，HaugとMcCarty[4]は図6.2のようにpH 7以上で有意の差を認めていず，EngelとAlexander[5]もHaugらと同様の結果を得ているのに対して，Myerhof[6]ははるかに鋭敏な影響を認めている（図6.3）。しかし，共通しているのはpH 8～9の間で *Nitrosomonas* の活性が最大となることである。

Nitrosomonas の増殖に及ぼすアンモニア性窒素濃度の影響は，アンモニア性窒素を成長に必要な基質としてMonod式（3章の式(3.68)）で増殖速度を表すとき，K_sは0.5 mg/l前後あるいは0.1 mg/lといった低値が示されており，各種の排水処理においては，アンモニア性窒素濃度によらない一定速度

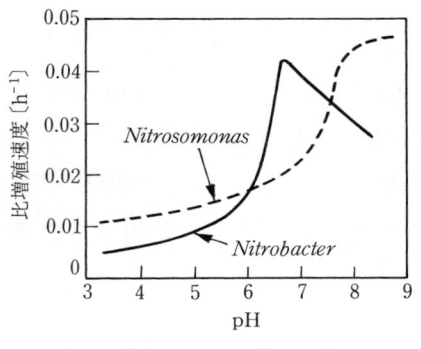

図 6.1 pH と硝化細菌の比増殖[3]

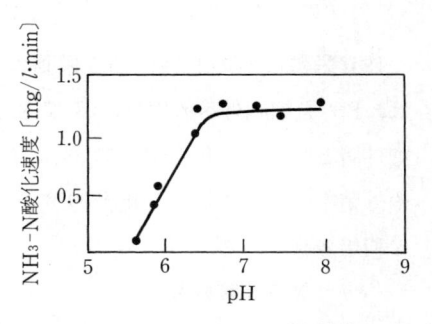

図 6.2 pH と NH_3-N 酸化速度[4]

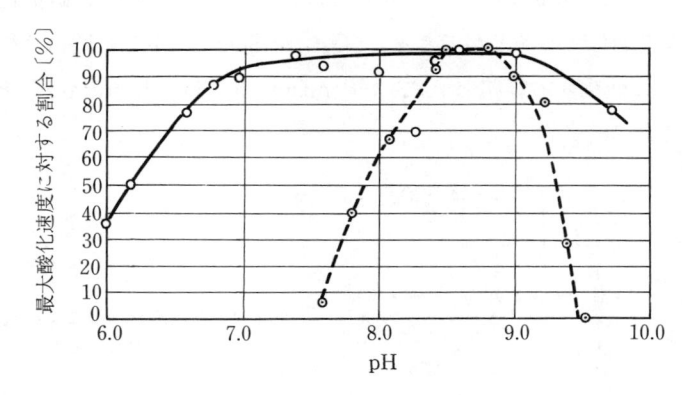

―○―：Engel と Alexander[5] より
…◎…：Myerhof[6] より

図 6.3 *Nitrosomonas* の活性度に対する pH の影響

で，すなわち 0 次反応として進行するものとしてよい。

溶存酸素は，$0.5\,\mathrm{mg}/l$ 以上[7] ないしは $1\,\mathrm{mg}/l$ 以上[8] 存在すれば十分であるとされている。

有機物の存在は直接的には硝化を阻害しないが，溶存酸素の競合や SRT に影響を与える形で，強い抑制作用を及ぼすことがある。

(b) 鉄 細 菌

2 価の鉄を 3 価の鉄に酸化することによって，エネルギーを獲得する。

$$\text{Fe}^{2+} + \text{H}^+ + \frac{1}{4}\text{O}_2 \rightarrow \text{Fe}^{3+} + \frac{1}{2}\text{H}_2\text{O} \qquad \varDelta G = -17 \text{ kcal/mol} \qquad (6.4)$$

独立栄養のものと通性独立栄養のものとがある。鉄細菌（iron bacteria）は，F^{3+}を細胞外へ放出し，莢膜内で$\text{Fe}(\text{OH})_3$として沈殿を形成したり，細胞外層とキレート化合物を形成して沈着したりするので，これらの細菌の莢膜や外鞘中には不溶性の鉄化合物が存在しており，鉱山排水の処理や用水の除鉄に利用されている。

（c）無色硫黄細菌

単体硫黄を含む多くの硫黄化合物を酸化する。無色硫黄細菌による硫黄化合物の酸化過程は，図 6.4 のように要約され，各種の酸化段階の硫黄化合物をSO_4^{2-}にまで酸化することができる。SO_3^{2-}がSO_4^{2-}に至る経路は 2 種あり，直接SO_4^{2-}に酸化する経路と APS（adenosine 5′-phosphosulfate）を経由する経路とである。

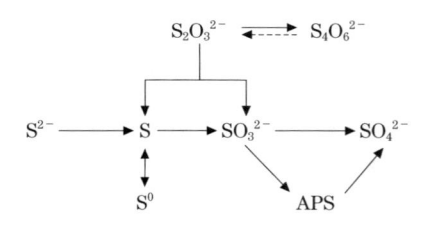

図 6.4 無色硫黄細菌による硫黄化合物の酸化過程

6.2.2 従属栄養生物

〔1〕 光合成従属栄養微生物

光合成従属栄養微生物（photoheterotroph）は，光をエネルギー源とし，有機物を主炭素源として，また，二酸化炭素還元のための電子供与体として利用する。*Rhodopseudomonas* などの細菌がこれに属し，し尿，食品排水などの処理に用いられることがある。

〔2〕 化学合成従属栄養微生物

化学合成従属栄養微生物（chemoheterotroph）は，化学エネルギーを用い，有機化合物を主炭素源とするが，エネルギー源と炭素源の区別が不明瞭で，同

一の有機物を利用することが多い。非常に多種にわたり，分布も広い。

(a) 好気性微生物

好気性微生物(aerobic chemoheterotroph)は，水素供与体および炭素源として有機物を，電子受容体として分子状酸素を用いる。しかし，たいていの場合水素供与体と炭素源との区別は明確でなく，同一の有機物が用いられる。

代表的な例として，多くの炭水化物はグルコースにまで加水分解されたのち，解糖系を経てピルビン酸に変化する。その際グルコース1分子当り2分子のATPと2分子のNADH(還元型のNAD: nicotineamide adenine dinucleotide)が生成する。NADHが酸化されると，3分子のATPが生成するので，解糖系において1分子のグルコース当り都合8分子のATPが得られる。ピルビン酸は，TCA回路(tricarboxylic acid cycle)によってCO_2とH_2Oとに完全に酸化され，それに伴って30分子のATPが得られる。

グルコースが化学的に完全に酸化される際の反応熱は686 kcalであり，ATP合成のエネルギーを7 kcal/molとすると，好気性分解のエネルギー獲得効率は約40％となる。

グルコースの乳酸発酵やアルコール発酵においては，グルコース1分子当り2分子のATPしか得られない。好気性分解における菌体収率の大きさは，エネルギー獲得の大きさに由来する。

好気性反応は

$$C_aH_bO_c + \left(a + \frac{b}{4} - c\right)O_2 \rightarrow aCO_2 + \frac{b}{2}H_2O \tag{6.5}$$

と要約できる。菌体生成をも含めた収支式の求め方については，3.1.3項で述べた。

(b) 嫌気性細菌

嫌気性細菌(anaerobic chemoheterotroph)は，最終水素受容体として，分子状酸素以外のもの，すなわち硫黄酸化物(SO_4^{2-}, $S_2O_3^{2-}$)，硝酸塩，炭酸塩などの無機物およびフマール酸などの有機物を用いる。柳田[9]は，これらの嫌気性呼吸基質を用いる微生物を**表6.4**のように表示している。

表6.4 硫酸還元菌，硝酸還元菌（脱窒菌），メタン生成菌，フマール酸還元菌における嫌気呼吸の基質と生成物

電子供与体	電子受容体	還元生成物	菌 名
H_2, 有機物	SO_4^{2-}, $S_2O_3^{2-}$	H_2S	*Desulfovibrio desulfuricans*, *Dv. gigas*, *Dv. africanus*（胞子非形成菌） *Desulfotomaculum nigrificans*, *Dt. orientis*, *Dt. ruminis*（胞子形成菌）
H_2, 有機物 S 化合物 NADH, 有機物 NAD(P)H, 有機物	NO_3^- NO_3^- NO_3^- NO_3^-	N_2 N_2 N_2 NO_2^-	*Paracoccus denitrificans* *Thiobacillus denitrificans* *Pseudomonas denitrificans* 腸内細菌, *Corynebacterium*, *Staphylococcus*, *Bucillus pumillus*, *B. licheniformis*, *Spirillum*
脂肪酸, アルコール, CO, H_2	CO_2	CH_4	*Methanobacterium*, *Methanospirillum*, *Methanococcus*, *Methanosarcina*
H_2, NADH, ギ酸, グリセロール, 炭水化物	フマール酸	コハク酸	*Veillonella*, *Streptococcus*, *B. megaterium*, *Escherichia*, その他動物では回虫

硫酸還元菌はすべて偏性嫌気性で，硝酸還元菌の多くは通気嫌気性である。

硫酸還元菌は，硫酸（SO_4^{2-}）→亜硫酸（SO_3^{2-}）→トリチオン酸（$S_3O_6^{2-}$）→チオ硫酸（$S_2O_3^{2-}$）→硫化水素（H_2S）のように還元反応を進めるとされ，種々の酸化段階の硫黄を還元することができる。硫酸還元の酸化還元電位は酸素や硝酸のそれよりずっと低いので，酸素や硝酸の共存する系では，通常硫酸還元は起こらない。

硝酸還元菌は，硝酸の異化的還元の結果，NO_2^-, N_2O, N_2, NH_4^+ など種々の酸化段階の窒素を生成する。異化的硝酸還元の第1段階は NO_3^- の NO_2^- への還元で，多くの硝酸還元菌の還元反応はこの段階で終わり，NO_2^- が蓄積する。しかし，脱窒菌（denifrifier）と呼ばれる細菌群は，NO_3^- を N_2 にまで還元する。脱窒反応の過程で NO や N_2O が中間生成物として生成し，N_2O はガス体として細胞外に放出されることもあるが，N_2O 還元酵素によって還元され，N_2 ガスとなって放出されるのが普通である。

メタン生成細菌はすべて偏性嫌気性細菌で，H_2 によって CO_2 を還元してメ

タンを生成する。メタンの生成の基質としては，H_2 と CO_2 のほかに，CO，HCOOH，CH_3OH，CH_3COOH を用いるものもある。メタン菌の中には，独立栄養による増殖，すなわち CO_2 を唯一の炭素源とする増殖を行うものが多い。

メタン菌は上述のようにごく限られた基質しか利用せず，多様な有機物が共存している微生物群によってこれらの物質にまで分解されたあと，メタン生成を行うものと考えられる。

メタン菌にはチトクロムは見いだされず，代わりに F_{420} という酸化還元物質が電子伝達系の中間体としてはたらいている。これは，分子量約600，酸化型のとき 420 nm に吸収極大を示して青緑色の蛍光を発する物質で，メタン菌の定量に利用できる。

メタン発酵における物質収支は，次式のように要約して示すことができる。

$$C_aH_bO_c + \left(a - \frac{b}{4} - \frac{c}{2}\right)H_2O \to \left(\frac{a}{2} + \frac{b}{8} - \frac{c}{4}\right)CH_4 + \left(\frac{a}{2} - \frac{b}{8} + \frac{c}{4}\right)CO_2$$

例えば，酢酸に対しては

$$CH_3COOH \to CH_4 + CO_2$$

である。

メタン菌一般の著しい特徴は，菌体収率が小さく，ひいては比増殖率が小さいことであり，例えば McCarty[10] は，表 6.5 を示している。

表 6.5 各種基質のメタン発酵

基 質	最大基質消費量 〔g-基質/細菌・day〕	菌体収率 〔g-細菌/g-基質〕	増殖率[†] 〔/day〕
メタノール	3.1	0.16	0.50
ギ 酸	22.0	0.022	0.48
酢 酸	2.1	0.073	0.15
プロピオン酸	2.7	0.043	0.12

[†] 最大基質消費量の菌体収率との積

7 好気性の生物処理法

7.1 浮遊生物法と固着生物法

　好気性生物処理に限らず，一般に生物学的処理装置は一種の培養装置と見なされ，生物反応槽内に多量の微生物を保持する必要がある。それを実現する方法として浮遊生物法（suspended microbe methods）と固着生物法（fixed microbe methods）とがあり，時には両者を併用することもある。

　浮遊生物法は活性汚泥法（activated sludge process）とも呼ばれ，生物が浮遊・かくはんされた状態で作用し，反応終了後最終沈殿池で上澄液（処理水）と濃縮された汚泥（返送汚泥：return sludge）に分けられ，返送汚泥として生物反応槽に戻すことによって，反応槽（ばっ気槽：aeration tank）内の生物量が維持される。

　一方，固着生物法は生物膜法（microbial film methods）とも呼ばれ，種々の固体媒体上に増殖・付着した生物による方法であり，基本的には生物量を任意に制御する手段をもたない。生物膜法には，散水ろ床法（trickling filter process），接触ばっ気法（aerated submerged filter process），回転板接触法（rotating biological contactor process）やそれらの各種変法など，さまざまな方法が開発されている。

　両者の大まかな利害損失は，つぎのようである。
　ⅰ）　活性汚泥法は，浄化能力とその制御性が共に優れた処理法であるが，生物膜法より高い維持管理技術を必要とする。逆に，生物膜法は，維持管

理が簡単である反面，制御できる要素は少ない。

ii） 生物膜法では微生物が固定されているため，流量・流速の変動に強い。また，活性汚泥における難問の一つである汚泥の膨化現象（バルキング）と無関係である。

iii） その他，一般に生物膜法の方が水温，DO，基質濃度等の環境の変化に対して，機能の安定性が高い。

　　しかし，活性汚泥法においても，処理水と活性汚泥との分離を沈殿によらない処理法（浮上分離，膜・不織布ろ過等）が出現し，両者の利害得失は必ずしも上記のように明確でなくなった。また，浮遊生物と生物膜を併用する処理法もある[1〜4]。活性汚泥と生物膜の共存は，SVI など活性汚泥の性状に好影響を与えるとともに，生物膜法としての見地よりは，その制御性を高めることとなる。

iv） 生物膜中には，増殖速度の遅い硝化菌や微小高等動物が生育しやすい。すなわち，硝化に好都合であり，生物相の多様性に富むため食物連鎖が長く，余剰汚泥の発生量が少ない。

7.2　好気性生物処理に関与する微生物

　好気性処理において出現する微生物は，細菌，真菌，藻菌，甲殻類，線形動物，扁形（へんけい）動物なども含まれる。それらの性状，特質を**表7.1**に示す。

　微生物の温度依存性による分類を表3.9に，比増殖速度 μ および倍加時間 t_d で示した増殖速度を表3.8にそれぞれ示した。

　また，これら微生物のエネルギー源と栄養要求に基づく分類については，表6.1に示した。

　一般に細胞重量の小さなものほど増殖速度が大きく，原生動物の μ は後生動物より1けた大きく，細菌の μ は原生動物よりさらに1けた大きいが，細菌であっても *Nitrosomonas sp.* のように増殖速度の遅い細菌もある。この細菌が獲得し得るエネルギーの少ない反応に依存しているためであると考えられ

表7.1 生物処理に関する微生物とその特徴

種類	大きさ〔μm〕	栄養	特徴など
細菌 (bacteria)	0.5～5	主として化学栄養性	単細胞、2分裂により増殖。*Zooglearamigera*, *Flavobacterium*, *Pseudomonas*, *Sphaerotilus* など
真菌	5～10	有機物	多細胞、好気性。細菌よりも湿度やpHが低い条件で生息可能。散水ろ床にしばしば出現。*Aspergillus niger* など
藻類 (algae)		CO_2, N, P など	単細胞ないし多細胞。光合成を行う(色素をもつ)。有性生殖および無性生殖。藍藻類、緑藻類、珪藻類など多くの種類がある
原生動物 (protozoa)	10～100	固形物を捕食する	単細胞動物。2分裂で増殖。好気性。運動性を有する。偽足虫類(ミドリムシ、ユーグレナなど)、胞子虫類、繊毛虫類(ゾウリムシ、ツリガネムシ、クチビルムレケムシ、ムレケムシなど)
その他			甲殻類(*Crustaceans*, ミジンコなど)、環形動物(*Annelida*, イトミミズなど)、線形動物(*Nemathelminthes*) など

る。

　一方，原生動物や後生動物の増殖速度が細菌に比べて遅いのは，細胞重量当りの基質消費速度が小さいためである。

　また，藻類の増殖速度が細菌に比べて1～2けた小さいことは，藻類による光合成作用によって発生する酸素を利用している酸化池の滞留時間がきわめて長いことに対応するものである。

　一般に，増殖速度の遅い微生物を利用する生物反応槽の効率を高めるためには，その生物の平均滞留時間を水理学的滞留時間よりもいかにして高めるかが肝要である。活性汚泥法における汚泥返送や膜分離，さらには生物膜法や微生物固定化法などはそうした目的を実現するための手法とみることができる。

7.3　生物酸化の原理と酸素利用

　有機性排水と生物性汚泥とを接触させると，つぎのような現象に基づいて浄化作用が進行する。

ⅰ) 生物性汚泥による溶解性物質の吸着，摂取ならびに代謝。

ⅱ) 生物性汚泥による浮遊懸濁性ないしはコロイド性汚泥物質の吸着ならびに凝集，さらにはそれらの可溶化，分解。

ⅲ) 生物性汚泥の沈降等による分離。

これらのうち，生物学処理に固有で，かつ最重要なものはⅰ)である。微生物は，有機物質を分解し，それによって獲得したエネルギーをその生体機能，すなわち生体再生産，増殖，運動などのために利用する。これらの作用は，有機物質および細胞物質をそれぞれCOH_2NSおよび$C_5H_7NO_2$で示すと，次式のように反応式として表示できる。

有機物質の酸化：$COH_2NS + O_2$

$$\rightarrow CO_2 + H_2O + NH_3 + SO_4 - \varDelta H \tag{7.1}$$

細胞物質の合成：$COH_2NS + NH_3 + O_2$

$$\rightarrow C_5H_7NO_2 + CO_2 + H_2O + SO_4 - \varDelta H \tag{7.2}$$

細胞物質の酸化：$C_5H_7NO_2 + O_2$

$$\rightarrow CO_2 + H_2O + NH_3 - \varDelta H \tag{7.3}$$

したがって，生物酸化に必要とされる酸素量は除去される有機物質に比例する部分と酸化される細胞物質に比例する部分とからなり，後者の速度は存在する細胞物質の量（揮発性浮遊物質量で表示）に比例するとすると，酸素の必要量は次式で求められる。

$$O_2 \text{[kg/day]} = a' \times (除去された \text{ BOD [kg/day]}) + b' \times (\text{MLVSS [kg]}) \tag{7.4}$$

すなわち，3章の式(3.99)と同一の式となる。

7.4 酸素の供給

生物反応槽への酸素の供給に関しての移動現象に関連した基礎的諸問題については，4章で述べた。ここでは，具体的な供給装置や方法について述べる。

7.4.1 散気式ばっ気

セラミック製，プラスチック製，鋼板などの多孔性の材あるいは板の小孔から細かい気泡を発生させる方式，比較的大きい孔から発生する気泡を水流を利用してせん断破壊する方式，同じく粗大気泡を発生させ，タービンなどを用いて機械的にせん断破壊する方式がある。

小孔から気泡を発生させる方式では，散気板自体での圧力損失が大きいことに加えて，空気中の微粒状物質や生物反応槽内液中の種々の物質により目づまりを生じるので，送風機の前段にエアフィルタを設ける必要がある。**図7.1**に散気装置の実例を示す。散気方式は，生物反応槽底部長辺に沿って槽の片側に配置される場合（旋回流式）と，底部全体に配置する場合（全面ばっ気式，畝

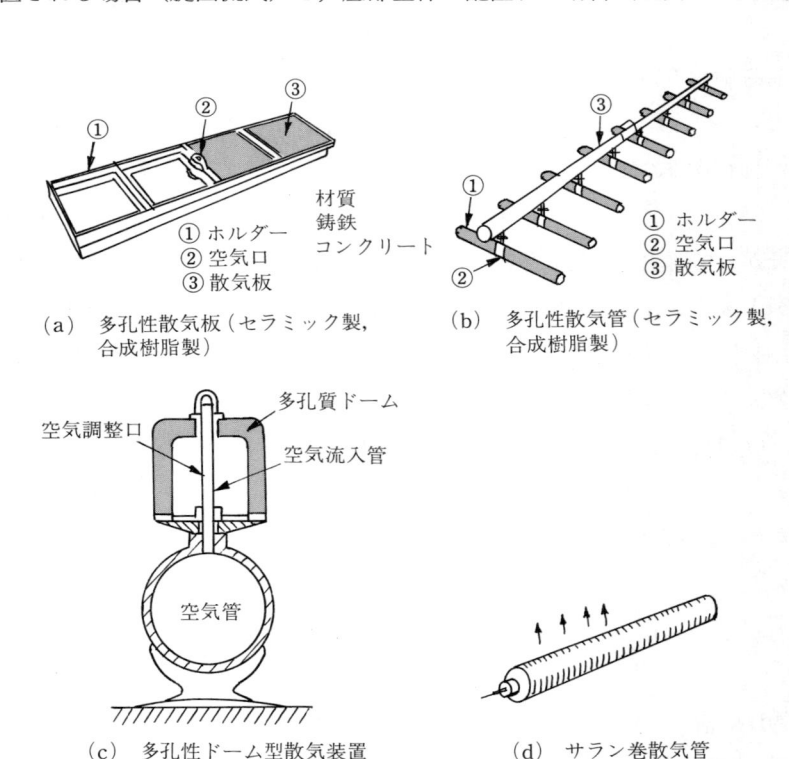

（a）多孔性散気板（セラミック製，合成樹脂製）
① ホルダー
② 空気口
③ 散気板
材質 鋳鉄 コンクリート

（b）多孔性散気管（セラミック製，合成樹脂製）
① ホルダー
② 空気口
③ 散気板

（c）多孔性ドーム型散気装置（磁器製，セラミック製）
多孔質ドーム
空気調整口
空気流入管
空気管

（d）サラン巻散気管

図7.1 各種の散気装置（1）：多孔性散気装置

7.4 酸素の供給　　*173*

溝式）とがある（**図7.2**）。また，水面下 80 cm 程度に散気装置を設置して，阻流壁を併設することによって槽全体にわたって旋回流を起こす低圧式（インカ方式）や深層ばっ気式など，水深よりかなり浅い位置より散気することもあ

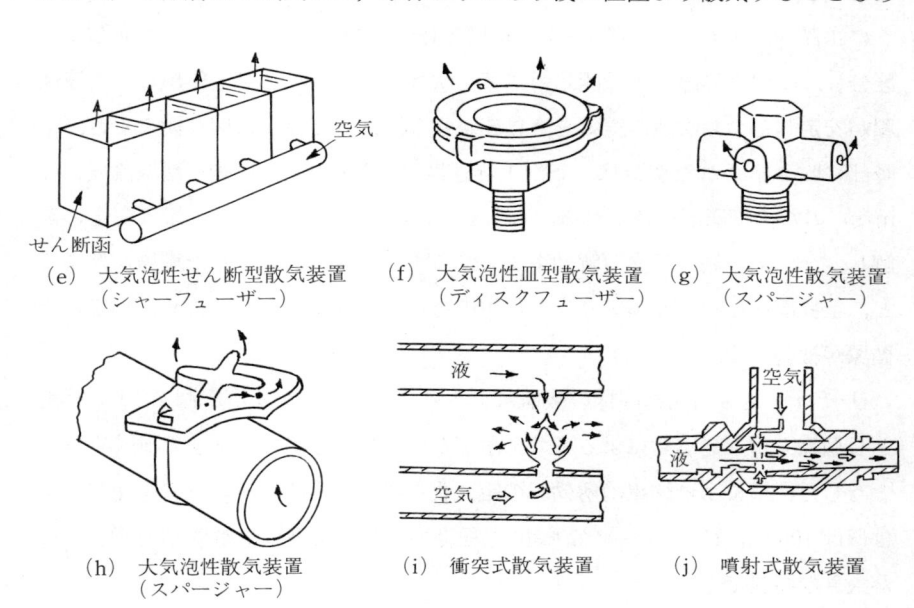

(e) 大気泡性せん断型散気装置
　　（シャーフューザー）

(f) 大気泡性皿型散気装置
　　（ディスクフューザー）

(g) 大気泡性散気装置
　　（スパージャー）

(h) 大気泡性散気装置
　　（スパージャー）

(i) 衝突式散気装置

(j) 噴射式散気装置

図7.1　各種の散気装置（2）：非多孔性散気装置

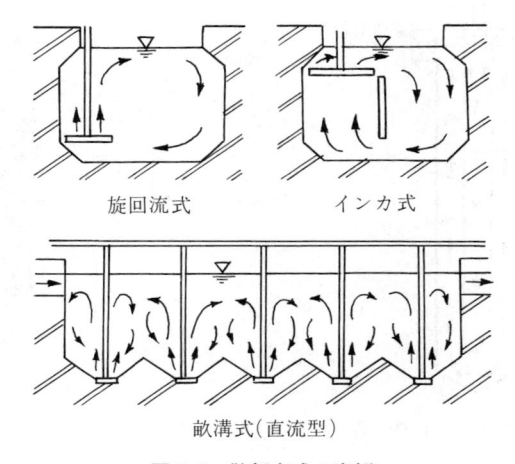

旋回流式　　　インカ式

畝溝式（直流型）

図7.2　散気方式の実例

174   7. 好気性の生物処理法

る。

　超深層ばっ気式としてディープシャフト法[5]やU-チューブ法[6]という名称の特異なばっ気方法を用いるものがある。ディープシャフト法は，**図7.3**のように水深50〜150 m，直径1〜6 m程度のばっ気槽を液の上昇部と下降部とに区分し，まず上昇部に循環開始用空気を吹き込み，エアリフト作用による液循環が安定したのち吹込み空気を上昇部から下降部へと徐々に切り換えると，下降部に吹き込まれた空気は，気泡上昇速度（0.3 m/s）より速い循環流（1〜2 m/s）のため槽底部へ運ばれる。このとき，高い静水圧のため空気は完全に溶解し，きわめて高い酸素溶解効率をもたらす。いったんこうした循環が始まると，上昇部にはたらくエアリフト作用の方が下降部より大きいため，安定した循環が継続する。

　U-チューブも当初は同様の機構によるものであったが，槽水深を10 m程度とし循環をポンプ駆動によるものに重点が切り換えられている。石田ら[7]は，こうした機構による酸素溶解効率の定式化を試みている。ディープシャフトではほぼ100 %，U-チューブでも40 %程度のきわめて高い溶解効率を示すことが大きな特長である。

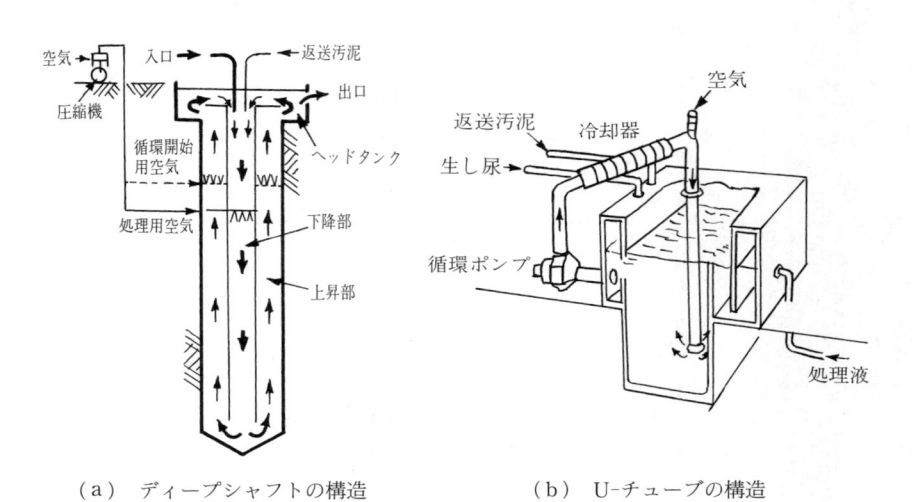

（a） ディープシャフトの構造　　　　（b） U-チューブの構造

図7.3　超深層ばっ気方式

7.4.2 機械式ばっ気

機械式ばっ気装置は，パドル，ブラシ，タービン等を水面で回転させ，せん断作用によって気泡を水中に導入したり，吸い上げ作用によって生物反応槽内液を水面上に飛散させたりして気液接触を図るものである。

代表的なものとして，ケスナーブラシ，シンプレックス・ハイコーン，スクリュー方式，縦軸型ばっ気方式などがある（図7.4）。

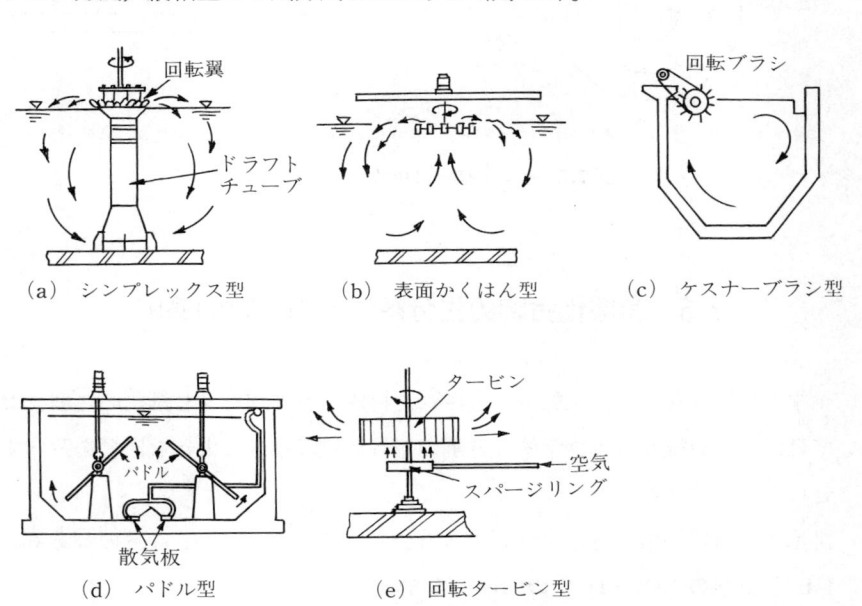

(a) シンプレックス型
(b) 表面かくはん型
(c) ケスナーブラシ型
(d) パドル型
(e) 回転タービン型

図7.4　機械式ばっ気装置

7.4.3 併用式ばっ気

散気と機械的水流を併用するばっ気装置として，図7.5に示すようなものがある。軸流ポンプによって，気液混相下向流をドラフトチューブ内に発生させ，これを下流側の槽底部より吹き出させる方式や，散気装置による槽底部よりの散気とプロペラによる水平流とを併用する方式などがあり，主としてオキシデーションディッチにおいて使用される。

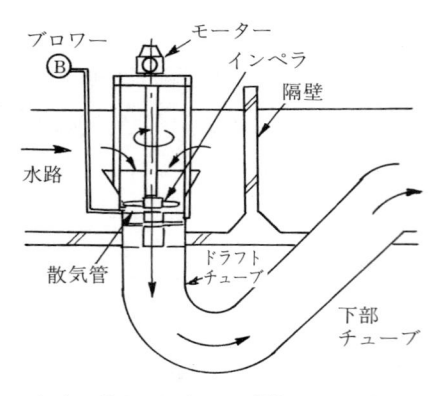

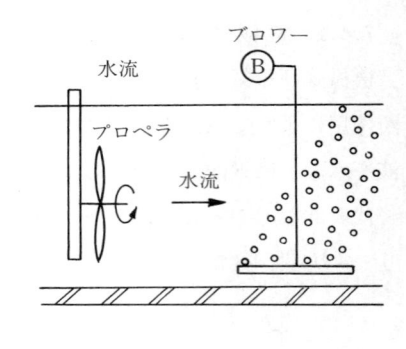

(a) ドラフトチューブ型エアレーター　　(b) プロペラ併用型エアレーター

図7.5　散気・機械併用型エアレーター

7.5　有機化合物の生分解性と微生物の適応

　化学工場排水など，人工的に合成された特殊な有機物を含む排水の処理においては，その有機物の生物学的な分解の難易が処理効果に大きな影響を及ぼすことはいうまでもない。

　排水中の有機物の分解性を評価する方法として，つぎのようなものがある。

〔1〕　排水のBOD/TODの比による方法

　一般にTOD（全酸素要求量，COD_{cr}で代用可である場合が多い）は生分解性の良否と関係なく有機物が完全に酸化されたときの酸素要求量であるから，BOD/TODは有機物のうちで，生分解可能な物質の割合と関係が深いと考えられる。BOD/TODが0.6以上であれば分解は容易，0.2以下であれば生物処理は困難，0.2～0.6のときは目的によって考慮すべきであるとされている。基質が既知であるときは，TODの代わりにThOD（理論的酸素要求量）を用いることができる。

〔2〕　呼吸活性の測定による方法[8)～11)]

　ワールブルグ検圧計，溶存酸素分圧計などを用いて，供試排水と活性汚泥の

混合液について呼吸活性度〔mg-O_2/g-MLSS・h〕を測定し,グルコース水溶液,合成下水など易分解性排水での測定値と比較して相対的な分解の難易を判定する。また,呼吸活性度と排水の濃度との間に,**図7.6**に示すような関係が認められるとき,基質の分解性・毒性について,①〜④に示したような判断がされる。

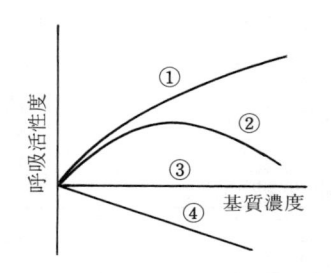

①:分解性有,毒性無
②:分解性有,毒性有
③:分解性無,毒性無
④:分解性無,毒性有

図7.6 呼吸活性度による生分解性の判定

〔3〕 処 理 試 験

より実際の状態に近い試験として,回分式あるいは連続式の処理試験が行われる。回分式試験では,排水と活性汚泥の混合液をばっ気しつつ,水質の経時変化を追跡する。あるいは1日1回程度の fill-and-draw 方式(半回分式)で,経日的な水質変化を調べる。連続的な装置を用いて,実際の運転条件を検討するとともに,処理効果を確かめることもできる。基質に毒性があり低濃度で供給しなければならないときには,固着生物法で分解菌の集殖を行うとよい。

7.6 各種有機化合物の生分解性[10]

一般に疎水性分子ないしは基は分解しにくく,それに酸素原子を導入すると,親水性が増すため,分解性が高まる。例えば,炭化水素である CH_4 や C_2H_6 の分解性は低いが,それらの酸化によって生成する CH_3OH や C_2H_5OH や CH_3CHO あるいは CH_3COOH はきわめて容易に分解する。

アルキル基を有する化合物(アルコール,脂肪酸,ABS,LAS)等につい

ては，直鎖をもつものは分解されやすく，3級炭素をもつものの分解は若干遅れ，4級炭素を有するものの分解は著しく遅い。

また，同族の化合物でも置換基の数や種類によって分解性は大きく変化し，例えば芳香環にハロゲン基，ニトロ基，スルホン基などが付くと一般に分解されにくくなり，置換基の数が増えるほどその傾向が強くなる。

しかし，生分解性を一般的に予測することは困難で，実験的手法によらざるを得ない場合が多い。

各種のグループの有機物の分解性の概要を表7.2にまとめて示した。

表7.2 各種化合物の生分解性

化合物群	生分解性
炭化水素	分解難，トルエン，ベンゼンは例外
アルコール	分解易，3級炭素を含むものは難
フェノール	1価，2価フェノール，クレゾールは馴致生物に対して抵抗が低い。クロロフェノールも多くは同様，2,4,5-トリクロロフェノールは極度に難分解，高濃度で毒性
アルデヒド	有機酸を経て容易に分解，高濃度で毒性
エーテル	C—O—C結合を有するものは一般に抵抗性大，エチレングリコールモノエチルエーテルのみ例外
ケトン	アルコール，アルデヒドとエーテルとの中間の抵抗性
酸，その塩およびエステル	アルコール，アルデヒドよりさらに分解易
アミノ酸	分解易，シスチンとチロシンは長い馴致期間が必要
シアンとニトリル	シアン，ニトリルとも馴致生物によって分解易，シアンの鉄との錯化合物は例外
ビニル基を含む化合物	少数の例外を除いて分解易
オキシ化合物	分解性は一般に低い，分子量大ほど抵抗性大

7.7 微生物の適応

ある細胞が，環境の変化に伴って，それ以前に備えていなかった能力を獲得し，それが新しい環境によりよく適合する場合，この現象を適応と呼ぶ。環境の変化が基質に関して起こる場合，一般に新しい酵素系の生成を伴い，これを

7.7 微生物の適応

酵素的適応という。細胞で生産される酵素は，細胞の経歴に無関係でつねに生産されている構成酵素（constitutive enzyme）と，その経歴によって生産の有無，生産量が決まる適応酵素（誘導酵素：adaptive enzyme）に大別される。後者の生産は誘起物質の存在下で起こり，誘起物質はその酵素系に対する基質とは限らないが，そうである場合が多い。

また，細胞の突然変異は確率的には非常に低い（$10^{-7} \sim 10^{-8}$）が，細胞集団の数が多いとその生起確率は無視し得ず，突然変異種のうち新しい環境により適したものが，優占化することによって，集団としての適応が起こることも考えられる。

さらに，細胞レベルでの適応のほかに，混合微生物集団においては，新しい環境により適合した種がほかよりも淘汰的に優位にあるため，優占化する。実際の排水処理では，この現象がより重要であろう。

微生物の適応を図る操作を馴致(じゅんち)あるいは馴養(じゅんよう)（acclimation, acclimatization）という。方法論的には確立されていず，以下のような方法が適宜用いられる。

ⅰ）適応させるべき基質を含む培地で集積培養ないし選択培養を行う方法。

ⅱ）生活排水処理施設等からの種汚泥に対する供給液として，徐々に下水の比率を減じながら新しい基質を増していく方法。

ⅲ）適応させるべき基質が排出されているような環境水や土壌から培養する方法。

などであるが，実際にある目的のために馴致を行うためには，必要に応じて適宜工夫を加えなければならないことが多い。遺伝子操作による微生物の浄化能力の向上は，その微生物が外部環境にリークした場合の影響が予測できないため，実現の見通しは立っていない。

7.8 好気性処理各論

7.8.1 ラグーンと安定化池

自然状態に近い排水滞留池にある期間排水を滞留させ，生物学的作用や沈殿作用などの自浄作用によって排水の浄化を行うもので，水深や滞留時間によって，表7.3のように3種に分類される。これはOswald[12]が示した設計基準である。通性池および高率池のように，池の一部ないしは全部が好気性であるものをまとめて酸化池という。

表7.3 代表的な酸化池の設計基準 (Oswald)

	嫌気性池	通性池	高率池
水 深	8〜10	2〜5	0.6〜1.0
滞留時間	30〜50	7〜30	2〜6
BOD 負荷〔lb/acre・day〕	300〜500	20〜50	100〜200
BOD 除去率〔%〕	50〜70	70〜85	80〜95
藻類濃度〔ppm〕	0	10〜50	>100

〔注〕 1 lb/acre・day＝0.112 g/m²・day

〔1〕 嫌 気 性 池

嫌気性池 (anaerobic pond) とは，表層においても無酸素となっているような滞留池で，通性嫌気性菌による各種有機物の酸発酵およびメタン菌による有機酸等のメタン発酵によって浄化が進む。熱損失を少なくするため，水深は8〜10 ftと深くする。メタン菌の増殖が律速因子となるので，水温，pH，滞留時間などが影響因子となる。メタン菌は15℃でもわずかな増殖を示すが，20℃以上で活発となる。好適pH範囲は6.6〜7.2であり，メタン菌の平均世代時間は好条件で2〜3日，条件が悪いと20〜30日に及ぶので，それに応じて必要滞留時間も長くなる。すなわち，嫌気性池を単純に完全混合池として扱うとすると，メタン菌の洗出し (wash out) が起こらない条件は，滞留時間が $t_g/0.693$ (t_g；平均世代時間) 以上であることである。

〔2〕 通 性 池

通性池 (facultative pond) の水深は嫌気性池より浅く，また流入水の BOD も最大 300 ppm 程度としなければならない。それより深かったり，流入水の BOD が高いと，嫌気性池となってしまうからである。流入水に酸素や藻類を混合するため，流出水を返送することが有効である場合もある。

通性池における浄化機構は図 7.7 のように表され，表層における藻類による光合成，表層および中層における好気性分解および底層での嫌気性分解から構成されている。

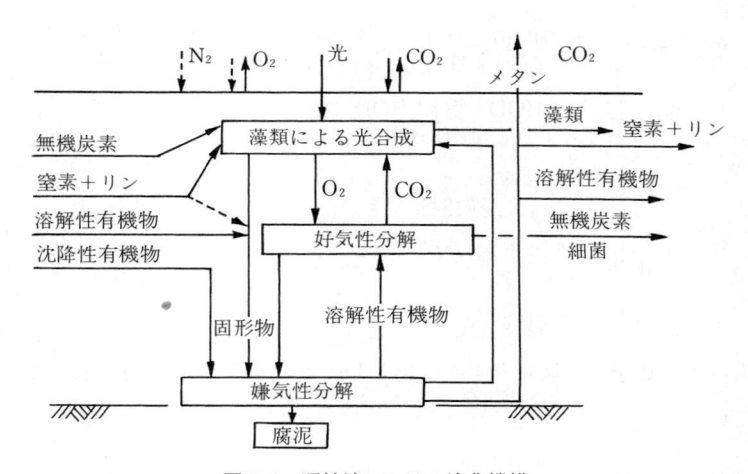

図 7.7 通性池における浄化機構

水深 2 ft の実施設について，Herman と Gloyna[13] は次式を示した。

$$\text{BOD 除去率 [\%]} = \frac{100}{1 + 0.04\,L^{0.57}} \tag{7.5}$$

ここに，L：BOD 面積負荷〔lb/acre·day〕である。

さらに，上式の修正式として，次式が示されている[14),15)]。

$$V = K\left(\frac{Qc_0}{200}\right)(t_0)\theta^{(35-T)}ff' \tag{7.6}$$

ここに，V：必要とされる池の容積〔acre·ft または ft^3〕，Q：排水流量

〔gal・day〕，c_0：流入 BOD〔mg/l〕，t_0：至適条件下での滞留時間〔day〕，θ：温度係数（1.072），f：藻類に対する毒性の補正係数，f'：硫酸塩と硫化物による酸素要求定数（SO_4^{2-} として 500 mg/l より低い場合は1）

このほかにも二つの経験式がある[16]。

$$L_r = 9.23 + 0.725\, L_0 \tag{7.7}$$

ここに，L_r, L_0：単位面積1日当りの BOD 除去量および負荷量〔lb/acre・day〕である。

$$\mathrm{MOT} = \left(2.468^{\mathrm{RED}} + 2.468^{\mathrm{TTC}} + 23.91\,\mathrm{ITEMPR} + \frac{150.0}{\mathrm{DRY}}\right) \times 10^6 \tag{7.8}$$

ここで，$\mathrm{MOT} = \dfrac{\text{池の面積}\,[ft^2] \times (\text{太陽放射量})^{1/3}\,[\mathrm{BTU}/ft^2\cdot\mathrm{day}]}{\text{流入水量}\,[\mathrm{gal}/\text{日}] \times \text{流入 BOD}^{1/3}\,[\mathrm{mg}/l]}$

$\mathrm{RED} = \dfrac{\text{流入 BOD} - \text{流出 BOD}\,[\mathrm{mg}/l]}{\text{流入 BOD}}$

$\mathrm{TTC} = \dfrac{\text{平均風速} \times (\text{流入 BOD})^{1/3}}{(\text{太陽放射量})^{1/3}}$

$\mathrm{TMPR} = \dfrac{\text{池内水温}\,[^\circ\mathrm{F}]}{\text{気\quad温}\,[^\circ\mathrm{F}]}$

$\mathrm{DRY} = $ 相対湿度〔%〕

一方，池内の BOD 除去を1次反応とし，流れを完全混合流として次式が示されている。[17]

$$P = \frac{P_i}{K_0 t \theta^{(T-T_0)} + 1} \tag{7.9}$$

ここに，P, P_i：流出水および流入水の BOD〔mg/l〕，K_0：$T_0\,^\circ\mathrm{C}$ における BOD 除去速度定数〔/day〕，θ：温度定数〔－〕，T：池内水温〔℃〕である。

上式を実測値に対して用いると，K_0 が大きい変動を示し，完全混合の仮定が妥当でないとの見地から，池内の乱れを考慮して次式が示された。

$$\frac{c_e}{c_i} = \frac{4ae^{1/2d}}{(1+a)^2 \cdot e^{a/2d} - (1-a)^2 \cdot e^{-a/2d}} \tag{7.10}$$

ここに，c_i, c_e：流入，流出水の BOD〔mg/l〕，$a = \sqrt{1 + 4\,Ktd}$，K：1次反応による BOD 除去速度定数〔/day〕，t：平均滞留時間〔day〕，d：無次元

の分散数 (D/uL)，D：池の長さ方向の拡散係数〔m²/h〕，u：平均流速〔m/h〕，L：池内での水の流下距離〔m〕である。

式(7.10)において，K は次式より求める。

$$K = \frac{K_s c_{te} c_0}{c_{tox}} \tag{7.11}$$

K_s：標準的な BOD 除去速度定数で，排水の水質により 0.042〜0.071 の範囲にある。c_{te}：温度補正係数，c_0：BOD 負荷による補正係数，c_{tox}：阻害物質による補正係数。

本式を実測値に適用しても，K_s が所定の範囲から大きくはずれることがあり，通性池の理論的取扱いは容易ではない。

〔3〕 高 率 池

高率池（high-rate pond）においては，池底まで太陽光が透過し，光合成によって池全体が好気性に保たれるよう，水深を浅くする。水面からの再ばっ気による酸素供給より，有機物の分解による酸素消費の方が速く，光合成による酸素の供給に頼らねばならないからである。

各種，藻類種に対して示された実験式は**表7.4**のとおりで，Oswald[19] は，自らの実験式の原子数の小数以下 2 けた目を 4 捨 5 入して以下の物質収支を示している。

表7.4 藻類の種と実験式

実験式	種	文献
$C_{5.7}H_{9.8}O_{2.3}N$	*Euglena*	Fogg[18]
$C_{7.62}H_{8.08}O_{2.53}N$	—	Oswald[19]
$C_{5.9}H_{9.4}O_{2.7}N$	*Chlorella*	Richardson[20]
$C_{106}H_{263}O_{110}N_{16}P$	—	Stumm & Morgan[21]
$C_6H_{11.1}O_{2.7}N$	*Chlorella*	Ward & King[22]
$C_{105}H_{147}O_{42}N_{21}P$	—	Sandoval *et al.*[23]

$$NH_4^+ + 7.6CO_2 + 17.7H_2O$$
$$\rightarrow 15.2H_2O + H^+ - 886\text{kcal} + C_{7.6}H_{8.1}O_{2.5}N + 7.6O_2$$

すなわち，藻類の 1.67 倍の酸素が放出される。

また，池内における好気性酸化は

$$C_{11}H_{29}O_7N + 14O_2 + H^+ \rightarrow 11CO_2 + 13H_2O + NH_4^+$$

と表され，有機物量の1.56倍の酸素が必要である。

Oswald と Gotaas[24] は，設計公式として

$$D = \frac{h c_c d}{F \cdot 1\,000 S} \tag{7.12}$$

を示している。

ここに，D：滞留時間〔day〕，h：藻類の単位重量当りの燃焼熱量〔cal/mg〕，d：水深〔cm〕，F：太陽エネルギーの変換効率，S：Langley の〔cal/cm²·day〕の単位で表された太陽の日射熱量，c_c：藻類濃度〔mg/l〕，である。

光の強さが藻類の増殖を制限するものとし，必要とされる光の強さを I_d とすれば，池の最大水深 d〔cm〕は次式で求められる。

$$d = \frac{\ln I_i - \ln I_d}{c_c \alpha} \tag{7.13}$$

ここに，I_i, I_d：池の表面および水深 d の点での光の強さ〔cal/cm²·day〕，α：比吸収係数〔/mg·cm〕である。α の値は藻類濃度と着色度とによって $1 \times 10^{-3} \sim 2 \times 10^{-3}$ の範囲で変化し，c_c は $100 \sim 300$ mg/l の間で変化する。

式(7.12)における h の値は有機物の還元度 R の関数で，R の値は有機物中の炭素，水素，酸素の重量％から決定される。

$$R = \frac{2.66 \times C\,[\%] + 7.94\,H\,[\%] - 0\,[\%]}{398.9} \times 100 \tag{7.14}$$

h と R の間には，つぎのような経験的関係が得られている。

$$h = 127\,R + 100\,[\text{cal/g}] \tag{7.15}$$

例えば，藻類を $C_{7.6}H_{8.1}O_{2.5}N$ とすると，R は 43.65%，h は $5\,643$ cal/g となる。

S は地理上の緯度，高度，季節，雲量，日照時間などの影響を受ける。わが国では，気象庁作成の日照量分布図が利用できる。

F は光の強度，炭素源濃度，藻類の種類および濃度，pH，無機塩類濃度，

共生微生物の種類および濃度などの複雑な関数であるが,実施設では0.02〜0.09の範囲にあると考えるのが妥当である。Fに強い影響を与えるのは温度であり,20℃での値に対する相対値は**表7.5**のとおりである。

表7.5 20℃を基準とした太陽エネルギー転換効率の相対値

水温〔℃〕	6	8	10	12	14	16	18	20	22	24	26	28
係 数	0.02	0.23	0.49	0.70	0.82	0.91	0.96	1.00	0.99	0.96	0.92	0.87

〔4〕 ばっ気式安定化池

水深を深くし,かつ池内全体を好気性に保つためには,人工的ばっ気が不可欠である。こうしたばっ気式安定化池(aerated stablization pond)では十分なかくはんが行われていると考えられるので,完全混合槽と見なし,BODの除去過程を1次反応で近似すると,BOD除去率は次式で示される。

$$E〔\%〕=\frac{K_1 t}{1+K_1 t}\times 100 \tag{7.16}$$

ここに,K_1:BOD除去反応速度定数〔/day〕,t:滞留時間〔day〕である。K_1の値は実験的に決める。

ばっ気装置の設計については,酸素の消費量〔kg/day〕はBOD除去量〔kg/day〕のa'倍とし(a'は実験的に決定),酸素の溶解は水面からの溶解とばっ気装置によるものとを考慮する。

$$N=N_S+N_D=K_L A(c_S-c)+K_L' aV(c_S'-c) \tag{7.17}$$

ここに,N:酸素溶解量〔kg/day〕,N_S,N_D:水面およびばっ気装置からの溶解量〔kg/day〕,K_L:水面における物質移動係数〔m/day〕,A:池の水面積〔m²〕,$K_L'a$:ばっ気装置の総括酸素移動容量係数〔/day〕,V:池の容積〔m³〕,c_S,c_S':水面および平均水深における飽和酸素濃度〔kg/m³〕,c:池の溶存酸素濃度〔kg/m³〕である。cは通常10^{-3} kg/m³(1 mg/l)程度とする。

K_Lは次式によって求められる。

$$K_L = \sqrt{D_L \frac{dU}{dy}} \tag{7.18}$$

ここに,D_L:酸素の分子拡散係数〔m²/day〕,dU/dy:水深(y)方向の速度(U)こう配〔/day〕である。

7.8.2 活性汚泥法
〔1〕概説

活性汚泥法(activated sludge process)の始まりは,1914年にArdernとLockettという二人の英国人研究者が,下水に空気を吹き込むことによって発生する凝集性の固形物を繰り返して利用する下水の浄化実験について発表したことに求めるのが,一般的である。すなわち,活性汚泥法とは,汚水をばっ気したときに発生する細菌,原生・後生動物等よりなる混合微生物集団を含む汚泥(活性汚泥)を反復して利用することを特徴とする,一種のタービドスタット(turbidostat)による汚水の生物学的処理であると定義できる。もっとも,今日単一槽をばっ気・沈殿・処理水排水に用いる回分式活性汚泥法(sequencing batch reactor activated sludge process)や汚泥返送操作のない膜分離活性汚泥法(membrane separating activated sludge process)も存在するから,タービドスタットであるとは限らない。

汚水と活性汚泥との混合液(mixed liquor)をばっ気する際の浄化の過程として,一般につぎのような三つの過程が関与しているとされている。

 i) 活性汚泥による汚水中の基質の急速な吸着。
 ii) 吸着された,あるいは細胞外から摂取した基質の同化および異化。
 iii) 細胞物質の酸化。

i)については,汚水と活性汚泥を混合した場合,懸濁物やコロイド粒子が活性汚泥と凝集し,ごく短時間のうちに汚水から除かれることは当然考えられる。しかし,溶解性の基質が,微生物の細胞外表面に多量に吸着されるとは考えられず,細胞膜を通過して細胞内に貯蔵物質の形で蓄えられなければ,基質除去に大きく貢献するほどの効果はないはずである。こうした問題について

は，すでに基質摂取の律速段階は細胞膜透過にあり，これには透過酸素（permease）が関与していて，透過酸素をもたない突然変異種（cryptic）においては，正常細胞よりも基質の摂取速度が格段に小さいことが示されている[25]。筆者[26]も，グルコースとメチレンブルーとでは摂取速度に100倍もの差があることから，同様の結論を得ている。

以上から，基質は細胞外表面に吸着されるのではなく，細胞内に取り入れられ，そこで多糖類などの貯蔵物質として蓄えられる。貯蔵物質はさらに異化および同化の作用を受けて，同化部分は細胞構成物質となる。

ゆえに，基質が摂取され細胞物質となる一連の過程は図7.8のように表すこ

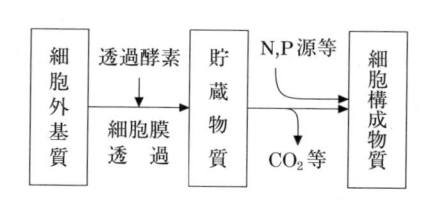

図7.8 基質の同化過程

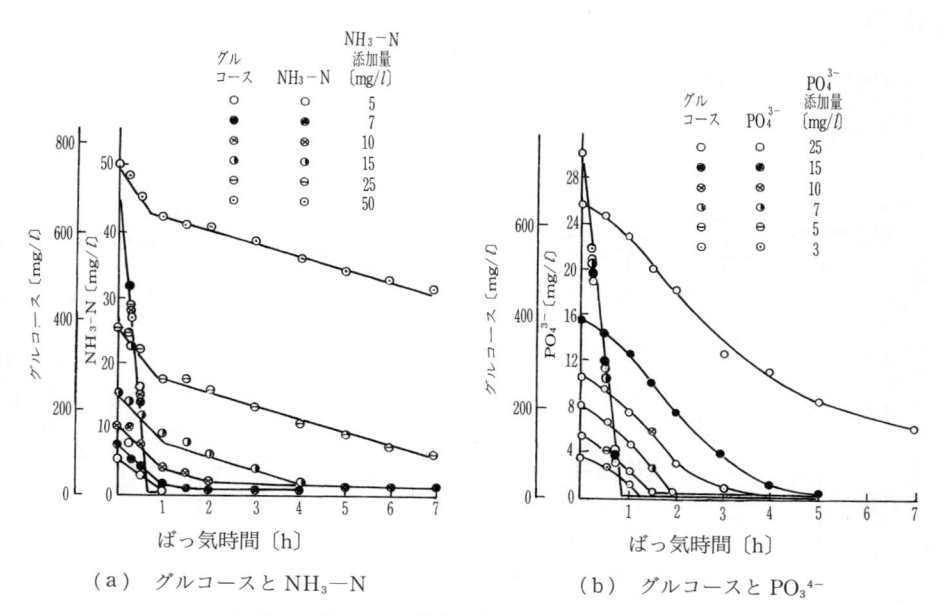

(a) グルコースとNH_3-N

(b) グルコースとPO_4^{3-}

図7.9 グルコース除去に対するN，P除去の遅れ

7. 好気性の生物処理法

とができ，細胞外基質除去が完了後も細胞構成物質の合成は継続しているとみられる。筆者ら[27]は，図7.9のように，回分式活性汚泥処理実験において，基質除去完了後も N，P の除去が継続していることを確認した。

このように，活性汚泥法でのばっ気時間は，単に目的とする値まで基質を除去するのに必要な時間なのではなく，摂取貯蔵した物質が細胞構成物質に変化するための時間をも満たしていなければならない。いわば，基質除去に寄与しない"空ばっ気"が必要なのである。

多くの研究者によって基質除去速度式が提示されているが，上記の見地からは，それらにはあまり工学的な意味がない。むしろ，空ばっ気時間も含めた必要時間の決定が重要であり，そうした値を経験的に割り出したものが基質の細胞物質量当りの負荷（例えば BOD-MLSS 負荷）であり，今日なお広く設計根拠として使用されるゆえんであろう。

〔2〕 **各種の活性汚泥法**

(a) **標準活性汚泥法**

多くの成書によれば，標準活性汚泥法（conventional activated sludge process）（図7.10(a)）とは，最初沈殿池→ばっ気槽（エアレーションタン

(a) 標準活性汚泥法

(b) 完全混合法

(c) 接触安定化法

(d) ステップエアレーション法

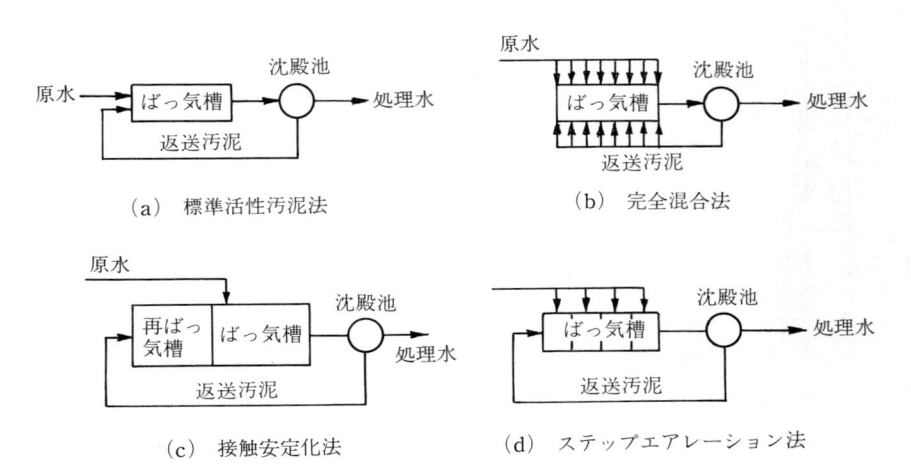

図7.10 各種の活性汚泥法

ク)→最終沈殿池，ならびに沈殿分離された活性汚泥の返送というプロセス構成をもっているとされている。しかし，こうした説明は下水処理の場合についていわれるべきものであり，沈殿性の浮遊物質を含まない原水に対して適用されることもあることから，最初沈殿池は必須の構成要素とは考えられない。なぜなら，本来標準活性汚泥法とは，ばっ気槽の設計条件が標準的なものに用いられるべき用語であるからである。

設計の基準は，家庭下水の場合で，最初沈殿時間 1.5〜3 時間（水面積負荷 40 m³/m²・day 以下），ばっ気時間（流入汚水基準）4.5〜6 時間，最終沈殿時間 2〜2.5 時間（水面積負荷 32 m³/m²・day 以下）とすること，汚泥の返送比（流入汚水量に対する返送汚泥の量）20〜30 %，BOD-MLSS 負荷 0.2〜0.4 kg-BOD/kg-MLSS・day が標準的なものとして推奨されている。BOD 除去率は 90〜95 %が得られる。

4.5〜6 時間というばっ気時間のうちで，BOD の除去はその 1/3〜1/2 で終了し，残りの時間は貯蔵物質の細胞構成物質への変換のために費やされていると考えられる。ゆえに，ばっ気槽内液による酸素の吸収速度は，入口から出口へ向けて漸減する。それに合わせて，ばっ気の強さを調節するのが漸減ばっ気 (tapered aeration) 法，逆にばっ気槽内液の酸素消費が槽全体にわたって一様となるよう，槽の長径に沿って一様な流入・流出を行わせるものを完全混合 (complete mix) ばっ気槽（図 7.10(b)）という。後者は微生物に阻害性を示す基質を含む排水の処理にも有効である。

以下に述べるような，標準活性汚泥法を改良した各種の方法を総称して，変法という。

(b) 接触安定化法

接触安定化法 (contact stabilization process) とは，最終沈殿池からばっ気槽へ返送汚泥を返送する途中に再ばっ気槽と称するばっ気槽を設け，所定の時間ばっ気して安定化したのち，ばっ気槽へ返送するという操作上の特質を有する方式である。これによって，ばっ気槽全体としての BOD の容積負荷を大きく取れる理由として，本法における浄化機構は，生物吸着作用による急激な

有機物除去（接触槽）と吸着された有機物の生物酸化（安定化槽）とから構成されるという考え方が広くとられている

しかし，同じように汚水と返送汚泥をばっ気槽へ流入させながら，本法と標準活性汚泥法とでは浄化の機構が異なると考えるのは不自然であり，根拠もない。先に図7.8のような活性汚泥法における基質の摂取・代謝の機構を示したが，これによって本法の高負荷運転を説明できる。すなわち，標準活性汚泥法では基質の摂取・代謝を単一槽によって行うのに対し，本法では基質の摂取時間のみを接触槽に与え，空ばっ気に相当する代謝のための時間は再ばっ気槽で，処理水を分離して液量を減少させたうえで確保するという形で，ばっ気槽のコンパクト化を図っているのである。

別の見方をすれば，ばっ気槽での汚水と汚泥とに必要なばっ気時間は異なり，汚泥のそれは空ばっ気の時間分だけ長いから，図7.10(c)のようにばっ気槽を仕切り，汚泥と汚水の流入点を変えることによって，両者の滞留時間に差異を生じさせ，タンク容積の有効利用を可能としているのである。さらに別の見方をすれば，本法では，単一のばっ気槽よりもばっ気槽内での平均MLSSを高め，BOD-MLSS負荷を高めることなくBOD容積負荷を高めることができ，しかも最終沈殿池への固形物負荷を高めずに済むのである。

以上から，接触安定化法の設計基準は基本的に標準活性汚泥法と同一であるべきであり，事実下水道施設基準は**表7.6**のようになっている。

(c) **ステップエアレーション法**

ステップエアレーション法（step aeration process）とは，図7.10(d)のようにばっ気槽を何槽かに（普通4槽程度）に仕切り，各槽に汚水を分注する方法である。もともとは，標準活性汚泥法ではばっ気槽の流入側から流出側へ向ってばっ気槽内液の酸素吸収速度が減少することから，これらを平準化するねらいで始められた。

しかし，単なる酸素吸収の平準化だけでなく，汚水を分注することによってBOD容積負荷を高くして運転できることは，前に接触安定化法について述べたことからも明らかである。なぜなら，接触安定化法では汚水の流入点を集中

表7.6　各種活性汚泥法の操作条件

処理方式	BOD負荷 BOD-SS〔kg/kg-SS·day〕	BOD負荷 BOD容積〔kg/m³·day〕	MLSS〔mg/l〕	汚泥日齢〔day〕	送気量〔倍下水量〕	エアレーション時間〔h〕	汚泥返送比〔%〕
標準活性汚泥法	0.2〜0.4	0.3〜0.8	1 500〜2 000	2〜4	3〜7	6〜8	20〜40
ステップエアレーション法	0.2〜0.4	0.4〜1.4	1 000〜1 500（最終水路）	2〜4	3〜7	4〜6	10〜20
酸素活性汚泥法	0.3〜0.6	1.0〜2.0	3 000〜4 000	1.8〜2.7	—	1〜3	20〜50
コンタクトスタビリゼイション法	0.2	0.8〜1.4	2 000〜8 000	4	12以上	5以上	50〜100
長時間ばっ気法	0.03〜0.05	0.15〜0.25	3 000〜6 000	15〜30	15以上	16〜24	50〜150
オキシデイションディッチ法	0.03〜0.05	0.1〜0.4	3 000〜4 000	15〜30	—	24〜48	50〜150

したまま後方（流出側）へ移動させているのに対し，本法ではそれを分割して移動させているのに過ぎない．

いま，これをばっ気槽内のMLSS濃度という視点から考えることにする．図7.11において，原水中のSSを無視し，返送汚泥のSSを10 000 mg/l，汚泥返送比を0.25とし，ばっ気槽は完全混合槽と見なせるとすると，標準活性汚泥法の場合

$$\text{MLSS} = \frac{0.25 \times 10\,000}{1+0.25} = 2\,000 \text{〔mg/}l\text{〕}$$

であり，ステップエアレーションの場合は

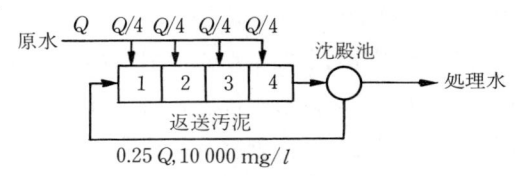

図7.11　ステップエアレーション法におけるMLSSの変化

$$\frac{\text{第1槽}}{\text{MLSS}} = \frac{0.25 \times 10\,000}{1/4 + 0.25} = 5\,000 \;[\text{mg}/l]$$

$$\frac{\text{第2槽}}{\text{MLSS}} = \frac{0.25 \times 10\,000}{1/2 + 0.25} = 3\,333 \;[\text{mg}/l]$$

$$\frac{\text{第3槽}}{\text{MLSS}} = \frac{0.25 \times 10\,000}{3/4 + 0.25} = 2\,500 \;[\text{mg}/l]$$

$$\frac{\text{第4槽}}{\text{MLSS}} = \frac{0.25 \times 10\,000}{1 + 0.25} = 2\,000 \;[\text{mg}/l]$$

したがって，4槽平均で$3\,200\,\text{mg}/l$となり，BOD-MLSS負荷を同一とすれば，標準活性汚泥法の約1.6倍量の汚水の処理が同一のばっ気槽でできることになる。

(d) 長時間ばっ気法

長時間ばっ気法（extended aeration process）は，小規模な汚水処理施設に用いられる。生活排水処理に適用する場合でも，最初沈殿池を廃し，処理システムの単純化を図るとともに，ばっ気槽滞留時間を極度に長くして活性汚泥の好気性消化を進め，余剰汚泥の発生量を制限する。ばっ気槽滞留時間が長いことは，流入変動等に対するシステムの安定性の向上にも寄与する。

本法の設計条件は，BOD-MLSS負荷$0.03 \sim 0.05\,\text{kg-BOD/kg-MLSS}\cdot\text{day}$，BOD容積負荷$0.2 \sim 0.3\,\text{kg-BOD/m}^3\cdot\text{day}$，ばっ気時間$16 \sim 24\,\text{h}$程度である。ばっ気槽MLSSは$3\,000 \sim 4\,000\,\text{mg}/l$と高めに維持するため，汚泥日齢は$15 \sim 30$日ときわめて長い。

(e) オキシデーションディッチ法[28]

オキシデーションディッチ法（oxidation ditch process）とは，長時間ばっ気法の一種で，もともとは水深1m程度の円型または長円形の無終端水路をばっ気槽として用いることを特徴とする。この水路に機械式のばっ気装置を設け，これによって酸素の供給を行うとともに，活性汚泥と汚水との混合を図るため水路内に循環流を生じさせる。しかしながら，今日においては，用地面積削減のため水深を深くし得るような改良が加えられ，開発当初の横型機械式ばっ気装置だけでなく，7.4.2項および7.4.3項で述べたような各種のばっ気装

置が用いられるようになって,動力効率が高められるとともに,水深も 6 m 程度のものまで出現するようになった[29]。

下水道施設設計指針による標準的な操作条件は,MLSS 3 000～5 000 mg/l,BOD-MLSS 負荷 0.03～0.05 kg-BOD/kg-MLSS・day,汚泥返送比 50～150 %,ディッチ内流速 40 cm/s 以上となっている。本法の一つの特徴として,反応槽内に好気ゾーンと無酸素のゾーンとを容易に生じさせ得ることを挙げられる。水路長が長いときは,ばっ気装置に比較的近いところで好気性,遠いところで無酸素となり,水路長が短いときは,ばっ気装置のオン・オフや,ばっ気方法の変更によって,好気・無酸素を繰り返すことができ,硝化・脱窒のための反応槽として利用できる。

(f) その他の活性汚泥法変法

汚泥返送比を 5～15 %,MLSS を 300～600 mg/l と低くし,ばっ気時間を 1.5～2 時間とする修正ばっ気法（modified aeration）は,中程度の浄化,すなわち BOD 除去率 70 %程度が可能な一種の高率（high-rate）活性汚泥法で,米国で始められた[30]。一方,欧州式高速活性汚泥法（high-rate high loading process）は,汚泥返送率を著しく高くして,MLSS を 4 000～10 000 mg/l にまで高め,BOD 除去率を低下させることなくばっ気時間を短縮できることを特徴とし,36 分のばっ気時間で 80～90 %,15 分でも 70 %程度の BOD 除去率が得られる[31],[32]。ただし,それに見合った酸素供給能力を有するばっ気装置が必要で,後述の純酸活性汚泥法もその一種とみることができる。

その他,非凝集性の微生物を利用する分散増殖ばっ気法（dispersed growth aeration）,ばっ気と沈殿を行う部分をスラリー循環型凝集沈殿槽と同様の形状の一つの構造物の中に組み入れたエアロアクセレーター（aero-accelator）,2 段ばっ気法（dual aeration process）もあるが,わが国での実施例は少ない。

(g) 回分式活性汚泥法[33]

これまでに述べた活性汚泥法がすべてばっ気槽と沈殿槽とを別個に有する連続流方式（continuous flow system）であったのに対し,回分式活性汚泥法

(sequencing batch reactor activated sludge process）は単一の処理槽内でばっ気と沈殿を反復して行うもので，脱窒や生物脱リンが処理の目的に加わっている場合には，ばっ気，沈殿以外に嫌気（無酸素）状態でのかくはんの工程が加わる。

回分処理の1サイクルは，流入工程，（かくはん工程），ばっ気工程，沈殿工程，排出工程から構成され，各工程の所要時間はそれぞれ，1～4時間，2～6時間，1～2時間，1～2時間である。ただし，流入工程はかくはん・ばっ気工程と重なっている場合が多い。

生活排水処理の場合，一般的なサイクル所要時間は4～12時間で，サイクル数は2～6サイクル/日である。

こうした運転方法の装置が普及している背景には，センサーやエレクトロニクスに関する技術の進歩がある。

BOD-MLSS負荷等は標準活性汚泥法と同じに考えてよいが，1日のうちで沈殿工程，排出工程など生物反応に使われていない時間は除外して計算する必要がある。

上澄水排水装置には，集水部が水面に浮かんでいるフロート式，集水部を機械的に上下させる機械式，集水位置が固定している固定式などがある。回分反応槽への汚水の流入方式には，流入工程を独自に設定するか反応工程中にのみ流入させる間欠流入方式と，沈殿・排出工程中にも汚水の流入を行う連続流方式[34]がある。

回分式活性汚泥法は有機物除去だけを目的として利用することも可能であるが，嫌気・無酸素かくはん工程を設定することによって，単純な装置で確実に脱リン・脱窒が行えることが大きな特徴であり，そうした目的での実施例が多い[35]。

(h) 純酸素（高濃度酸素）活性汚泥法

本法は，活性汚泥法において散気用気体として空気の代わりに高濃度酸素（酸素分圧95％程度）を用いて酸素の供給能力を高め，処理の高速化を図るものである。すなわち，活性汚泥濃度（MLSS）を標準活性汚泥法の数倍に高

め，それに応じてばっ気時間を短縮するとともに，酸素の供給速度を高めることを第一義的目的とする，一種の欧州式高速活性汚泥法である．利点として

 i) 酸素溶解の動力消費が少なく，高濃度酸素製造動力を含めても省エネルギー性が高い．

 ii) ばっ気槽内で高い溶存酸素レベルを維持できる．

 iii) MLSS を 6 000～10 000 mg/l と高くできるため，高い容積負荷が可能である．

などの排水処理上の利点だけでなく

 iv) 空気法に比べてばっ気の排気量が極端に少なく，臭気対策が容易である．

という付随的効果のほか，高度処理や消毒にオゾンを用いるときは，空気原料で製造するより高濃度酸素を用いた方が電力消費が半分程度で済むということもある．

現場で高濃度酸素を製造する方法としては，PSA (Pressure Swing Adsorption) といって，モレキュラシーブを用いた吸着と吸着塔内圧力の低下による脱着を短いサイクルで繰り返しながら空気中の窒素を除く方法が多用されるが，多量の酸素を使用するときは深冷分離法が有利である[36]．

最初に実用化されたのは多段式覆蓋(ふくがい)酸素法（Unox System）で，つづいてドーム型改造酸素法（Simplox System），オープンタンク酸素法（Marox System）などが開発された．わが国では，上原ら[36]らによって上向流式酸素活性汚泥法が開発され，実用に供されている．

① **多段式覆蓋酸素法**[37]~[39] 図 7.12(a)のように，ばっ気槽上部を覆蓋で覆うとともに，槽を3～4段に分割し，酸素とばっ気混合液とが同方向に移動していく．これによって酸素の溶解速度を下げることなく利用率を高めることができると同時に，酸素の消費速度に見合った供給速度を維持することができる．すなわち，本法は欧州式高速活性汚泥法の一種であるとともに，漸減ばっ気法（7.8.2項の〔2〕，(a)参照）の一種でもある．酸素は空間での分圧ないしはばっ気槽内のある点での溶存酸素を一定に保つよう自動的に供給され，

196　　7. 好気性の生物処理法

表面ばっ気装置やかくはん翼（プロペラ）下部のスパージャーを用いて，混合液に溶解させる。濃度の高い排水や生分解速度の遅い基質を含む排水の処理に特に有効である。

本法の技術的特徴である同一の酸素ガスを繰り返してばっ気に使用するとい

(a) 多段式覆蓋酸素法

(b) ドーム型改造酸素法

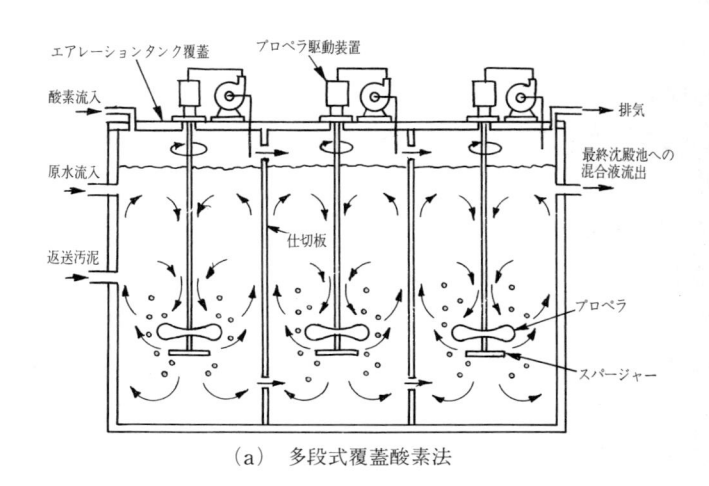

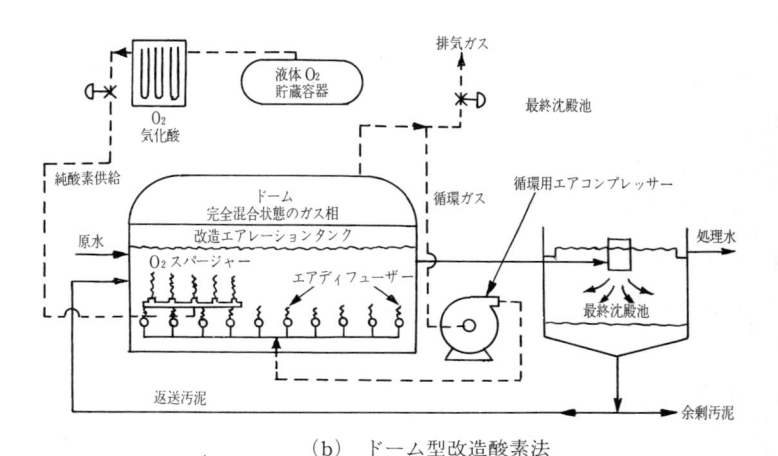

図7.12　各種の純酸素活性汚泥法(1)

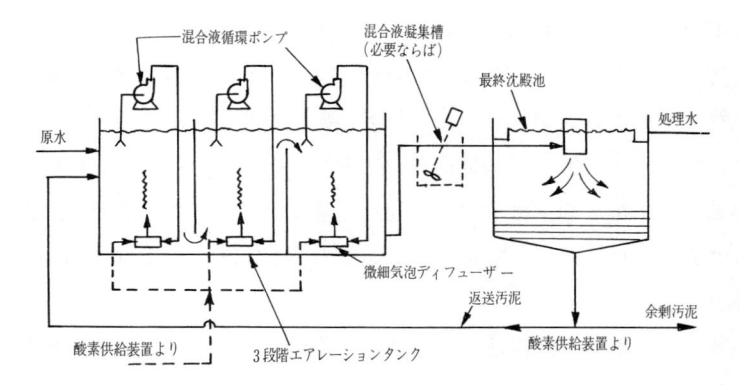

7.8 好気性処理各論

（c）オープンタンク酸素法

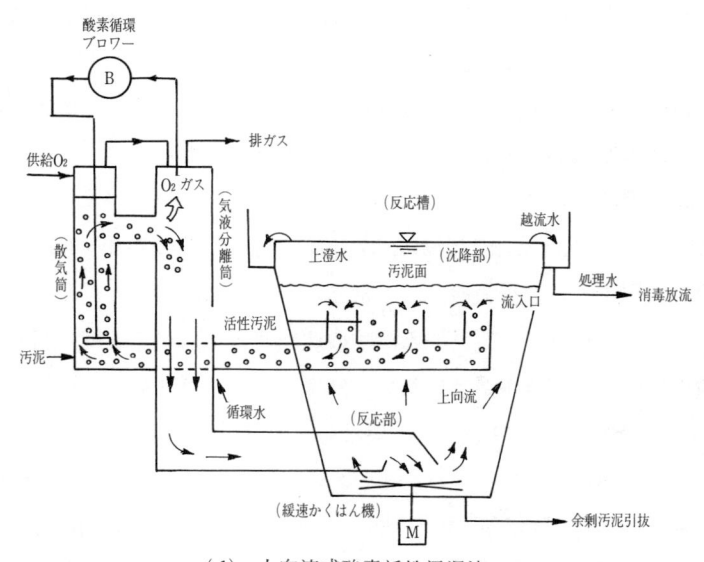

（d）上向流式酸素活性汚泥法

図7.12 各種の純酸素活性汚泥法(2)

う点との重複を避けるため，以下のような方式が開発された。

② **ドーム型改造酸素法**　図7.12(b)のようにばっ気槽をドーム型のカバーで覆い，スパージャーから混合液に吹き込まれた酸素の末利用部分はドーム内に集められ，コンプレッサによりディフューザーを用いてタンクに再循環される。既存の空気法のばっ気槽を純酸素法に容易に改造できるため，この名称があるが，その反面，槽上部の空間は完全混合状態であるため，酸素分圧は排気ガスのそれに等しく，酸素移動の駆動力（driving force）はUnox Systemより小さい。

③ **オープンタンク酸素法**　何らかの覆蓋を用いずに，しかも酸素の利用率を高めるためには，微細気泡を発生し得るディフューザーが不可欠で，その実現により，本方式が可能となった（図7.12(c)）。

④ **上向流式酸素活性汚泥法**[36]　図7.12(d)のように散気筒と気液分離筒をH型に連結し，十分に溶存酸素を付与されたばっ気混合液を反応槽底部より流入させ，上向流として流下させ，途中から引き抜いて循環させるため，上部は低流速となって汚泥界面が形成され，沈殿槽として機能するという構成ならびに特徴を有する。反応と沈殿を単一槽で行い得ること，開放型の反応槽で純酸素活性汚泥法が実施できることなどの特徴を有する。

(i) **超深層ばっ気法**[5)~7)]

超深層ばっ気法（ultra-deep aeration process）は，水深50〜150 m程度のばっ気槽を使用することを特徴とし，槽内に発生する循環流の循環経路の長さおよび高い静水圧を利用して，酸素溶解の速度および効率を極度に高めるとともに，槽内の高い溶存酸素濃度に基づく効果として，標準活性汚泥法等よりも高いBOD-MLSS負荷を可能とし，処理の高速化を図るものである。本法におけるばっ気の仕組みについては，7.4.1項において述べた。ばっ気槽の水深が100 m以上のときは，槽底部では吹き込んだ空気はすべて溶解状態となるが，生物学的消費のない窒素等は上昇部を上昇中に圧力の低下とともに気泡として析出する。そのため，本法におけるばっ気槽からの流出ばっ気混合液は，過飽和の溶存ガスや微細気泡を多量に含んでいる。したがって，真空脱気塔や

脱気槽を用いて脱気したのち沈殿させるか,浮上分離によって,処理水と活性汚泥との固液分離が行われる。

本法の最大の特長である酸素移動特性ついて,他方式との比較を**表7.7**に示す[40]。

表7.7 各種ばっ気方式における酸素移動特性

方 式	酸素移動量 〔$kg\text{-}O_2/h \cdot m^3$〕	酸素利用効率 〔%〕	所要動力当りの 溶解酸素量 〔$kg\text{-}O_2/kWh$〕
従来方式	0.05	5〜15	0.5〜1.5
酸素ばっ気	0.25	90	1.0〜1.5
ディープシャフト[†]			
3〜10 m	0.25	60	3〜6
2 m	2	80	6
1 m	3	90	3.5

[†] 深さ=130 m

(j) 膜分離活性汚泥法

活性汚泥法における活性汚泥と処理水との固液分離には,主として重力沈降(まれに浮上分離や遠心分離)が用いられてきた。しかし,これには

i) 分離し得る活性汚泥濃度の上限が MLSS で 5 000〜10 000 mg/l に過ぎない。

ii) バルキングや分散化など,活性汚泥の沈降性の悪化に伴うトラブルが発生しやすい。

iii) 処理水中に懸濁物が残留して水質の悪化を招きやすい。

などの欠点がある。

膜分離活性汚泥法 (membrane separation activated sludge process) は,沈降分離に代わって限外ろ過膜 (UF膜) や精密ろ過膜 (MF膜) を用いた膜分離を用いることにより,上記のような欠点を解消しようとするものである(膜分離については6章参照)。その特長は

i) 最大 20 000 mg/l の高 MLSS が可能なため,微生物反応槽のコンパクト化が可能である。

ii) 微細懸濁粒子等も完全に除去できるため,処理水質(BOD, COD,

SS等）がきわめて良好でかつ安定している。
 iii）原虫のオーシストや細菌類（MF膜）さらにそれらに加えてウイルス（UF膜）まで完全に除去できるため，衛生的に安全な処理水が得られる。
 iv）沈殿に比べて，固液分離装置がきわめて小さく，i）の効果とともに省スペースな処理プロセスを可能としている。

などのほか，余剰汚泥濃度が高いためその処理工程において濃縮工程を省略できることがある。

欠点としては
 i）膜コストが高く，しかも膜は3～5年に1回更新しなければならない。
 ii）膜閉塞を防ぐため，膜面上に高速のクロスフローを形成する必要があり，エネルギー消費が大きい。
 iii）長期運転に伴う膜閉塞が不可避で，運転を停止して薬品洗浄等を行う必要がある。
 iv）装置構成が若干複雑である。

などがある。膜コストの問題が最大の欠点と思われるが，今後本格的普及がなされれば，急速に低下するものと思われる。

1970年に，本法に関する最初の報告がHardtら[41]によって米国で行われ，わが国では1980年ごろから，ビール排水再利用設備[42]に，ついでし尿処理[43]や浄化槽，産業排水処理へと応用が広がり，今日に至っている。

初期には，図7.13のようにバイオリアクターと膜分離装置を併設し，ばっ気混合液を両者の間をポンプで循環させる方式が用いられた。しかし，この方式は循環用エネルギー消費が非常に大きいため，その後膜モジュールを直接バイオリアクター内に浸漬して，リアクターのかくはん混合と膜面上でのクロス

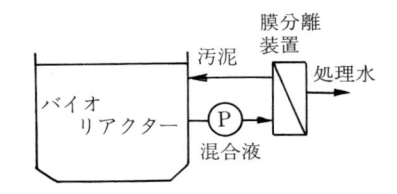

図7.13　槽外膜設置バイオリアクター

7.8 好気性処理各論

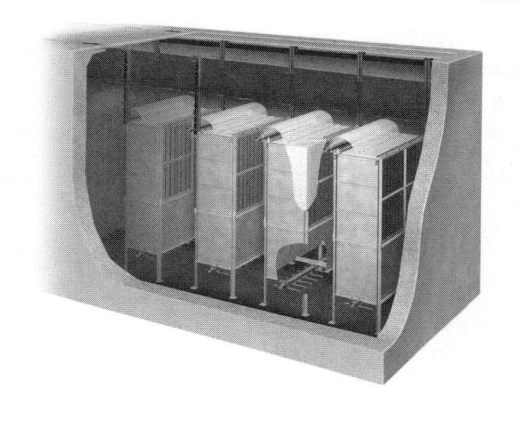

図 7.14 浸漬平膜を装置したばっ気槽
((株)クボタ提供)

フロー形成とを兼用する方式(浸漬膜)が開発され，多用されている(図 7.14)。

膜材質としては，セラミック，ジルコニア・カーボンなどの無機膜およびポリアクリロニトリル (PAN)，ポリスルホン，ポリオレフィンなどの有機膜が，モジュールの種類としては，管状膜 (tubelar)，平膜 (plate and flame) および回転平膜(rotating plate)，中空糸膜(hollow fiber)などが用いられる。

膜分離活性汚泥法装置の立ち上げ（start up）において留意しなければならない点は，バイオリアクターへの植種の問題である。立ち上げ当初から十分な処理能力を備えているような量の活性汚泥（たとえば MLSS として 5 000 mg/l 以上）を植種しないと，膜閉塞を生じるからである。その理由として，浄化されずに残留している微細粒子の膜への付着，あるいは膜表面における微生物膜の形成などが考えられる。筆者は，バイオリアクターへの凝集剤の添加により微細粒子をただちにフロック化することによって，まったく植種なしに立ち上げる方法を試み，きわめて円滑な立ち上げが可能なことを確認した。また，凝集剤の継続的な注入は，定常運転後のフロック性状にも好影響をもたらし，必要なクロスフロー流速の低減にも有効であることを見いだした[44]。

以下に膜分離活性汚泥法について，二，三の実施例を示す。

① **し尿処理**　し尿処理に用いられる膜分離高負荷脱窒素方式の設計条件および目標水質（いずれも高度処理部分を除く）を，**表 7.8** に示す。

石田[45]は，4 kl/day の平膜浸漬型膜分離リアクターについて報告している。

表7.8 膜分離高負荷脱窒素方式の設計条件

(1)	生物処理設備（し尿処理施設構造指針に準拠）	
	BOD容積負荷	：1.5～2.0 kg-BOD/m³・day
	BOD-MLSS負荷	：0.10～0.15 kg-BOD/kg-MLSS・day
	総窒素-MLSS負荷	：0.03～0.05 kg-BOD/kg-MLSS・day
	MLSS	：12 000～20 000 mg/l
(2)	膜分離設備	
	膜モジュールの型式	：管状内圧型または平膜型
	膜材質	：ポリオレフィン，ポリアクリロニトリル，ポリスルホン
	分画分子量	：20 000～100 000
	フラックス	：1.5 m³/m²・day 以下
	膜洗浄	：薬液洗浄，ボール洗浄等
(3)	凝集膜分離設備	
	分画分子量	：40 000～100 000
	フラックス	：2.5 m³/m²・day 以下
	その他の項目は膜分離設備と同様	
(4)	目標水質	

項　目	二次処理水質 （膜分離設備処理水質）	高度処理水質 （凝集膜分離設備＋活性炭吸着設備処理水質）
BOD〔mg/l〕	20以下	10以下
SS〔mg/l〕	ND～20†	5以下
COD〔mg/l〕	400以下	20以下
T-N〔mg/l〕	60以下	20以下
T-P〔mg/l〕	200以下	1以下
色度〔度〕	3 000以下	30以下

† 膜透過液のSSは不検出であるが，汚泥の脱水分離液と混合するシステムについては検出される。ND：検出限界以下

運転条件および処理成績を**表7.9**に示す。汚濁物質を高除去率で処理できることがわかる。

② **生活排水処理**　専任の維持管理要員が確保できない合併処理浄化槽やビル排水再利用施設などに適用される場合が多く，そうした条件下でもきわめて良好で安定した性能を示す。細孔径 0.1～0.4 μm の精密ろ過膜を用い，水流束（water flux）0.5～1.0 m³/m²・day 程度で操作し，BOD 1 以下～2 mg/l，COD_{Mn} 5～15 mg/l，n-Hex 1 mg/l 以下といった処理水質が得られている。

③ **産業排水処理**　膜分離活性汚泥法の利点，すなわち標準活性汚泥法に比べて高濃度排水処理に相対的に有利であることに着目して，多く産業排水に

7.8 好気性処理各論

表7.9 膜分離高負荷脱窒素方式パイロットプラントの運転条件と処理成績

運転条件	し尿投入量〔kl/day〕	4	
	反応槽水温〔℃〕	24〜39	
	MLSS〔kg/m³〕	16〜32	
	HRT〔day〕	4.6	
	T-N 負荷〔kg/m³·day〕	0.76	
	MF膜分離設備（浸漬膜）	塩素化ポリエチレン 公称孔径 0.4 μm ばっ気空気量 10 l/min・パネル	
	休止時間/ろ過時間	2 min/8 min	
処理成績	項目	除査し尿	膜処理水
	pH	7.9	6.54
	BOD〔mg/l〕	7 131	4.7
	COD$_{Mn}$〔mg/l〕	3 985	191
	SS〔mg/l〕	9 234	ND
	TKN〔mg/l〕	3 700	26
	PO$_4^{3-}$〔mg/l〕	751	123

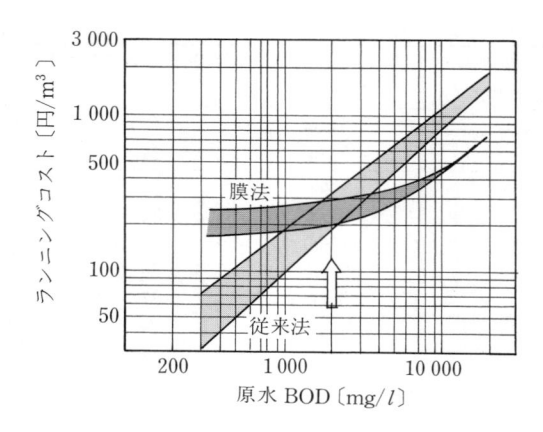

図7.15 膜法と従来法のランニングコスト比較

適用されている。

村重ら[46]は，従来法とのランニングコスト比較として図7.15を示し，原水BOD 2 000 mg/l 以上で膜法が有利になること，トータルコストに関しても，原水BOD 1 000〜5 000 mg/l の間で優劣が逆転し，5 000 mg/l 以上では膜法が経済的であるとしている。

（k） **不織布ろ過活性汚泥法**[47]

本法は，先に述べた膜分離活性汚泥法の欠点をカバーする意図で，筆者が開

発したもので，材料が格段に安価で，水透過流束が大きく，大きなクロスフロー流速を必要とせず通常程度のばっ気空気量でよいなどの利点を有する。

使用する不織布は，平均孔径 20～30 µm と精密ろ過膜と比べても 100 倍近く大きく，それ自体は活性汚泥を完全に分離し得ないが，表面に活性汚泥の薄層が形成され，一種のダイナミック膜として機能する。

操作圧力は 5～30 mm の水頭で十分であり，2～3 $m^3/m^2 \cdot day$ の高流束で操作するとしても 50 mm 程度でよいので，重力ろ過が可能であり，装置構成も単純である。

表7.10 にパイロットプラントにおける運転条件と処理成績を示す。87 日の運転期間中，ろ布の洗浄等は不要で，余剰汚泥の引抜き以外の管理作業は行わなかった。

表7.10(a) 不織布ろ過法性汚泥装置の運転条件

RUN	基 質	HRT 〔h〕	凝集剤添加量 〔mg/l〕	MLSS 〔mg/l〕	運転開始からの日数 〔day〕
1-1	人工汚水	8.0		9 400	16
1-2	人工汚水	6.0		9 200	24
2-1	人工汚水	7.6		7 200	25
2-2	人工汚水	6.4		9 200	33
2-3	人工汚水	5.6		11 800	39
2-4	人工汚水	4.8		9 800	66
2-5	人工汚水	9.8		5 400	87
3-1	生活排水	9.1		3 200	87
3-2	生活排水	6.1		3 200	88
3-3	生活排水	4.7		3 600	89
3-4	生活排水	2.4		2 500	90
3-5	生活排水	1.6		2 500	90
4-1	生活排水	6.4	71	5 500	16
4-2	生活排水	5.7	63	6 200	18
4-3	生活排水	4.6	75	5 200	20

(1) その他の活性汚泥法

必ずしも活性汚泥法に限られるわけではないが，生物性汚泥を腐植土をペレット状に固めたものの充てん層に導入し，長時間（例えば 2 日程度）ばっ気しながら腐植土に接触させたのち，流入水に対して数%程度の容積比で流入汚水

表 7.10(b) 不織布ろ過水の水質と除去率(( )内は除去率%)

RUN	BOD_5 [mg/l]	COD_{Mn} [mg/l]	T-N [mg/l]	SS [mg/l]	RUN	BOD_5 [mg/l]	COD_{Mn} [mg/l]	T-N [mg/l]	SS [mg/l]
1-1	0.6 (99.7)	2.6 (98.6)	27.2 (45.7)	0.2	3-1	8.3 (94.3)	19.7 (83.1)	54.9 (28.0)	3.9 (97.5)
1-2	1.8 (99.1)	5.1 (97.3)	30.5 (38.9)	1.5	3-2	3.2 (97.8)	22.9 (87.4)	55.4 (25.9)	5.4 (98.3)
2-1	0.6 (99.7)	6.6 (96.4)	24.3 (51.4)	1.4	3-3	7.0 (95.4)	23.0 (83.6)	61.8 (19.7)	2.9 (98.5)
2-2	1.4 (99.3)	7.7 (95.9)	20.6 (58.9)	1.3	3-4	18.8 (85.6)	28.2 (72.2)	47.8 (29.1)	8.8 (94.9)
2-3	1.7 (99.2)	3.0 (98.4)	23.0 (53.9)	0.7	3-5	20.8 (84.1)	28.3 (72.1)	54.5 (19.1)	8.8 (94.8)
2-4	2.1 (99.0)	1.7 (99.1)	24.4 (51.2)	0.8	4-1	1.0 (98.7)	4.5 (92.4)	42.1 (17.5)	0.1 (99.9)
2-5	1.4 (99.3)	4.6 (97.6)	40.2 (19.6)	0.7	4-2	3.6 (92.4)	9.1 (78.5)	41.6 (16.7)	0.4 (97.8)
					4-3	8.5 (92.4)	11.4 (81.6)	43.8 (17.7)	1.2 (96.7)

〔注〕 原水 BOD 200 mg/l,
COD 190 mg/l, T-N 50 mg/l

〔注〕 原水 BOD 47〜152 mg/l

あるいはバイオリアクターに返送することを特徴とする方法が知られている。

この方法の特長として

ⅰ) 水処理工程での悪臭防止効果が高く,

ⅱ) 発生する汚泥の脱水性が良く,腐敗性が低い

ことを多くの研究者[48)〜50)]が一致して指摘している。しかし,そうした効果の学術的解明はあまり進んでいないが,*Bacillus* spp. が優占化するためではないかと思われるような資料が散見される[51),52)]。この方法は農業集落排水施設では「汚泥改質機構」という名称で各種の方式に付設されており,また,悪臭発生を伴う食品排水などの処理にも用いられている。

活性汚泥法において,余剰汚泥の発生をなくすことは大きな技術目的となっているが,これを実際に可能とする手法として

ⅰ) 活性汚泥にオゾンガスを吹き込む[53)]。

ⅱ) 酸やアルカリを添加する。

ⅲ) 好熱性細菌(至適温度 60〜70 ℃,*Bacillus* spp. の一種)を作用させ

る[54]。

iv) 機械的に（ボールミルなどにより）摩砕する。

などの方法によって細胞を可溶化したのち，ばっ気槽へ返送し生物学的分解を促進しようというものである。可溶化汚泥の約 1/3 がばっ気槽で無機化され，2/3 が汚泥の再生成をもたらすので，余剰汚泥発生量の 3 倍量の活性汚泥可溶化能力があれば余剰汚泥の発生はないことになる。それを実証する結果が得られている。

7.8.3 生 物 膜 法

〔1〕 概　　　要

生物膜法（microbial film process）は，固定化微生物法の一種で，結合法，包括法，架橋法の 3 種の固定化法のうちで結合法による固定化微生物を用いる処理法ということができる。本法は，汚水と連続的ないし間欠的に接触している何らかの固体の表面に膜状に付着した生物を利用して，汚水の浄化を図るものである。

生物膜法は，その構造に基づいて，浸漬ろ床法（submerged filter process），回転円板法（rotating biological contactor：RBC），散水ろ床法（trickling filter process）の三つに大別される。

浸漬ろ床法は，水中に浸漬された固体（ろ材，接触材，充てん材，担体などと呼ぶ）の表面に付着した生物膜を利用し，固体の設置状況によって固定床，膨張床，流動床などに分けられる。

回転円板法は，水中に一部ないし全部浸漬した多数の円板を回転させ，円盤上に発生付着した生物膜を利用して生物学的処理を行う。

散水ろ床法は，砕石，プラスチック片，プラスチック波板などのろ材を積み上げて構成したろ床の上部から排水を連続的ないし間欠的に散布し続けることによって，ろ材表面に発生する生物膜を利用するもので，排水がろ材表面をしたたり落ちる間に浄化される。

3 者のうち，浸漬ろ床法および回転円板法は，好気性，嫌気性いずれの処理

目的にも用い得るが,散水ろ床法はもっぱら好気性処理法として利用される。

〔2〕 生物膜に関する基礎的諸問題

(a) 生物膜の形成と量的,質的な経時変化

固体表面に微生物膜が形成される過程は,3段階に分けることができる。

第1段階は対数増殖期で,生物膜は薄くかつ固体表面全体を覆っていないことが多く,すべての微生物は同条件で増殖するので,分散微生物と同様の増殖挙動を示す。

ついで,生物膜厚が有効厚(4章参照)を超えると第2段階に入り,増殖は直線的となる。この段階では有効膜厚は総膜厚にかかわりなく一定であるから,増殖に関与している微生物総量も一定値を保っているからである。この段階においても,汚水の基質濃度がある限界値よりも低く,基質の供給が少ないと,摂取された基質はすべて現存する生物の生命維持(維持代謝)に消費されてしまうため,生物膜は増殖を示さない。また,基質の供給量が維持代謝に対する必要量より少ないと,生物膜は薄くなって基質の供給量と維持代謝要求量とが均衡に近づいていく。

第3段階になると,生物膜の増殖速度と内呼吸や食物連鎖のための分解あるいは wash out などによる減少速度が均衡を保つようになり,生物膜厚はプラトー域に達する。しかし,明確なプラトー域を示すことなく生物膜厚が増加し続け,装置の閉塞に至ることも多い。

生物膜量の直接的,間接的測定法は種々提示されており,Characklis ら[55]は表7.11のようにまとめている。

生物膜の形成過程においては,上述のような量的変化だけではなく,構成生物についても大きな変化を示す。各種微生物の増殖速度は表3.8に示したとおりであり,それを反映して,図7.16に示したように,初期には細菌が大部分を占めているが,遅れて原生動物が,さらに遅れて後生動物が増殖し,一種のエコシステムの形成に至る。一般に,食物連鎖の上位にある生物ほど,また比増殖速度の小さい生物ほど遅れて増殖を示す。ゆえに,同じ細菌であっても,増殖速度の速い有機物資化細菌が増殖速度の遅い硝化細菌や難分解性基質分解

表 7.11 生物膜量の測定法

分類	方法
(A) 生物膜量の直接的測定	生物膜厚 生物膜重量
(B) 生物膜量の間接的測定 ―生物膜の特定成分―	多糖類 TOC COD タンパク質
(C) 生物膜量の間接的測定 ―生物膜中の微生物活性―	生菌数 エピフルオレッセンス マイクロスコピー ATP リポ多糖類 基質除去速度
(D) 生物膜量の間接的測定 ―輸送に関する生物膜の影響―	摩擦抵抗 熱輸送抵抗

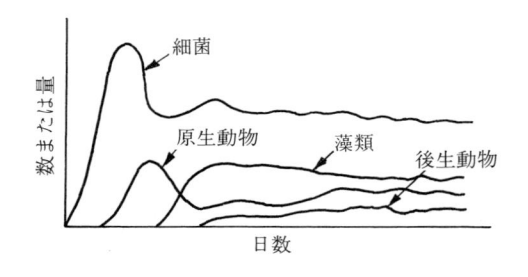

図 7.16 生物膜構成微生物の遷移

菌よりずっと速く増殖することは，しばしば経験するところである。原生動物や微小後生動物が適量出現して適度に生物膜を捕食することは，余剰汚泥発生量の抑制にきわめて有効であるが，過度な捕食は基質除去機能の低下だけでなく，生物膜の大量はく離・脱落などの障害をもたらし，この対策，特に捕食生物数の制御はきわめて困難である。

(b)　**生物膜付着性**[56]

ろ材や円板など固体表面の生物膜付着性は，生物膜の成長速度や脱落の難易に関係し，材質選択上の重要な因子の一つである。

生物膜付着性に関する物理化学的因子は二つある。第一は静電的作用であっ

て，微生物とそれが付着する固体の荷電状態によって決まる。

微生物表面の荷電は，アミノ基，カルボキシル基，リン酸基などの電離に起因し，pH によって支配される。微生物表面は荷電数が 0 となる pH，すなわち等電点（isoelectric point）より低 pH 領域では正の，高 pH 領域では負の荷電をもつ[56]。すなわち，微生物は両性電解質と類似の荷電挙動を示す。

微生物粒子表面の等電点は酸性側（pH 4～5）にあることが多く，通常の排水処理で生じるような pH のもとでは，微生物（細菌）は負に帯電したコロイド粒子と見なせる。したがって，正に帯電した表面との間には引力がはたらき，付着は容易で，逆に負に帯電した表面には反発力のため付着しにくい。こうした現象についての詳細な記述は物理化学書に譲り，ここでは要点のみ述べる。

荷電粒子表面には電気二重層が形成されており，同種荷電粒子同士（あるいは粒子と表面）が接近すると電気二重層の重なりによる反発力が生じる。これと分子間引力である van der Waals 力が作用するときの粒子の挙動をエネルギー論的に検討したものが，DLVO（Derjaguin, Landau, Verwey, Overbeek）理論と呼ばれる。粒子相互作用による全エネルギー V_T は，電気二重層間の反発によるエネルギー V_R と van der Waals 引力によるエネルギー V_A の和として表される。

$$V_T = V_R + V_A \tag{7.19}$$

図 7.17 のように V_R と V_A をそれぞれ粒子間距離の関数として表し，両者の和として V_T 曲線を求めることができる。ただし，粒子間距離があまり小さくなると，粒子の表面同士で反発力（Born 反発力）がはたらき，V_T は急激に増加する。

V_T の極大値 V_{max} が粒子が壁に付着するためのエネルギー障壁になり，この高さは，pH や電解質濃度を調整することによって電気二重層厚を薄くすると，急激に低下する。

Born 反発力も加味した微生物と表面との相互作用のエネルギーが図 7.17(b′) のようになっているとき，二つのエネルギー極小点が存在し，表面に

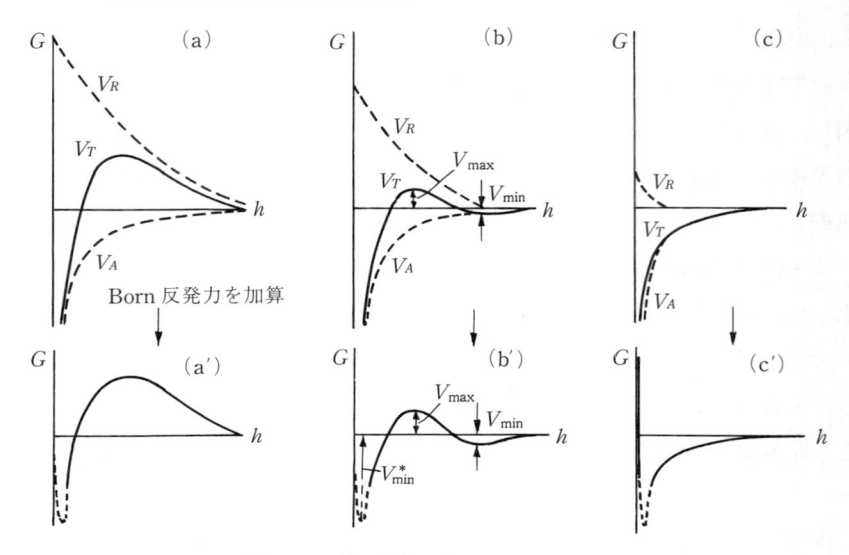

図 7.17 粒子間相互作用のエネルギー

近い方を第一の極小点，遠い方を第二の極小点と呼ぶ。微生物粒子が第一の極小点に達すると，ここではエネルギーレベルが非常に低いので，安定した状態で付着する。しかし，ここに達するためには，エネルギー障壁 V_{max} を超えなければならず，この高さは Brown 運動や鞭毛などによる運動のエネルギーよりはるかに高く，超すことは不可能である。第二の極小点は強固な付着を起こすほどの低いエネルギーレベルにはないが，微生物は一時的にこの位置に付着したのち，繊毛や細胞外ポリマーによって結合を補強する。この仮説によれば，細胞外ポリマーの有無が付着性の支配要因となる。

微生物の付着に関する第二の物理化学的因子は，微生物と表面の疎水性である。一般に，疎水性物質同士あるいは親水性物質同士の結合の方がエネルギー的に安定であり，こうした機構による結合を疎水性相互作用 (hydrophobic interaction) といい，微生物の固体表面への付着にも当然ながら当てはまる。

微生物には強い疎水性のものから親水的なものまで広い範囲にわたるものが存在し，ポリスチレン，ポリエチレン，ナイロンなどの疎水性表面には疎水的微生物が，二酸化けい素などの親水性の面には親水的微生物がよく吸着する。

生物膜の形成に対する物理的な影響因子として，表面の粗度がある。粗度は生物膜形成初期には付着速度に大きく影響し，滑面への付着量は粗面より少ないが，最終的な生物膜の総量にとっては重要な因子ではないとする意見がある。しかし，筆者[57]は付着速度，総量とも，粗度が大きいほど大きくなるという結果を得た。

生物膜面上での流速の影響について，Heukelkian[58]は流速が速いと，最初の生物膜形成は遅れるが，いったん形成されると増殖速度は速くなることを示しており，Sanders[59]およびCharacklis[60]は0.1～1.0 ft/sの流速の上限側で最大の増殖量を得ている。これは，流速の増加によって基質の拡散が加速され，生物膜表面への基質の供給が増加するためとされている。

生物膜は10～15 dyn/cm^{2}を超えるせん断力に耐えられ[60),61]，高い流速のもとで生長した生物膜ほど強固に固着しているという[60]。乱れの強さによっても生物膜中の生物の分布が異なることも指摘されている[62]。

〔3〕 **生物膜法の特質**

生物膜法と一括して総称されるのは，構造的には幅広く異なっても，その挙動には共通する点が多いためである。いうまでもなく，生物膜，すなわちある面積と厚みを有する微生物の膜として微生物を利用することに本法の特徴は由来し，分散性生物を用いる活性汚泥法などと対比されるところである。したがって，適切な適用，設計，運転管理もこうした点についての理解に基づかなければならない。

(a) **生物学的特性**

生物膜法では，通常の状態において，生物反応槽内に保持されている生物性汚泥量が多く，その生物相は多様性に富んでいる。ろ材あるいは回転板充てん部分の単位容積当りで表すと，回転円板体で20～40 kg/m^3，浸漬ろ床では10～20 kg/m^{3}にも達することがあり，散水ろ床でも5～7 kg/m^{3}程度の汚泥を保持している。そのため汚泥日齢（sludge age）あるいは汚泥滞留時間（sludge retention time）に相当する値がきわめて大きく（数十日から数か月），このことは生物膜中に比増殖速度の小さい生物が共存することを可能と

する。すなわち，生物相の多様性に富むゆえんである。

例えば，Hawkes[63]は活性汚泥と散水ろ床の生物ピラミッドの比較として図 **7.18** を示しており，散水ろ床では食物連鎖（food chain）上の上位の生物が相対的に多くなっている。特に後生動物（輪虫類，線虫類，昆虫類，貝類，貧毛類など）はすべて大形で，体長数 mm から数 cm もあるので，生物膜中の微生物など有機固形物をさかんに捕食し，余剰汚泥の減少に貢献している。

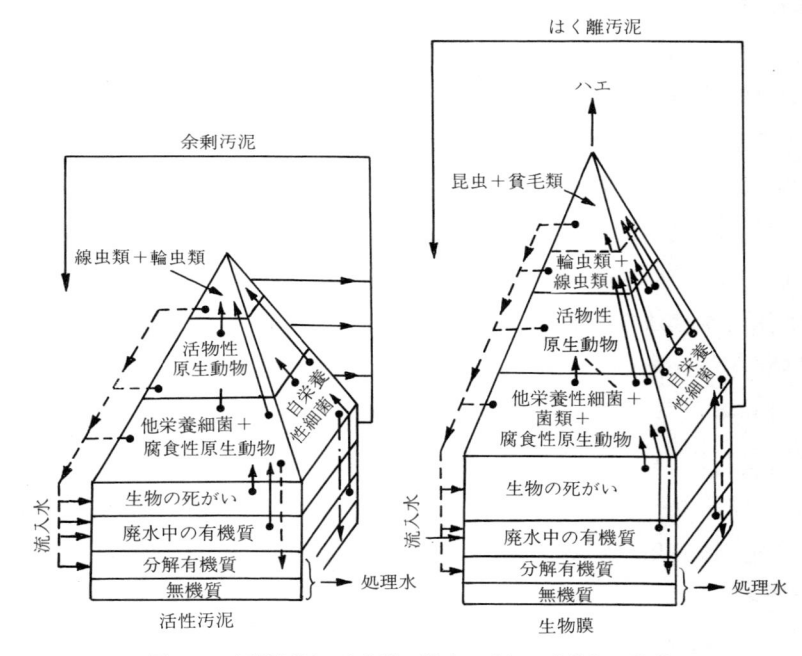

図 7.18 活性汚泥と生物膜（散水ろ床）の生物相の比較

また，細菌の内でも生長速度の遅い細菌，すなわち難分解性有機物や菌体収率の低い物質を資化するような細菌（代表例としてシアン分解細菌，硝化細菌など）の生育に適している。

(b) 浮遊物捕捉作用

生物膜法が活性汚泥法と大きく異なる点の一つは，浮遊物捕捉機構にある。活性汚泥法においては，浮遊物の除去率を一義的に支配するのは沈殿池流入時

の活性汚泥の状態(粒径分布やピンフロック・微細粒子の多寡)および沈殿池の条件であろう。一方,生物膜法においては,浮遊物の除去は主として生物反応槽内において行われ,沈殿池は脱落した生物膜等を除去する補助的な役割を担うに過ぎない。

生物膜法の生物反応槽内における浮遊物除去には,捕食動物による取り込み以外に,種々の物理的ないしは物理化学的作用が関与している。例えば,浸漬ろ床においては,急速砂ろ過装置と同様にスクリーン作用,さえ切り,慣性力,重力,静電作用,拡散,流体力移動などによって浮遊粒子が生物膜表面に運ばれ付着する。

しかも,浸漬ろ床での滞留時間は一般に少なくとも数時間はあるので,きわめて清澄度の高い処理水が得られる。

ただし,生物膜量が過大となったり,大型生物(ミジンコ,糸ミミズ,巻貝等)の活動によって,集中的な生物膜の脱落,はく離を引き起こし,処理水質の悪化を招くことも多い。

(c) 基質除去特性

基質除去に関する生物膜法の浮遊生物法との重要な相違点は,つぎの2点である。

第一は,基質除去過程が拡散過程と摂取・代謝過程から構成されることで,これらの速度論的取扱いについては4章で述べた。そして,生物膜が厚いと拡散過程が律速段階(拡散律速:diffusion limitting)となる[64]。物理的作用である拡散の方が生化学的作用である摂取・代謝より温度依存性が低く,生物膜法では温度変化に対して安定した処理効果が得られる。同じ理由から,分解速度の遅い基質を含む排水の処理に向いている。

第二は,SS性あるいはコロイド性の基質の除去に関するもので,これらの物質は生物膜表面において加水分解され低分子化されてからしか生物膜内部に移動していけない。油分などの除去が著しく遅れる理由である。

(d) 実用面での特徴

活性汚泥法などの浮遊生物法と比較した際の生物膜法の利点は,以下のよう

である。

① **維持管理の容易さ**　生物膜法の最大の利点であって，活性汚泥法においては不可欠でかつ細心の注意を要する活性汚泥の濃度，沈降・濃縮性，生物相などを適正に維持するための調整作業を必要としない。また，生物膜として固定されているため流量変動に強く，流量管理を厳密に行う必要もない。先に述べたように，生物相の多様性に富み，食物連鎖が長く余剰汚泥発生量が少ないことも維持管理の容易さの一因である。

② **低分解速度の基質の除去に有利**

③ **水質や負荷の変動など外部条件の変化に強い**

②，③の利点の理由は，先に述べた基質除去の拡散律速性に求めることができる。

④ **低濃度排水にも適用可能**　BOD 20 mg/l 以下というような低濃度排水に活性汚泥法を適用することは，実際上不可能であるし得策でない。排水濃度が低いと活性汚泥を維持することが困難となるが，生物膜法では維持代謝に必要な濃度以上であれば，低濃度から高濃度まで環境条件に適応した生物膜が自動的に形成される。

また，つぎのような点も低濃度排水が生物膜法の対象として好適である理由である。

ⅰ）　排水濃度が低いほど同一の基質負荷条件に対して水量負荷が高くなるが，先に述べたように，生物膜法は高水量負荷をいとわない。

ⅱ）　好気性の生物膜法では，溶存酸素が制限物質，すなわち浄化速度を支配する物質となっていることが多く[65),66)]，流入水の基質濃度が低い方が両者の流束がバランスに近づく。

ⅲ）　流入基質濃度が高いと生物膜が過剰に肥厚して円滑な水流が妨げられる恐れがある。それを防ぐために，逆洗等により生物膜をはく離させ槽外へ取り出す必要がある。流入基質濃度が低いと逆洗が不要かその頻度がきわめて低くてよい。

以上のような理由から，生物膜法は生活排水などの2次処理水をさらに浄化

⑤ **装置的多様性**　生物膜法は原理や浄化特性は共通していても，装置的には多種多様のものがある。浸漬ろ床法，回転円板法，散水ろ床法のいずれにおいても，生物膜担体の形状，材質，設置方法が多種にわたる。さらに，流動床，膨張床等では1けた程度大きい比表面積のろ材を用いてそれに対応した高い負荷での運転を可能にしている。

つぎに，欠点としては，以下のようなものがある。

① **制御できる要素が少ない**　生物膜法の維持管理の容易さは，裏返していえば，制御できる要素が少ないことにほかならない。活性汚泥法のMLSS，SRTの制御のように，生物膜やそのageを容易かつ任意の値に制御することは不可能で，生物処理としての最も基本的な運転条件すら成り行きに任さなければならない。制御可能なのは，ばっ気送気量，水理学的滞留時間（HRT）のみといってよい。

② **拡散律速性に伴う欠点**　生物膜法においては，生物反応に必要な成分の生物膜内部への拡散過程が律速段階（拡散律速）となっている場合が多く，したがって液相でのそれらの成分の濃度が低いと浄化作用が遅れることになる。例えば，活性汚泥法ではDOが$0.2 \sim 0.5 \, mg/l$というごく低い濃度で存在すれば十分だが，生物膜法ではこれよりずっと高くしないと浄化速度に影響する。DOを高めることは，ばっ気における酸素吸収効率を低下させることになる。

また，同じ理由から，嫌気・好気を問わず生物膜法であまり高い除去率を目的とすると，浄化速度は著しく低くなる。

〔4〕 **各種の生物膜法**

（a）**浸漬ろ床法**

浸漬ろ床法（submerged filter process）とは，何らかの固体を水中に浸漬して，その表面に生物膜を発生させ，これを被処理水と接触させることによって浄化を図るものである。接触回数は1回であってもよいが，通例は接触時の流速を高めかつ酸素の補給を行うため，ばっ気と接触を反復して行う。

① **固定床**　固定床（fixed bed）とは浸漬ろ床として最も一般的なもので，生物膜担体が固定されているため，この名称がある。特に典型的なものは，比表面積数 $10 \sim 100 \, m^2/m^3$ 程度のプラスチック製波板，プラスチック片，プラスチック円筒等々を充てんし，散水ろ床を水中に浸漬させたような構造となっていて，接触ばっ気法（contact aeration process）とも呼ぶ。担体（接触材と呼ぶことが多い）が水中に没しているため，生物膜に酸素を供給するため，散気装置や機械ばっ気装置によって強制的にばっ気を行う必要がある。散気装置によるときは，**図 7.19** のように槽内の一部に非充てん部を設け，その底部付近より散気することによって酸素の供給とエアリフト作用による循環水流の形成を行うことが多い。

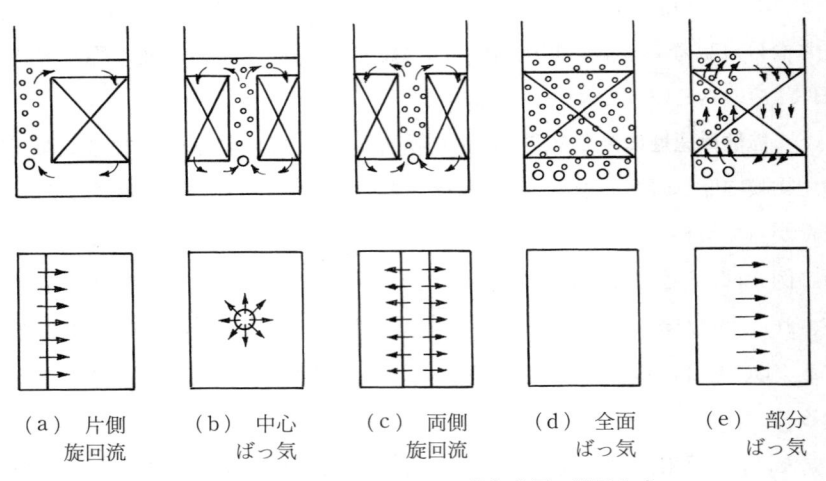

(a) 片側旋回流　(b) 中心ばっ気　(c) 両側旋回流　(d) 全面ばっ気　(e) 部分ばっ気

図 7.19　接触ばっ気槽における散気装置の設置方式

散気装置の平面的な位置によって構造を分類すると，槽の中心にドラフトチューブを設けてこの中で散気し，放射状に循環水流を形成する中心ばっ気型（図 7.19(b)），槽の一壁面に沿って散気管を設ける片側旋回流型（図 7.19(a)），中央に散気管を並べ，その両側に旋回流を生じさせる両側旋回流型（図 7.19(c)）が一般的である。槽平面全体にわたって接触材を充てんし，その下部より直接に充てん部へ送気する場合もあり，充てん床の一部へ散気し

7.8 好気性処理各論

て旋回流を生じさせるもの（図7.19(e)）と充てん床の全面にわたって均等に散気するもの（図7.19(d)）がある。

ドラフトチューブ型において散気管の代わりに，槽水面位置に機械ばっ気装置を設けるもの，槽外に設けた酸素溶解装置内で十分に酸素を溶解させたのち充てん床へ導く preoxigenation 型もあるが，実用例ははるかに少ない。

浸漬ろ床に用いられるろ材（接触材，担体）は，生物膜が付着する表面の状態からは**図7.20**のように分類され，その形状等からは以下のように分類される。

 i) 不定形粒状体：砂利，砕石，抗火石，コークス，石炭ガラ，カキガラ，プラスチック片，コルク片，木片，繊維くずなど。

 ii) 成型粒状体：インタロックスサドル，ラシヒリング，パイプ片，変形パイプ片，テラレッテ，ポールリングなど。

 iii) 棒状，ひも状体：木棒，枝篠，多環ひも（リングレース）など。

 iv) 平板・波状板：石綿板，木板，プラスチック網，プラスチック波板など。

 v) 有孔体：多孔性円筒，ハニカムチューブ，ヘチマロンなど。

 vi) マット状体：サランマット，ヘチマロンなど。

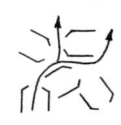

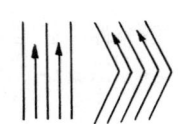

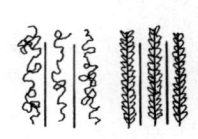

(a) 不定型　　(b) 定形ろ材の不規則配置　　(c) 規則的　　(d) 不規則面の規則的配置

図7.20　接触材・ろ材の表面形状

一般に，粒状体は浮遊物の捕捉性に優れているが，閉塞しやすく，特に不定形のものはその傾向が強いため，人工的に成型したろ材が用いられるようになってからは，あまり用いられない。一方，平板，波板，網などは，設置間隔が適当であれば，閉塞の懸念は少ないが，浮遊物捕捉力や生物膜保持量において

若干劣る。

ろ材の具備すべき条件は，以下のとおりである。

i) 適度な生物膜の付着性があること。
ii) 比表面積が大きいこと。
iii) 空隙率が大きいこと。
iv) 通水抵抗が小さいこと。
v) 化学的・生物学的に安定で変質しないこと。
vi) 座屈，破壊，摩擦に対して十分な機械的強度を有すること。
vii) 浮遊物の捕捉性が高いこと。
viii) 粒径や間隔が一様で，槽内に均一な流速が生じやすいこと。
ix) 有害物の溶出がないこと。
x) 水との比重差が小さく，水中構造物や槽底に大きな荷重を生じないこと。
xi) 安価で安定した供給が可能なこと。
xii) 輸送や組立て・施工が容易なこと。

これらの条件をすべて満たすようなろ材はあり得ない。上記諸条件の中には，相互に矛盾するものが多いからで，例えば，ii)とiv)は明らかにそうで，vi)を重視して部材厚を厚くすると，iii)，iv)，xi)などに逆行する。

よって，処理目的，設計条件，管理条件などに応じて，どの項目を優先し，どういった材質，形状，寸法のろ材を使用すべきであるかを適確に判断することが肝要である。

浄化槽における設計の指針である「構造方法」には，槽を2室以上に区分して直列に用いること，有効容量に対するBOD容積負荷を $0.3\,\mathrm{kg/m^3 \cdot day}$ 以下（第1室に対しては $0.5\,\mathrm{kg/m^3 \cdot day}$ 以下）とすべきことなどを規定している。

生物膜ろ過（packed bed reactor：PBR）法は，一種の全面ばっ気型固定床と見なし得るものであるが，一般的な固定床よりろ材径がかなり小さく，高いろ過能力を有するので，頻繁に逆洗を行うなど，操作条件がかなり異なって

いる。また，酸素の溶解効率が10数％ときわめて高く，省エネルギー性に富むという優れた特徴を有する。さらに，生物処理と物理的なろ過作用とを単一のろ床によって行うことができるので，固液分離のための沈殿槽等を後置しなくてもきわめて清澄な処理水が得られるが，その反面1日に1～数回ろ床を逆洗することが必要で，逆洗排水の濃縮装置を設置しなければならない。

PBRの運転指標としてはろ速（linear velocity: LV）や容積負荷が用いられることが多いが，生下水や1次処理下水に対しては，LVは20～40 m/day，BOD容積負荷 $1.5～4.0 kg-BOD/m^3$-床・day 程度が適当とされ，送気量は処理下水量 $1 m^3$ に対して $2～3 m^3$ でよい。これは標準活性汚泥法の半分程度であって，本法の省エネルギー性を端的に示すものである。

PBRにおけるBOD容積負荷と除去率との間に図7.21のような関係が示されており[69]，一般に負荷が低いほど除去率は高くなり，ある限界値（図7.21では $5 kg-BOD/m^3$-床・day）以下では安定した高い除去率を示す。

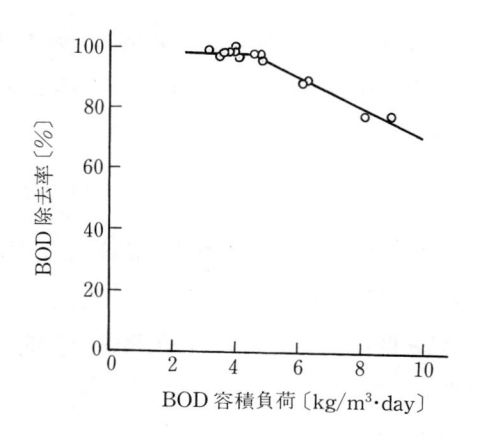

図7.21　PBRにおけるBOD負荷と除去率

PBRによる3次処理では，当然より大きなLVでの操作が可能で，LV 50～12 m/day，BOD負荷 $0.5～1.2 kg/m^3$・day で BOD除去率60％以上が得られ，NH_3-N 負荷が $0.5 kg/m^3$・day 以下であれば，NH_3-N の大半を，さらに NH_3-N 負荷が $0.3 kg/m^3$・day 以下であれば 95％以上を硝化できる。

② **流動床**　流動床（fluidized bed）においては，微生物担体として粒径数 mm 以下の小さな粒子を用いるので，微生物保持量，生物膜面積ともに非常に大きく，それに対応してきわめて短い滞留時間で高負荷の処理が可能である。例えば，空塔滞留時間（superficial retention time）十数分，BOD 負荷 10 kg/m³·day といった条件で下水処理ができる。半面，安定した流動状態を保つためには，綿密で高度な運転管理が不可欠である。

砂や粒状活性炭を充てんした縦長の充てん層に被処理水を高速で流すことによって層を流動化させることができる。（図 4.13(b)）。

上昇流速が充てん材単粒子の自由沈降速度より大きくなると粒子は反応塔から流出してしまうので，流動床の操作流速は最小流動速度と単粒子の自由沈降速度との間の狭い範囲に限定される。

最小流動速度は，つぎのような実験式で与えられる[70]。

$$V_{mf} = 0.00381 \frac{d^{1.82}[\gamma(\gamma_s - \gamma)]^{0.94}}{\mu^{0.88}} \tag{7.20}$$

ここに，V_{mf}：最小流動速度（gpm/ft²：2.445 m/h），γ および γ_s：流体および粒子の密度（lb/ft³：15.977 kg/m³），μ：粘度（centipoise）である。あるいは，V_{mf} [m/h] は次式で表される。

$$V_{mf} = \frac{d^2(\rho_s - \rho)g}{1650\mu} \tag{7.21}$$

ここに，d：粒子の直径 [m]，ρ_s および ρ：粒子および流体の密度 [g/m³]，μ：粘度 [g/m·h]，g：重力の加速度 [m/h²] である。

粒子に生物膜が形成されると見かけ密度が小さくなるが，生物膜の密度を 1.005 g/cm³ として付着量から算出することができる。

流動床における損失水頭は次式で求められる。

$$H_L = \frac{H(\gamma_s - \gamma)(1-\varepsilon)}{\gamma} \tag{7.22}$$

ここに，H_L：損失水頭 [m]，H：流動床高 [m]，ε：流動床の空隙率 [－] である。

③ **膨張床**　砂や活性炭，セラミックなどの微細粒子の充てん層下部から

被処理水を通水すると，流体とろ材との間にはたらく摩擦力によってろ材が押し上げられる。ろ速が適当な値であると，ろ床容積が 20〜30 % 程度膨張した状態で釣り合う。膨張床（expanded bed）においては，流動床と異なり，ろ材粒子は相互に位置を変えることなく，つねに膨張していることによって一定以上の空隙率を保っているため，固定床でろ材径を小さくしたとき避けがたい閉塞という問題を克服している。酸素供給の目的でろ床部に直接通気すると膨張床が破壊されるので，あらかじめ酸素を溶解させてから通水しなければならず，好気性処理よりも嫌気性処理としての適用例が圧倒的に多い。

（b） 散水ろ床法

散水ろ床法（trickling filter, percolating filter）では，汚水をろ材に散布すると，ろ材表面に生物膜が形成され，汚水がろ材充てん床内を流下する間に生物学的に浄化される。ろ材としては古くは直径 25〜50 mm（標準ろ床），あるいは 50〜60 mm（高速ろ床）の砕石が用いられたが，近年はプラスチック製波板が多用される。ろ床の平面形状は円形または方形で，固定散水機または回転，往復運動をする散水機によって均等に散水する。ろ床深さは 1〜3 m である。**図 7.22** に標準ろ床の断面を示す。

① 分 類　　負荷条件によって，**表 7.12** のように四つに分類される。標準ろ床は最も低い負荷条件で操作するので，硝化作用の進んだ安定した処理水

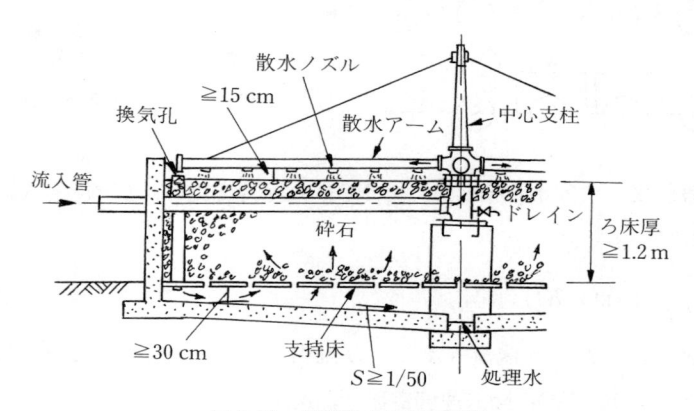

図 7.22　標準散水ろ床の断面

7. 好気性の生物処理法

表 7.12 負荷範囲による散水ろ床の分類

	低速ろ床	中速ろ床	高速ろ床	超高速ろ床
水量負荷〔m³/m²·day〕	1～4	4～10	10～30	30～80
BOD 負荷〔kg/m³·day〕	0.1～0.4	0.2～0.5	0.5～1.0	0.5～2.0

が得られるが，中，高，超高速と負荷が大きくなるに従って処理水の安定度は低下し，硝化もほとんど進まなくなる。また，標準ろ床以外ではろ床流出水の循環を行って処理効果を高めている。

散水ろ床を用いた各種の生活排水処理方式フローシートを**図 7.23** に示す。

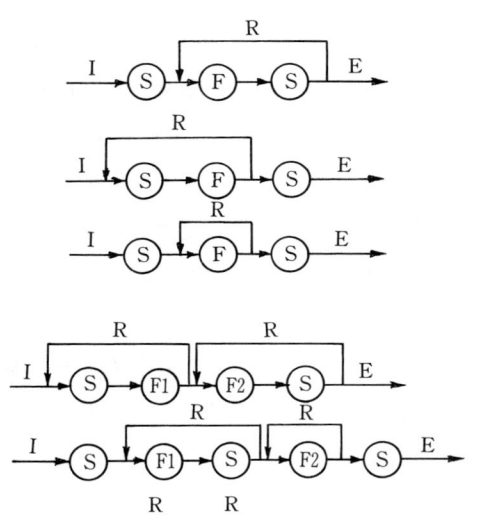

I：流入，E：流出，R：循環水，
F：散水ろ床，S：沈殿池

図 7.23 標準的な散水ろ床の構成

② **設計式** 散水ろ床における BOD の経時変化は，1 次反応式によって近似されている。

$$\frac{L_e}{L_0} = \exp(-Kt) \tag{7.23}$$

ここに，L_0, L_e：ろ床流入水および流出水の BOD〔mg/l〕，t：ろ床流下時間〔min〕，K：BOD 除去速度定数〔/min〕，である。

ろ床流下時間 t は次式のような形で表されることが多い。

$$t = \frac{C'Z^n}{(Q/A)^m} \tag{7.24}$$

ここに，Z：ろ床深さ〔m〕，Q：流量〔m³/day〕，A：ろ床表面積〔m²〕であって，m，n，C' は生物膜および汚水の性状によって変わる係数である。

Eckenfelder[71] は，ろ材の比表面積が浄化速度に及ぼす影響を考慮して，次式を示している。

$$\frac{L}{L_0} = \exp\left(\frac{-KA_v^m D}{q^n}\right) \tag{7.25}$$

ここに，L：ろ床深さ D〔m〕での BOD〔mg/l〕，A_v：ろ材の比表面積〔m²/m³〕，$q(Q/A)$：水量負荷〔m³/m²・day〕である。

また，ろ床流出水の循環を行う場合の BOD 変化は，次式で表される。

$$\frac{L}{L_0} = \frac{\exp[-KA_v D/(1+N)^n q^n]}{(1+N) + N \exp[-KA_v D/(1+N)^n q^n]} \tag{7.26}$$

ここに，N：循環比，q：循環を考えない水量負荷である。

温度の影響は次式で表される[72]。

$$K_T = K_{20}(1.035)^{T-20} \tag{7.27}$$

ここに，K_T，K_{20}：T ℃および 20 ℃における BOD 除去速度定数である。温度定数（1.035）が小さいことは，生物膜法の特徴を示している。

経験式としては，National Research Council（NRC）がろ床第1段の BOD 除去率 E_1 として次式を与えている[73]。

$$E_1 = \frac{1}{1 + 0.085\sqrt{W/VF}} \tag{7.28}$$

ここに，E_1：循環および沈殿を含めた単段または第1段ろ床での BOD 除去率，W：ろ床に対する BOD 負荷〔lb/day〕，V：ろ材の容積〔acre-ft〕，F：循環返送係数で，次式で表される。

$$F = \frac{1+R}{(1+R/10)^2} \tag{7.29}$$

ただし，R は返送比で Q_r/Q（Q_r：返送流量）に等しい。

第2段ろ床での BOD 除去率は

$$E_2 = \cfrac{1}{1 + \cfrac{0.0085}{1+E_1}\sqrt{\cfrac{W'}{VF}}} \tag{7.30}$$

で示される．ここに，E_2：第2段ろ床での部分効率，W'：第2段ろ床へのBOD負荷〔lb/day〕である．

（c） 回転円板法ないしは回転板接触法

回転円板法（rotating biological disk：RBD）ないしは回転板接触法（rotating biological contactor：RBC）とは，**図7.24**のように，中心軸に等間隔に垂直に固定された多数の軽量薄円板を，半円筒状の水槽に円板の約40％が水没するように設置し，低速回転させる．円板は排水と空気とに交互に接触し，それに伴って円板上の生物膜による汚濁物質と酸素の吸収が交互に繰り返される方法である．円板の回転は通常機械装置によって行われるが，回転下部より散気して，円板体周囲の空気だめにたまった空気の浮力を利用する空気駆動式もある．通常20 m/min以下の周辺速度（円板の周辺の速度）で回転させる．よって，回転速度は1〜数rpmである．

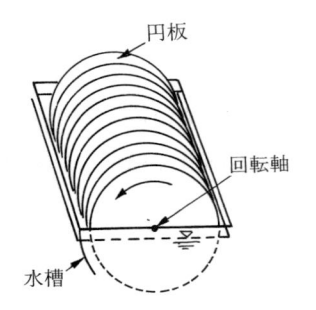

図7.24 回転板接触槽の模式図

① 回転円板

円板の直径は0.5〜5 mに及ぶが，2.0〜3.6 mのものが多い．厚さは1〜25 mmと材質によって大きく変わる．材質は発砲スチロール，ポリ塩化ビニル，ポリエチレンなどで，平板状のものと波板状のものとに大別される．こうした円板数十〜数百枚を1本の中心軸に20〜30 mm間隔で固定し，1個の回転体として用いる．円板体の浸漬率は40％程度を標準とするが，汚濁物質と酸素の吸収速度のバランスを図るため，排水濃度が高いほど

浸漬率を低くするべきであり，また全体を水没させて嫌気性処理（嫌気性消化，脱窒）の目的で用いることもできる。

② **接触槽** 円板外周と槽底周壁との間隔は円板直径の10％程度とする。これによって，回転体の直径および幅が定まれば槽容積は決定されるが，接触槽の容積は液量面積比 G 値，すなわち接触槽容積を円板全表面積で除した値からも定めることができる。$G=5$〔l/m^2〕以上が適当とされ，$G=5〜9$〔l/m^2〕が一般に用いられる。

③ **設計因子**

i） BOD 面積負荷：1日に装置に流入する BOD 量を円板面積で除したものである。いうまでもなく，小さく設定するほど高い BOD 除去率が得られる。浄化槽の構造方法においては，BOD 除去率70％以上，85％以上，90％以上に対してそれぞれ，$12\,g/m^2\cdot day$ 以下，$5\,g/m^2\cdot day$ 以下，$5\,g/m^2\cdot day$ 以下を定めている。BOD だけでなく，COD，SS，NH_3-N などについても用いられ，汚濁物質面積負荷と総称する。

ii） 水量負荷：単位円板面積，1日当りの水量で

$$G=\left(\frac{Q}{A}\right)\times 10^3 \tag{7.31}$$

で表される。ここに，G：水量負荷〔$l/m^2\cdot day$〕，Q：流入水量〔m^3/day〕，A：円板総面積〔m^2〕である。

iii） 円板間隔：流入 BOD が高いほど，厚い生物膜が形成されるので，円板間隔を大きくしなければならない。また，円板間隔は G 値とも対応関係がある。多段構成の回転円板装置においては，最前段で 25〜35 mm，それ以降で 10〜20 mm とするのが妥当とされている。

iv） 円板段数：回転円板装置の各段は完全混合槽と見なされるので，段数が多くなるほど押出流に近づく。段数は3〜5段が適当とされ，通常の下水2次処理では4段，硝化や脱窒のためには，さらに同程度の段数を加える。

v） その他：円板浸漬率，回転速度，排水流入方向（回転軸に平行か垂直

か), 水温, 等々がある.

④ **設計式**

ⅰ) Popelの式：Popel[74] は必要円板面積の計算式として, 次式を提示した.

$$F = f\left(\frac{F}{F_w}\right) \cdot f(\eta) \cdot f(t) \cdot f(T) \cdot Q \cdot O_{bz} \tag{7.32}$$

ここに, F：必要円板面積〔m²〕, $f(F/F_w)$：円板面積と円板浸漬面積の比〔−〕, $f(\eta)$：BOD除去率 η の関数で式(7.33)によって与えられる. $f(t)$：接触時間 t〔h〕の関数で式(7.34)で与えられる. $f(T)$：水温 T〔℃〕の関数で式(7.35)によって与えられる. Q：処理水量〔m³/day〕, O_{bz}：流入水 BOD 濃度〔mg/l〕である.

$$f(\eta) = \frac{0.01673\,\eta^{1.4}}{(1-\eta)^{0.4}} \tag{7.33}$$

$$f(t) = 1 - 1.24 \cdot 10^{-0.114} \tag{7.34}$$

$$f(T) = 10^{-0.02T} + 1.713 \cdot 10^{-0.1T} + 0.35 \cdot 10^{-4} \cdot 10^{0.1T} \tag{7.35}$$

ⅱ) 石黒の式[75]

$$F_w = \frac{4.63 \times 10^{-3} \times L_0 \cdot q \cdot \eta^{2.19}}{(1-\eta)^{1.19}} \tag{7.36}$$

ここに, F_w：必要円板浸漬面積〔m²〕, L_0：流入 BOD〔mg/l〕, q：流入排水量〔m³/day〕である.

以上のような計算式のほか, 水量負荷に基づく方法[76], 生物膜反応理論による方法[77]などが設計手法として提示されている.

⑤ **消費エネルギー** 加藤[78]は回転円板の軸動力は, 円板が回転するときに受ける全トルクより求められ, 次式によって示されるとしている.

$$W = 0.968\,\rho \cdot \nu^{1/2} \omega^{2.5} r^{4.0} \eta \quad (\text{層流領域}) \tag{7.37}$$

$$W = 0.0365\,\rho \cdot \nu^{1/5} \omega^{2.8} r^{4.6} \eta \quad (\text{乱流領域}) \tag{7.38}$$

ここに, W：入両軸動力〔kW〕, ω：角速度〔/s〕, ρ：液体の密度〔kg/m³〕, r：円板の半径〔m〕, ν：動粘性係数〔m²/s〕, η：円板浸漬率〔−〕である.

8 嫌気性の生物処理

8.1 概　　説

　嫌気性処理は，嫌気性消化（anaerobic digestion）とも呼ばれ，比較的高濃度の排水や，排水処理に伴って発生する汚泥の処理に適用され，好気性処理と比較して下記のような利点を有する反面，それ自体で独立したプロセスとならず，ほとんどの場合好気性処理と組み合わせて用いられる。
　ⅰ）　ばっ気を必要としないため省エネルギー性が高い。
　ⅱ）　副産物としてメタンガスが得られる。
　ⅲ）　除去有機物当りの汚泥発生量が少ない。

　適用対象は，数十年以前には，排水処理汚泥，ある種の産業排水，くみ取りし尿など1％以上の有機物を含むものに限定されていたが，上記のような利点にかんがみ，ここ数十年の間に各種の改良法が開発され，標準的な生活排水程度の濃度の排水にも適用可能となっている。

8.2　嫌気性消化の過程と物質変化

　有機性浮遊物質など複雑な基質の嫌気性代謝は，3段階の過程により構成されている。
　第1段階：複雑な有機物の加水分解による低分子化。
　第2段階：低分子物質の分解による各種揮発性脂肪酸，アルデヒド，アルコ

ールの生成。

第3段階：酢酸ないしは水素と二酸化炭素からのメタンの生成。

第1および第2の段階をまとめて酸生成相（acidogenic phase）あるいは液化段階（liquefaction step）といい，第3段階のメタン生成相（methanogenic phase）ないしはガス化段階（gasification step）と合わせて，2段階の過程として扱う考え方もある。

これらの過程を進めるのは，通性嫌気性細菌（facultative anaerobes）と偏性（絶対）嫌気性細菌（obligate anaerobes）とであり，液化過程には両者が関与しているのに対し，メタン生成菌はすべて偏性嫌気性細菌である。

通性嫌気性細菌には，*Bacillus*，*Bacterium*，*Proteus*，*Clostridium*，*Streptcocuss*，*Pseudomonas*，*Cellulomonas*，*Bacteroides* などがある。

古くは，嫌気性消化槽中の酸生成菌は通性嫌気性細菌であるといわれていたが，Toerien ら[1]，Mah ら[2] などの研究によって絶対嫌気性細菌が圧倒的に多いことが明らかにされ，通性嫌気性細菌の10～100倍程度であるといわれている。

一般に，有機物の加水分解の過程は相対的に遅く，特に脂質を多量に含む排水や豚舎汚水のように加水分解しにくい物質を多量に含んだ排水の処理においては，この過程が律速段階となることがある。酸生成の速度は一般にメタン生成速度より大であり，易分解性の有機物が急激かつ大量に投入されると，酸発酵が促進され，酸の蓄積をもたらし，ひいてはつぎの段階であるメタン生成を阻害する。ゆえに，メタン生成速度と均衡のとれた有機物負荷を維持することが肝要である。Henze ら[3] は，酸発酵の主要な経路として，図8.1を示している。

酸生成に伴って，タンパクやアミノ酸の分解においては，アンモニアが放出されるが，通常は嫌気性プロセスを阻害するほどの濃度にはならない。しかし，窒素濃度が高い基質を高負荷で処理するときには，アンモニアによる阻害が考えられる。

メタン生成段階は遅い過程であって，通常嫌気性分解における律速段階とな

8.2 嫌気性消化の過程と物質変化

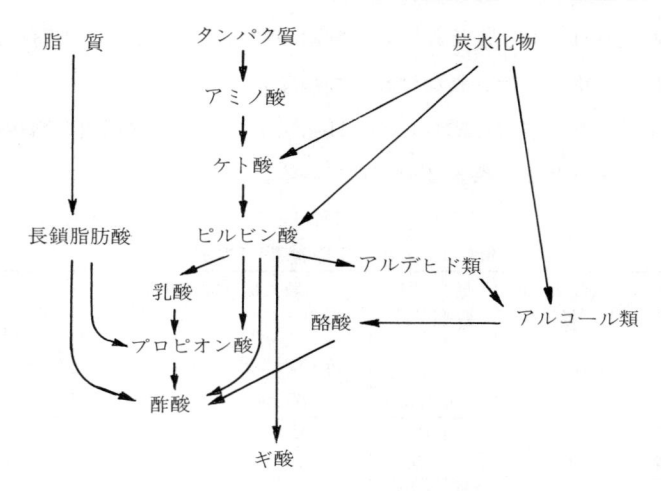

図8.1 酸生成菌によって行われる反応の主要経路

っている。生成するメタンの約3分の1が分子状水素から，少量のメタンがメタノールやギ酸から，残り70％程度が酢酸から生成される。

メタン生成細菌（methane-producing bacteria）は，その形態によって *Methanobacterium*（桿菌），*Methanococus*（球菌），*Methanosarcina*（立方体の集団をつくる球菌），*Methanospirillum*（らせん菌）に分類されている。**表8.1** にメタン生成細菌とその分解基質を示した。メタン菌が利用できる基質は

表8.1 メタン生成細菌とその利用できる基質

メタン生成菌	利用できる基質
Methanobacterium arbophilicum	H_2+CO_2
Methanobacterium ruminatium	H_2+CO_2, formate
Methanobacterium formicium	H_2+CO_2, formate
Methanobacterium sp. strain M. O. H.	H_2+CO_2, formate
Methanospirillum sp.	H_2+CO_2, formate
Methanobacterium thermoautotrophicum	H_2+CO_2
Methanospillum hungatii	H_2+CO_2, formate
Methanosarcina barkeri	H_2+CO_2, formate acetate
Methanobacterium mobilis	H_2+CO_2, formate
Methanococcus vanielii	H_2+CO_2, formate
Methanococcus sp.	H_2+CO_2, formate

きわめて限定されており，それ以外の細菌の作用によって種々の有機物がそれら限定された基質に変換されなければならない。

多くの文献からの情報を総合して，Henzeら[3]は嫌気性細菌の増殖速度に関するパラメーターとして表8.2を示している。

表8.2 嫌気性培養の増殖速度定数

パラメーター 培養種	最大比増殖速度 μ_{max} 〔day^{-1}, 35℃〕	最大収率係数 Y_{max} 〔kg-VSS/kg-COD〕	最大基質除去速度 $r_{max} = \dfrac{\mu_{max}}{Y_{max}}$ 〔kg-COD/kg-VSS・day, 35℃〕		半飽和定数 K_s〔kg-COD/m^3〕
			活性VSS 100%	活性VSS 50%	
酢酸生成菌	2.0	0.15	13	7	0.2
メタン生成菌	0.4	0.03	13	7	0.05
混合培養	0.4	0.18	2	1	—

この表からいえることは，嫌気性細菌は35℃においてではあるが，常温における好気性細菌と同程度の基質除去速度（r_{max}）を示す。しかし，増殖収率（Y_{max}）は，特にメタン生成菌の場合，好気性細菌に比べて1けた以上小さい。これは基質代謝に伴うATP合成が少ないためであり，要するに嫌気性代謝においては，基質の有するエネルギーの大半が最終生成物であるメタンへと移行することにほかならない。しかも，ここに記した収率係数0.18 kg-VSS/kg-CODという値は最大値であって，有機物負荷率が小さいと実質的な値はさらに小さくなることに留意しなければならない。

そのため，比増殖速度（μ_{max}）も好気性細菌より小さく，特にメタン生成細菌に関しては数十分の一に過ぎない。このことは，嫌気性消化の設計や運転管理に関してきわめて重要な意味をもつ。なぜなら，嫌気性消化の律速段階はメタン生成段階であり（その理由もμ_{max}が小さいことによるが），その設計や運転管理条件はメタン生成段階に配慮して定めなければならないからである。

より端的にいえば，メタン生成菌のμ_{max}はきわめて小さく，反応槽においてwash out（洗出し）が生じないような滞留時間や環境条件を設定することが肝要である。

8.3 嫌気性消化における影響条件

主要な影響因子には，温度，pH，栄養条件，阻害物質がある。

〔1〕 温　　度

嫌気性消化における温度の影響は，基本的に好気性処理におけるのと同様で，ある狭い温度範囲では Arrhenius 式（3.2.3項参照）が当てはまる。

Henze ら[3]は多くの研究報告から，中温嫌気性消化の温度による相対反応速度に対して図 8.2 を示し，これに次式のような Arrhenius 変形式を当てはめ，$\kappa = 0.1$ 〔℃$^{-1}$〕であるとしている。

$$\frac{r_{x,T_1}}{r_{x,T_2}} = e^{\kappa(T_1-T_2)} \tag{8.1}$$

ここに，r_{x,T_1}, r_{x,T_2}：温度 T_1 および T_2 における反応速度である。

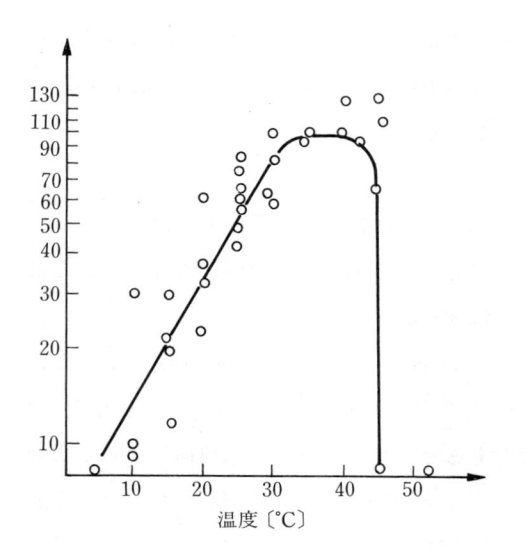

図 8.2 中温硝化におけるメタン生成の温度依存性（縦軸は 35 ℃に対する相対値）

すなわち，温度 1 ℃の上昇に対して 10.5 ％ずつ反応速度が上昇し，10 ℃の上昇で e（≒2.72）倍になることになる。中温消化における至適温度は 37 ℃付近にあるとされ，それ以上高温になると細菌の活性度は急激に低下する。

高温消化においては，53～55℃に至適温度を有し，25～50％程度中温消化より反応が速いといわれているが，高温消化における温度依存性については，決定的な傾向は見いだされていない。

高温消化における問題点の一つは，増殖収率が低く，そのため立ち上がりが遅く，負荷や環境条件の変化に対しての対応が遅れることである。

〔2〕 pH

メタン生成細菌は，いずれも6～8の間に至適pHを有し，一方，酸生成菌のそれは若干低い5～6の間にある。しかし，メタン発酵が律速段階であることから，pHを6以上に維持することが望ましい。ただし，このことは，反応槽への供給液をこうしたpH範囲に調整しなければならないことを意味するものではない。pHが有機酸等で低い場合には，嫌気性分解によって反応槽内pHは中性に近づくし，逆に高pH側にあるときは生成する二酸化炭素によって8以下に調整されるからである。

生物膜やグラニュールを用いる処理では，pHの許容幅はさらに大きくなると考えられる。生物膜やグラニュールの中では，上記のようなpH調整効果がより増幅された形で起こり得るからである。

〔3〕 栄 養 条 件

嫌気性消化においては，好気性処理よりも増殖収率が低いので，窒素，リンの必要量も当然少なくなるが，それでもこれらの量が絶対的に不足しているような処理対象に対しては，適正量の添加が必要である。

適正な N/P 比は約7であるといわれる[4]。また増殖収率から考えると，COD_{cr}/N の理論的最小値は350/7であり，高負荷域（0.8～1.2 kg-COD_{cr}/(kg-VSS·day)）では400/7程度であるとされ，それより低負荷になると実質的な収率係数の低下に伴って，この比の値が増大する。低負荷域（<0.5 kg-COD_{cr}/(kg-VSS·day)）のプロセスでは，この比の値は1 000/7あるいはそれ以上に増大する。

窒素，リン以外の微量栄養物質としては，Fe^{2+}，Ni^{2+}，Mg^{2+}，Ca^{2+}，Ba^{2+}，Co^{2+}，SO_4^{2-} などが挙げられているが，いずれも必要量は 0.1 mg/l の

単位ないしはそれ以下であり，通常の廃泥・液は条件を満たしている。

〔4〕 阻 害 物 質

阻害物質として重要なものに揮発性脂肪酸，硫化水素，アンモニアおよび金属類などがある。

（a） 揮発性脂肪酸

揮発性脂肪酸自体が阻害性を有するのか，その蓄積による pH の低下がメタン発酵にとって有害なのかについては，完全に解明されたとはいい難い。ただ，未解離の有機酸が問題であるように思われ，pH が関係していることになる。

いずれにしても，酸生成速度がメタン発酵による酸の分解速度を上まわっていれば，揮発性脂肪酸の蓄積が進み，ついにはプロセスの不調ないしは停止に至る。

Andrews[5] は，揮発性脂肪酸がメタン発酵の基質であると同時に阻害物質であるという見地から，酵素反応における競合阻害の反応速度式(2.34)と同形の次式を適用した。

$$\mu = \mu_{max} / \left(1 + \frac{K_S}{C_{HS}} + \frac{C_{HS}}{K_I}\right) \tag{8.2}$$

ここに，C_{HS}：遊離揮発性脂肪酸濃度〔mg/l〕，μ：比増殖速度〔/day〕，μ_{max}：最大比増殖速度〔/day〕，K_S：飽和定数〔mg/l〕，K_I：阻害定数〔mg/l〕である。

式(8.2)は実験値との整合が示されているが，パラメーター数が多い式であるため，実験値との整合をもって正しい式とは断定できない。遊離揮発性脂肪酸の濃度が 10 mg/l 程度を超えると，発酵停止に至る場合が多い[6],[7]。

（b） 硫 化 水 素

無害な亜硫酸や硫酸が嫌気性状態下で還元されて，有害な硫化水素を生成する。硫酸還元は，メタン発酵よりも高い ORP で起こる。

硫化物の毒性は遊離の硫化水素濃度によるとされ，低 pH（＜6.5）は毒性を増大する。

Rudolfsら[8]は，硫化ナトリウムを硫黄として150～200 mg/l 加えるとガス化が著しく阻害されることを認め，小野[9]は糖蜜廃液のメタン発酵において，廃液中の硫酸イオン濃度が500 mg/100 ml で阻害が現れ，これ以上になると連続発酵が困難になったとしている。

硫化水素は腐食性のガスであるから，発酵ガスの利用の面からもその対策は重要である。硫化水素による阻害に対する対策としては，発酵ガスを脱硫し，そのガスで反応槽内の硫化水素をストリッピングする方法と，反応槽に鉄塩を加えて不溶性の硫化鉄（FeS）とする方法[10]がある。

（c） アンモニア

この場合も遊離のアンモニアが問題で，100～200 mg/l で阻害を生じる。しかし，pHが7以下であれば，アンモニア性窒素のうちで遊離アンモニアとして存在する割合はごくわずかであり，5 000～8 000 mg/l という高濃度にも耐えることができる。

（d） 金 属 類

アルカリ金属やアルカリ土類金属の毒性は弱く，概括的に述べると数千mg/l 程度で阻害作用があり，10 000 mg/l 前後で強い阻害作用を示すといわれる。一方，重金属類（Cr，Cu，Zn，Cd，Ni等）はこれより1～2けた低い濃度で毒性があるといわれるが，その作用の強さは，pH，温度，共存イオンなどによって大きく変化すると思われ，一概に論じることはできない。

また，Fe^{2+} のように促進効果のあるものもあるばかりでなく，上記のような高濃度であれば阻害性を示す各種の金属もごく微量であれば必要ないし，有益である。

8.4 嫌気性消化の動力学

嫌気性消化に対しても，好気性生物反応と同様に，0次反応式，Monodモデル，1次反応式を用いた解析が種々行われている[11]～[13]。嫌気性消化の場合，酸生成反応とメタン生成反応とに対してそれぞれ反応速度式や物質収支式を定

め,それらを逐次反応として扱わなければならないという点を除けば,基本的に異なる点はないので,ここでは省略する。

8.5 各種の嫌気性消化プロセス

　好気性の各種の処理プロセスと比較した場合の嫌気性消化プロセスの生物学的な著しい特徴は,利用する微生物の比増殖速度が1けた以上小さいことである。このことは,嫌気性消化プロセスを浮遊生物法として実施し,かつ反応後の微生物を回収・返送する手段を有しない場合には,生物反応槽の滞留時間を1けた以上長くしなければならないことを意味する。いうまでもなく,微生物の洗出しが生じるからである。

　このことは,処理対象廃泥・液の有機物濃度がきわめて高いとき(例えば $>10\,000$ mg/l)には,あまり問題とならない。実際,下水汚泥,くみ取りし尿,糖蜜廃液などの嫌気性消化処理には,完全混合型の微生物回収・返送機能のない反応槽が長く用いられてきた。

　しかしながら,省エネルギー性が高く,メタンという燃料ガスが回収でき,汚泥発生量が少ないという嫌気性消化処理の大きな利点にかんがみ,もっと低い濃度の,できれば生活排水程度の排水にも,処理対象を拡大しようという技術開発が進められ,今日多様な嫌気性消化プロセスが実用化されている。

　これらは,いずれも水理学的滞留時間(HRT)と生物性汚泥滞留時間(SRT)とを別個に,すなわち前者にかかわらず後者をそれより長くするよう制御できる構造のものであって

ⅰ)　反応槽流出液に固液分離を施して,生物性汚泥を分離・回収し,反応槽に返送するもの。

ⅱ)　反応槽内に生物性汚泥を固定し(生物膜),液だけが流出するようにしたもの。

ⅲ)　生物性汚泥をフロック化して,フロック・ブランケットを利用するもの。

iv) 生物性汚泥を顆粒（グラニュール）状にし，膨張床や流動床を形成して液を通過させるもの。

v) 反応槽から液だけを抜き取るもの（膜分離）。

に分類することができる。

要するに，反応槽内にできるだけ多量の生物性汚泥を保持しつつ，それに見合った有機物負荷を与えることによって，必要滞留時間を削減するねらいをもっている。以下に，各種の嫌気性消化プロセスについて説明する。

〔1〕 標準消化法

標準消化法（conventional anaerobic digestion process）は，密閉槽に十分量の消化汚泥等の種汚泥を満たし，30～37℃に保ちながら下水汚泥やし尿等を半連続的に投入し，20～30日の滞留時間を与えて処理するものであるが，常温で60～70日の滞留時間とすることもある。

通常，消化槽は2段直列に区分し，第1槽は消化ガスの吹き込み等によってかくはんされ，ガス発生は大部分ここで起こる。第2槽は消化を完全に進めると同時に，固液分離の機能を有し，ガス発生量は第1槽の1/20程度に過ぎない。汚泥消化における有機物負荷は，30℃において $1.5 \, kg\text{-}VS/m^3 \cdot day$ とする。

高温消化（50～60℃）の場合，消化日数は10～15日に短縮することができる。

〔2〕 高率消化法

高率消化法（high rate anaerobic digestion process）は，消化ガスを吹き込んで反応槽内を連続的にかくはんすることによって，必要滞留時間を6～8日程度にまで短縮することができる。

連続的かくはんに加えて，高濃度の泥・液を投入することによって効率化が達成される。

連続的かくはんは，i）槽内温度の均一化，ii）投入汚泥と消化汚泥の均一な混合，iii）スカムの防止，iv）短絡流の発生の抑止による有効容積の増大等の効果をもたらす。その結果，本法では，下水汚泥消化の場合，$3\sim5 \, kg/m^3 \cdot day$

8.5 各種の嫌気性消化プロセス

の有機物負荷率が可能とされている。

〔3〕 嫌 気 性 接 触 法

嫌気性接触法（anaerobic contact process）は，嫌気性の活性汚泥処理とみられるものであって，家庭排水の4〜10倍程度の有機物濃度の排水の処理に適する。このプロセスの構成は，図8.3(a)に示すように，反応槽流出液から沈殿分離によって生物性汚泥を回収し，流入水と混合して反応槽へ返送することを特徴とし，これによって反応槽におけるHRTとSRTの独立した制御を可能としている。嫌気性活性汚泥法（anaerobic activated sludge process）とも呼ばれるが，好気性処理とは異なり，ガスが生物性汚泥に付着して沈降を妨げるので，沈殿槽流入前に減圧装置を設けて脱気する必要がある。

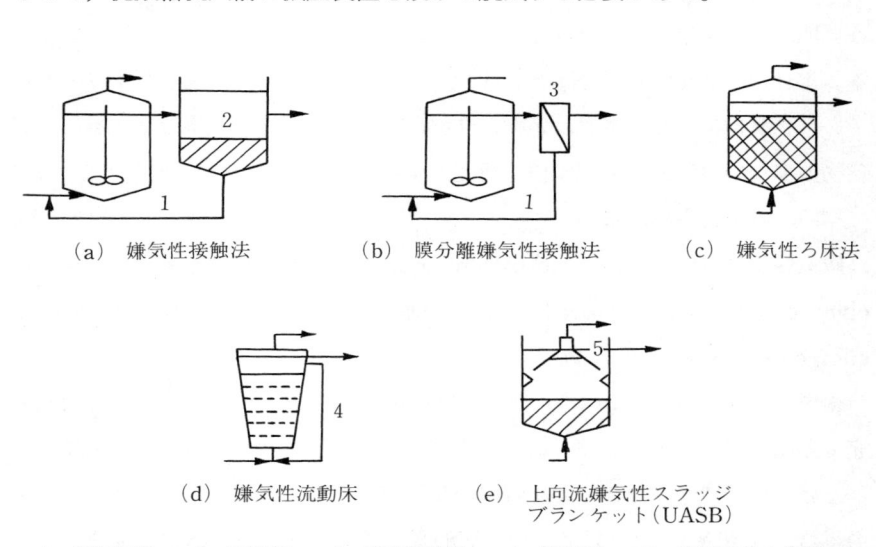

(a) 嫌気性接触法　　(b) 膜分離嫌気性接触法　　(c) 嫌気性ろ床法

(d) 嫌気性流動床　　(e) 上向流嫌気性スラッジブランケット（UASB）

1. 汚泥返送　2. 沈殿槽　3. 膜分離装置　4. 液循環　5. 沈殿槽ガス分離器

図8.3　各種の嫌気性処理装置

食品加工排水などに適用して，2〜7 kg/m³·day の BOD 負荷で，BOD 除去率50〜90％程度が得られる。

〔4〕 膜分離嫌気性接触法

膜分離嫌気性接触法（membrane separation anaerobic contact process）

は，図8.3(b)のように嫌気性消化に膜分離を組み合わせることにより，前述の嫌気性接触と同様の特長のほかに，好気性の膜分離活性汚泥法と同様の効果が期待できる。すなわち，ⅰ)処理水質が良好で，ⅱ)高いMLSSが維持でき，高負荷運転と少ない汚泥生成量が期待でき，ⅲ)安定した運転ができる等である。

嫌気性消化において酸生成相とメタン生成相を分離して別個の槽で順次進める2槽嫌気性消化法が用いられることがある。

この場合，膜の使用位置を〔酸発酵＋膜＋メタン発酵〕とするか，〔酸発酵＋メタン発酵＋膜〕とするかの比較試験が行われている[14]。比増殖率の低いメタン生成細菌を完全に回収して，律速段階であるメタン発酵を促進するという見地から，後者の方が優れていると予期されるが，結果は多くの場合逆である。それは，酸発酵と膜分離との複合によって，完全に可溶化した基質のみがメタン発酵槽にもたらされ，メタン発酵における分解性を高めるとともに，夾雑物の少ないバイオマスの蓄積を可能とするからである。

〔5〕 **嫌気性生物膜法**

嫌気性生物膜法 (anaerobic biofilm process) には，嫌気性ろ床法 (anaerobic bio-filration process) と嫌気性回転板接触法 (anaerobic biological contactor process) がある。

嫌気性ろ床法（図8.3(c)）は，好気性ろ床法である接触ばっ気法と同様の充てん層（プラスチック製ろ材等を充てん）に原水を通水するだけの簡易な操作だけで使用できるため，中小規模の生活排水処理に多用されている[15),16)]。その場合，滞留時間は1～1.5日で，BOD除去率は，季節的な水温の変化によって大きな影響を受けるが，60～85％である。こうした条件のもとでは，年1回蓄積した汚泥を抜き取るのみでよい。

戸建て住宅用小型合併処理浄化槽は，1次処理としていずれもこの方法を採用しているため，その実績はきわめて多い。図8.4にその一例を示す。

嫌気性回転板接触法は，円板全体を水槽中に水没させて回転させる構造となっているが，嫌気性ろ床法と比べて利点がなく，ほとんど利用されていない。

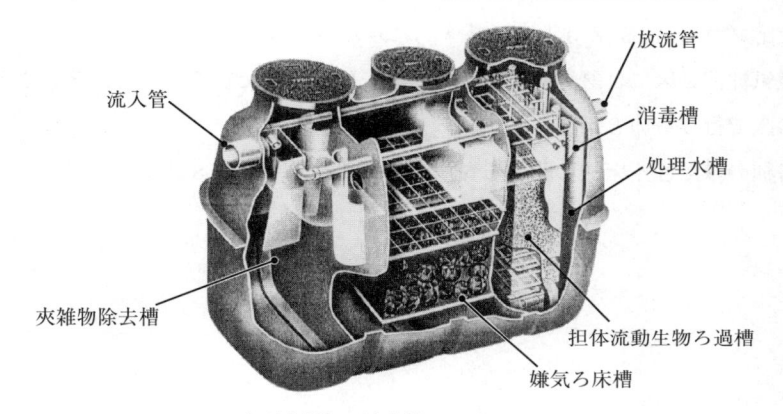

コンパクト小型合併処理浄化槽 CS 型
処理方式：担体流動生物ろ過方式（BOD 20 mg/l 以下）

図 8.4 嫌気性ろ床法を利用した小型合併処理浄化槽の一例
（フジクリーン工業(株)提供）

〔6〕 嫌気性流動床プロセス，嫌気性膨張床プロセスおよび上向流嫌気性ブランケットプロセス

嫌気性流動床プロセス（anaerobic fluidized bed process）（図 8.3(d)），嫌気性膨張床プロセス（anaerobic expaned bed process）および上向流嫌気性スラッジブランケットプロセス（upflow anaerobic sludge blanket process）（図 8.3(e)）はいずれも砂，粒状活性炭，プラスチック粒子などの粒状担体に付着・保持されたバイオマス，それ自体が粒状化（自己造粒）したバイオマス（グラニュール），ないしはフロック化したバイオマスを用い，それらによって構成された層を被処理水を通過させることによって嫌気性反応を進めるものである．ばっ気等によって酸素の供給を行っていないことを除けば，好気性

表 8.3 各種の嫌気性処理プロセスにおける COD 負荷と除去率

プロセス	COD 負荷〔kg/m³·day〕	COD 除去率〔%〕
嫌気性接触法	1〜6	80〜95
上向流固定床	1〜10	80〜95
下向流固定床	5〜15	75〜88
流動床/膨張床	1〜20	80〜87
スラッジブランケット法	5〜30	85〜95

の反応プロセス（7.8.3項）と基本的に変わらない。

嫌気性流動床には酸発酵とメタン発酵を単一の床で行うものと，それらを個別の床で行うものとがある。

各種の嫌気性ろ床法に関する負荷条件と処理効果を**表 8.3** に示す[17]。

9 生物学的脱窒素および脱リン

9.1 生物学的脱窒素

排水中の窒素を確実に除去する方法としては,生物学的脱窒素以外にも,アンモニア・ストリッピング,選択的イオン交換,不連続点塩素処理などがある。しかしながら,処理効果,汎用性,経済性などを総合すると,生物学的脱窒素の有用性はきわだっており,特殊なケースを除けば,この方法がもっぱら利用されている。また,生物学的脱窒素は,窒素と同時に有機物およびリンを除去し得る総合的な高度処理システムとして適用できることも,その有用性のゆえんである。

この方法は,化学独立栄養の好気性細菌による酸化反応である硝化と,従属栄養細菌による還元反応である脱窒とを適切に組み合わせることによって行われる。

〔1〕 硝　　　化

硝化 (nitrification) とそれに伴う物質収支やエネルギー変化,さらには硝化細菌の活性に対する影響因子については,すでに 6.2.1 項で述べた。総括の反応方程式を再掲すると

$$NH_4^+ + 0.103\,CO_2 + 1.86\,O_2$$

$$\to 0.018\,2\ \underset{Nitrosomonas}{C_5H_7NO_2} + 0.002\,45\ \underset{Nitrobacter}{C_5H_7NO_2} + 0.979\,NO_3^- + 1.98\,H^+$$

$$+ 0.938\,H_2O$$

であり，硝化された窒素の4.25倍量の酸素と7.07倍量のアルカリ度が消費されるのに対して，*Nitrosomonas* および *Nitrobacter* の生成倍率（収率）はそれぞれ0.147および0.020に過ぎない。

このように，硝化細菌の増殖収率は一般の従属栄養細菌のそれに比べてきわめて小さく，それゆえ比増殖速度（基質除去速度と増殖収率の積）も，3章の表3.8にみられるように，1けた以上小さい。

これらのことより，硝化を効率的に進めるための要諦は，十分なアルカリ度の存在と十分な酸素の供給に加えて，十分に長いSRTを確保することであることがわかる。

そのためには，8章で嫌気性消化において指摘したのと同様に，反応槽におけるHRTとかかわりなくSRTを制御できるような機構が必要である。すなわち，反応後の液からのバイオマスの回収と反応槽への返送，膜分離を利用した反応槽からの処理水のみの引き抜き，ないしはバイオマスの固定化，粒状化などがこれに当たる。

〔2〕 脱　　窒

脱窒（denitrification）は嫌気呼吸の一種で，これに関与する細菌は *Pseudomonas* 属，*Bacillus* 属，*Paracoccus* 属，*Achromobacter* 属（いずれも $NO_3^- \to N_2$）および腸内細菌，*Corynebacterium* 属，*Staphylococcus* 属（いずれも $NO_3^- \to NO_2^-$）などが知られている。

これらは主として通性嫌気性従属栄養細菌で（*Thiobacillus denitrificans* は独立栄養細菌でS化合物を電子供与体として利用），溶存酸素の欠乏下で有機物を電子供与体として硝酸性窒素を還元する。

$$NO_3^- \to NO_2^- \to NO \to N_2O \to N_2$$

N_2O はガス体として細胞外に排出されることもある。N_2O は温室効果ガスとして強い効果を示すので，その排出抑制が望まれるが，石田ら[1]はし尿の硝

化脱窒特性に関する研究において好気工程での DO を 1 mg/l 以下に保てば，低 BOD/TKN 比（1.75〜2.1）であっても N_2O の異常発生を防止できることを指摘している。

電子供与体を人工的に加える場合，生分解性，コスト，取扱いの点などで優れているメタノールが多用されるが，この場合，反応式はつぎのようになる。

第 1 段階：$6 NO_3^- + 2 CH_3OH \rightarrow 6 NO_2^- + 2 CO_2 + 4 H_2O$

第 2 段階：$6 NO_2^- + 3 CH_3OH \rightarrow 3 CO_2 + 3 N_2 \uparrow + 3 H_2O + 6 OH^-$

また，脱窒細菌の細胞合成は，次式で表すことができる。

$3 NO_3^- + 14 CH_3OH + CO_2 + 3 H^+ \rightarrow 3 C_5H_7NO_2 + H_2O$

メタノール消費量の 25〜30 % は細胞物質の合成に使用されるので，上記 3 式を合わせた総括反応式は，次式のようになる[2]。

$$NO_3^- + 1.08 CH_3OH + H^+$$
$$\rightarrow 0.065 C_5H_7NO_2 + 0.47 N_2 \uparrow + 0.76 CO_2 + 2.44 H_2O$$

すなわち，脱窒された硝酸性窒素量の 2.47 倍量のメタノール（BOD_5 として 3 倍弱）を消費し，消費メタノールの 0.21 倍量の細胞物質の生産（増殖収率）を示し，脱窒窒素量の 3.57 倍のアルカリ度（硝化によって失われる量の約半量）の増加が生じる。

より一般的な式として，亜硝酸性窒素および溶存酸素が共存している場合，メタノールの必要量は次式で示される[2]。

$$C_m = 2.47 N_0 + 1.53 N_1 + 0.87 D_0 \tag{9.1}$$

ここに，C_m：メタノール必要量〔mg/l〕，N_0, N_1, D_0：それぞれ初期における硝酸性窒素，亜硝酸性窒素および溶存酸素の濃度〔mg/l〕である。

また，Stensel ら[3]はエタノールの必要量として次式を提示している。

$$C_m = 2.3(N_0 - N) + 1.0 D_0 \tag{9.2}$$

ここに，N：流出水中硝酸性窒素濃度〔mg/l〕である。

多くの研究結果を総合すると，硝酸性窒素の 2〜3 倍のメタノールあるいは約 3 倍の BOD が必要とされ，0.4 mg-VSS/mg-NO_3—N の汚泥生成があると考えるのが，およその目安として妥当である。

脱窒の反応速度に関して，Christensen と Harremoës[4] はいくつかの報告に示された実験値から，体内呼吸による脱窒速度を

$$\left.\begin{array}{l} -\dfrac{dc}{dt}=\dfrac{\mu_{m,T}}{Y_{NO_3}}\dfrac{S}{S+K_S}X \\ \mu_{m,T}=\mu_{m,20}\cdot 10^{K_2(T-20)}=0.080\cdot 10^{0.08(T-20)} \\ (T=13.6\sim 20\ ^\circ\text{C}) \end{array}\right\} \quad (9.3)$$

と表示し，またメタノールを用いた体外呼吸型の脱窒速度を

$$\left.\begin{array}{l} -\dfrac{dc}{dt}=\dfrac{\mu_{m,T}}{Y_{NO_3}}\dfrac{c}{c+K_N}X \\ K_N \cong 0.1\ [\text{mg}/l] \\ Y_{NO_3} \cong 0.1\ [-] \\ \mu_{m,T}=\mu_{m,20}\cdot 10^{K_2(T-20)}=0.170\cdot 10^{0.056(T-20)} \\ (T=10\sim 22\ ^\circ\text{C}) \end{array}\right\} \quad (9.4)$$

と表し得ることを示している。

式(9.3)，(9.4)において，c：硝酸性窒素濃度〔mg/l〕，t：時間〔day〕，Y_{NO_3}：脱窒菌の収率〔−〕，$\mu_{m,T}$：温度 T〔℃〕における最大反応速度定数〔/day〕，S：MLVSS〔mg/l〕，K_S, K_N：飽和定数〔mg/l〕，X：脱窒菌濃度（実際は MLVSS で代替する）である。

式(9.4)において $K_N \cong 0.1$ mg/l 程度であり，また，式(9.3)においても，通常 $K_S \ll S$ と見なせるので，結局脱窒速度は c や S によらない一定値として表すことができる。

脱窒に関する影響因子としては，pH，水温，DO が重要である。

pH の至適範囲は，一般に 6〜8 といわれ，多くの研究結果もこの範囲に包含されている。

Hultman[5] は，pH の影響の数式表示を試み，水素イオンは非拮抗阻害剤として作用するという仮定のもとに，比増殖速度を次式で示した。

$$\left.\begin{array}{l} \mu_m^{\text{pH}}=\mu_m^{\text{pHopt}}\cdot \dfrac{K_{S,H}}{K_{S,H}+I} \\ I=10^{|\text{pHopt}-\text{pH}|} \end{array}\right\} \quad (9.5)$$

ここに，μ_m^{pH}：任意の pH での最大比増殖速度〔/day〕，μ_m^{pHopt}：至適 pH での最大比増殖速度定数〔/day〕，$K_{S,H}$：水素イオンに対する阻害定数である。

式(9.5)が完全に成立するためには，比増殖速度の値は至適 pH に対して対称とならねばならないが，多くの結果はそうでない。

pH は脱窒の最終生成物にも影響を及ぼし，Delwiche[6]は pH が 7.3 以上では N_2 の生成が，それ以下では N_2O の生成が，それぞれ多くなるとしている。N_2O は液中 NO_2^- が多量に存在するとき発生しやすくなることが示されており[7]，pH の低下は $NO_3^- \rightarrow NO_2^-$ の変化よりも $NO_2^- \rightarrow N_2$ の変化を阻害すると考えられる。

温度の影響については，式(9.3)，(9.4)中にも示したが，Arrhenius 式やその変形である温度係数による表示が広く用いられており，活性化エネルギーとして 10～20 kcal/mol の範囲の値が得られており，活性汚泥のそれと比べて大差はない。

脱窒菌は溶存酸素が共存する条件下においては NO_x—N よりも酸素を優先的に利用するから，脱窒は基本的には無酸素（anoxic）の状態において進行することはいうまでもない。

したがって，一般には溶存酸素の存在は脱窒を阻害ないし停止すると考えられており，Baumann[8]は溶存酸素濃度が 0.5 mg/l 以下であることを条件とし，Damson ら[9]は 0.2 mg/l 以下で脱窒が酸素呼吸に代わって起こるとしている。しかしながら，バイオマスがフロックとして作用している場合，混合液本体とフロック内部とでは環境条件の相異は当然考えられ，例えば Damson ら[9]は溶存酸素が 6.0 mg/l 以上でもフロック内部では脱窒が起こることを示しており，石川[7]はし尿処理において，Pasveer[10]はオキシデーションディッチについての実験から，硝化と脱窒が同時に起こり得ることを示している。

生物膜やグラニュール化した微生物を利用するプロセスにおいては，微生物塊の径（深さ）がフロックよりも数十倍も大きいため，内外の環境差ははるかに大きく，表層では硝化が，深部では脱窒がというように，両者が共存することは，ごく一般的に認められている。

さらに，単一の反応槽においても，原水流入部付近では溶存酸素消費速度が大きく，脱窒が優占化し，逆に反応液流出部付近では硝化が優占化するといったように，局部的な環境の相異が両者の同時進行を可能にする。

こうした現象は，合理的な硝化・脱窒プロセスを構成するうえで広く活用されている。

他方，Wuhrmann と Meschner[11] は溶存酸素の影響は，pH 5.5～6.0 の低 pH 域では軽微で，それより pH が高くなるにつれて大きくなることを示している。

溶存酸素を脱窒に対する一種の阻害物質と見なし，その脱窒速度に及ぼす影響を拮抗阻害と同様の項を乗じる数式表示も広く用いられている[12]。

〔3〕 硝化・脱窒プロセス

硝化と脱窒を組み合わせて，脱窒素のためのプロセスを構成する場合，単位操作やその組合せには非常に多くのものが考えられる。ゆえに，どのようなプロセスが最適であるかは，原水や処理水の水質，用地上の条件，維持管理条件等によって大きく変わる。

硝化・脱窒プロセス（nitrification denitrification process）に対して要求される条件としては，以下のような点がある。

ⅰ) 窒素や BOD などの除去効果が高く，かつ安定していること。
ⅱ) 構成が単純で維持管理が容易であること。
ⅲ) 施設がコンパクトであること。
ⅳ) 有機炭素源，アルカリ剤や運転動力など用役費が少ないこと。特に，家庭排水等の処理においては，原水中の有機物質，アルカリ度だけで十分であること。
ⅴ) 余剰汚泥の発生量が少ないこと。
ⅵ) 後述の生物脱リンとの組合せによって，合理的な脱窒素・脱リンプロセスが構成し得ること。

などである。これらの条件をすべて満足することは困難であるが，目的に応じて取捨選択するとともに，より多くの条件を備えたものが良好なプロセスとい

える。

既存の多種多様な硝化・脱窒プロセスを要因によって分類すると，つぎのようになる。

(a) 硝化型式 $\begin{cases} 硝酸型 \\ 亜硝酸型 \end{cases}$

(b) 呼吸型式 $\begin{cases} 体内呼吸型 \\ 体外呼吸型 \end{cases}$

(c) バイオマス培養型式 $\begin{cases} 単相型 \\ 二相型 \\ 三相型 \end{cases}$

(d) バイオマス接触型式 $\begin{cases} 浮遊汚泥型（活性汚泥型） \\ 固着生物型（生物膜型） \end{cases}$

(e) 運転方式 $\begin{cases} 回分式 \\ 連続式 \end{cases} \begin{cases} 一過式 \\ 循環式 \\ ステップ式 \\ 交互切換式 \end{cases}$

以下これらの分類について概述する。

(a) 硝化型式

硝化に要する酸素量や脱窒に要する有機炭素源の点では，亜硝酸型脱窒の方が有利である反面，硝化を亜硝酸で止めるためには高pH域での操作が必要で，制御上の問題もあるため，もっぱら硝酸型の脱窒が行われている。

(b) 呼吸型式

体内呼吸型脱窒とは，脱窒菌の細胞物質を有機炭素源として，いいかえれば内呼吸を利用して脱窒を進めるものであって，式(9.3)および式(9.4)に示したように，外部基質を利用して脱窒を進める体外呼吸型脱窒素に比べて，脱窒速度が半分以下であるという大きな欠点を有する。その反面，有機炭素源が不要で，そのため汚泥生成量も少ないという利点もある。もともと，体内呼吸型のプロセスが考案された理由は，硝化および脱窒を順次進めていくと，硝化が完

了した段階では原水中の有機物もほぼ完全に除去されているため，脱窒のための有機炭素源として細胞物質を利用せざるを得ないというものである。しかしながら，後述のような硝化液循環型脱窒素方式が開発され，原水中の有機物を脱窒に有効利用できるようになるに及んで，体内呼吸型脱窒の存在意義はほとんどなくなったといえる。

(c) バイオマス培養型式

BODの除去，硝化および脱窒の三つの工程を同一のバイオマスで進めるものを単相汚泥型（combined sludge system），三つのうち二つを同一のバイオマスで進めるものを二相汚泥型，三つの工程を別個のバイオマスで進めるものを三相汚泥型（separate sludge system）といい，それぞれ利害損失を異にする（図 9.1）。

三相汚泥型は，反応の進行順序に忠実である最も基本的な方法で，操作の確実性，窒素の除去率などの点で優れているが，有機炭素源，アルカリ剤，消費電力の面では何らかの工夫がされておらず，今日その有用性は認められない。また，設備の面でも，浮遊汚泥型の硝化・脱窒を行う場合には，各工程ごとに沈殿池を必要とする。

反対に，単相汚泥型には窒素除去率に理論的な限界値があり，硝化菌のwash outを防ぐには反応槽内のMLSSないしは滞留時間を大きく設定しなければならないが，フローに改良を加えて用役費の節減を図ることが可能で，沈殿池も1池でよく，最も合理性に富む。

二相汚泥型は単相汚泥型と三相汚泥型との中間的特質を有するものと考えてよい。

(d) バイオマス接触型式

この点に関しては，浮遊性のバイオマスを用いる活性汚泥型，生物膜を用いる固着汚泥型，さらには両者の中間的性質をもつ粒状担体に付着した，ないしはグラニュール化したバイオマスを用いる型がある。また，活性汚泥型においても，固液分離を沈殿以外に膜分離によって行うものがあり，高MLSS運転が可能なため，硝化菌の増殖に必要とされる長いSRTの確保に適している。

9.1 生物学的脱窒素

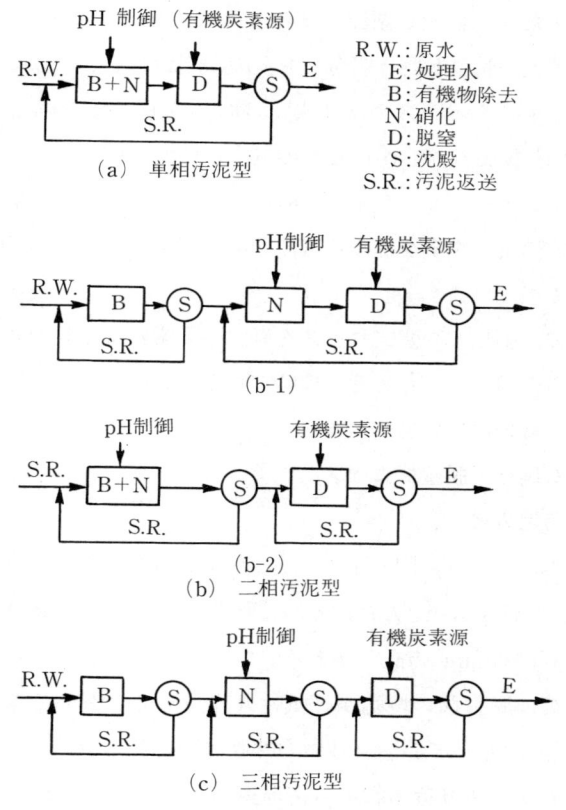

図9.1 汚泥培養方式による生物学的硝化脱窒プロセスの区分

(a) 単相汚泥型
(b-1), (b-2) 二相汚泥型
(c) 三相汚泥型

R.W.：原水
E：処理水
B：有機物除去
N：硝化
D：脱窒
S：沈殿
S.R.：汚泥返送

これらの特性，利害得失については，4.4節および7.8節において述べた。

(e) 運転方式

回分式と連続式とに大別され，回分式では単一の反応槽を好気性槽（硝化槽），無酸素槽（脱窒槽）および沈殿槽として交互に切換え使用するもので，構造的には単純であるが，大規模施設には適さない。また，原水の流入は連続的で，ばっ気・非ばっ気（かくはん）を所定の時間ごとに繰り返す連続流入間欠ばっ気方式もあり，その制御方法について検討が加えられている[13]。

連続式は，例外的なものを除くと，1個以上の硝化槽と脱窒槽とを有し，各槽を順次流下させて目的の反応を進めるもの（一過式），硝化槽と脱窒槽との

間を被処理水または混合液を循環させるもの（循環式），硝化槽と脱窒槽を小室に区分して硝化→脱窒という組合せを多段に配設するとともに原水も脱窒室に分割して注入するもの（ステップ式），および2個の槽を硝化および脱窒の目的に交互に切り換えながら用いるもの（交互切換式）などがある。

さらに，オキシデーションディッチのように，局所的な環境条件の差を利用して，単一槽で硝化・脱窒を進めるものもあるが，これは広い意味での循環式とみることができる。

以上のように，硝化・脱窒プロセスを五つの要素による分類に基づいて概述したが，これらの組合せとして考え得るプロセスの種類はきわめて多い。

以下に主要なものについて述べる。

〔4〕 **主要な硝化・脱窒プロセス**

（a） **単相汚泥方式**

本方式の基本フローは，図9.1(a)のとおりであり，脱窒槽に有機炭素源を供給する方式（Bringmann方式）と，これを省略して脱窒菌の体内呼吸を利用する方式（Wuhrmann方式）がある。いずれにしても，この方式では中間沈殿池が不要で，脱窒菌の増殖が好気性処理段階でも期待できる反面，原水BODの有機炭素源としての活用は体内呼吸の形でしか行われていず，脱窒によって回復したアルカリ度の利用も汚泥返送を通じてのみ行われるにすぎない。また，MLSSを極度に高めた運転をしなければ，硝化菌のwash outを防ぎ，その増殖を維持できない。遠矢ら[14]は，硝化菌のwash outが生じない限界条件として次式を示している。

$$S_a t_{(l)} = \frac{24\alpha L_0}{(1+R)(\mu_n + \beta)} \tag{9.6}$$

ここに，S_a：MLSS〔mg/l〕，$t_{(l)}$：限界滞留時間〔h〕，R：汚泥返送率〔－〕，μ_n：*Nitrosomonas* の最大比増殖速度〔/day〕，β：活性汚泥の自己酸化率〔/day〕，α：BODの汚泥転換率〔kg/kg〕，L_0：好気槽流入水BOD〔mg/l〕，である。なお，μ_n として *Nitrosomonas* の値を用いているのは，その増殖が律速因子となっていることによる。

式(9.6)によれば，$S_{at(l)}$の下限値はL_0に比例するので，原水が直接好気槽に流入するこの方式では，$S_{at(l)}$はほかの方式に比べて10倍程度大きくする必要がある．Wuhrmann[15),16)]の実験では，平均13.6 ℃および17.1 ℃の水温で，MLSSは5 200～5 300 mg/l，上記水温に対応する脱窒槽滞留時間は2.8～2.2hで，同じく脱窒速度は0.7～1.7 mg-NO_3—N/g-MLSS・hであり，窒素の除去率は82～90 ％であった．

(b) 二相汚泥方式

基本フローとして，図9.1(b-1)および(b-2)の2通りがある．(b-1)はBOD除去処理に脱窒素プロセスを付加したもので，単相汚泥方式より脱窒素工程原水のBOD濃度が低いため低MLSS運転が容易である．(b-2)は長時間ばっ気方式などに脱窒工程を付加したものであって，前段の好気性処理段階においてもかなりの脱窒作用が生じることが認められており，結果的に脱窒工程での有機炭素源の供給量を減じうるが，好気性処理におけるMLSSは単相汚泥方式同様に高濃度に維持しなければならない．

両方式共に，硝化工程におけるアルカリ剤の供給および脱窒工程における有機炭素源の供給を必要とするとともに，沈殿池を2池必要とするなど，設備面においても，維持管理要素の数においても欠点がある．

(c) 三相汚泥方式

図9.1(c)のようにBOD除去，硝化，脱窒を独立したプロセスとして順次進めるものであって，生物学的脱窒素技術の開発初期においては，最も信頼性と確実性に富む方式とされ，例えば，Mulbarger[17)]はいくつかの脱窒素システムを実験的に比較し，このように結論している．しかし，沈殿池や汚泥返送設備の必要数，有機炭素源やアルカリ剤，運転動力，さらには汚泥発生量の面で最も不利な方式であり，後述のような各種の改良方式が実用化されるに至って，ほとんど省みられなくなった．

(d) 改良方式

生物学的脱窒素システムの改良における眼目は，プロセスの簡略化（主として中間沈殿池の省略），有機炭素源，アルカリ剤，運転動力など用役費の節減

であり，有機炭素源の節減は必然的に運転動力の節減や汚泥発生量の減少をもたらす。中間沈殿池の省略は，生物膜法などの固着汚泥型を採用することによっても可能であるが，用役費節減のためには硝化と脱窒の順序を逆にするか両者を並行して進めることが不可欠である。それを実現する手段は，硝化工程から脱窒工程へ液を循環するか，硝化工程と脱窒工程とを細かく区分して両者を交互に繰り返すかのいずれかである。いずれを行うにしても単相汚泥方式の改良法に相当するものとなる。なお，これらの改良方式が経済性や処理性能の面で優れた方式として確立されたことは，センサーなどの自動測定技術やコンピュータなどの制御技術の進歩に負うところが大きい。

① **循環方式** 循環方式は最も広く検討され，実用に供されている方式で，大別してフローを示すと**図9.2**のようになる。これらフローシートはいずれも活性汚泥方式を想定しているが，生物膜方式等でも可能なものも多く，その場合には汚泥返送のラインが不要となる（②のステップ方式についても同様）。

 ⅰ）単一槽でBOD除去，硝化，脱窒を同時に進める方式は，微好気条件

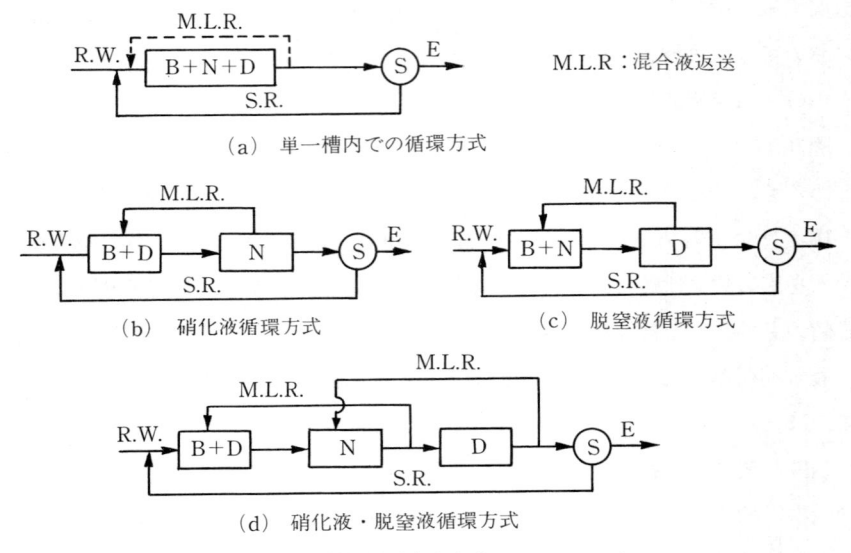

図9.2 各種循環脱窒素方式のフローシート

下では硝化と脱窒とが同時に進行するという知見[7),18)]に基づいており，この場合槽の原水流入部付近では脱窒が，流出部付近では硝化が卓越しているので，流出液の流入部への返送が窒素除去率を高めるうえできわめて効果的である。

ii) かくはんのみを行っている無酸素槽とばっ気槽とを直列に配し，ばっ気槽では主として硝化を進め，硝化液を無酸素槽へ循環返送し，無酸素槽内で BOD 物質の分解を利用して脱窒を進める方式（硝化液循環方式）。この場合，硝化と脱窒が完全に進行し，脱窒以外の作用による窒素の除去がないものとすると，窒素除去率は，次式で算出される。

$$N_{Rem} = \frac{R}{1+R} \tag{9.7}$$

ここに，N_{Rem}：窒素除去率〔−〕，R：硝化液循環率〔−〕であって，流入水量に対する循環液量の倍率である。

ただし，実際には，系内で発生する汚泥による窒素の取り込みがあり，また，沈殿槽からの汚泥返送操作も硝化液循環と同様の効果をもたらすので，窒素除去率は式(9.7)で求められる値より高くなる。例えば，式(9.7)からは除去率 90 % 以上を得るためには $R=9$ 以上を必要とするが，実際には $R=4$ 程度で十分であり，それ以上に R を高めても効果は乏しい。

iii) （BOD 除去＋硝化）と脱窒とを二つの反応槽に区分して行う方式（脱窒液循環方式）であって[19)]，アルカリ剤の節減に有効であり，窒素除去率には理論上の上限値はないが，脱窒は体内呼吸に依存せざるを得ず，ii) の方式に比べて合理性に乏しい。

iv) （BOD 除去＋脱窒），硝化および脱窒の順に三つの反応槽を配し，硝化液を（BOD 除去＋脱窒）槽へ，脱窒液を硝化槽へそれぞれ返送する方式（硝化液・脱窒液循環方式）であって，ii) の方式における窒素除去率の理論上の上限値を克服するための改良法であるとみることができる。しかし，操作がはん雑になる欠点がある。

i) や ii) の方式における窒素除去率の上限値はそれほど厳格なものではない

ので，各種の要素を総合すると，これらの2方式が循環方式として最も合理性に富むと思われる。

② **ステップ方式**　この方式は，活性汚泥中に十分な硝化菌が存在すれば，BOD除去と硝化とが並行して進行することを利用している。反応槽を多数の小室に分割し，(BOD除去＋硝化)→(脱窒) を繰り返す（原水の分割流入がない場合）か，(硝化)→(BOD除去＋脱窒) を繰り返す（原水の分割流入を伴う場合）ものである（図9.3(a)，(b)）。そのねらいは循環方式と同じであるが，大量の液の循環を要しないという利点を有する反面，装置構造や運転操作が複雑である。液の循環を付加することも可能である。

③ **交互方式**　図9.3(c)のように，2個の反応槽を直列に配し，原水流

(a) 原水の分割流入がないステップ方式

(b) 原水の分割流入を伴うステップ方式

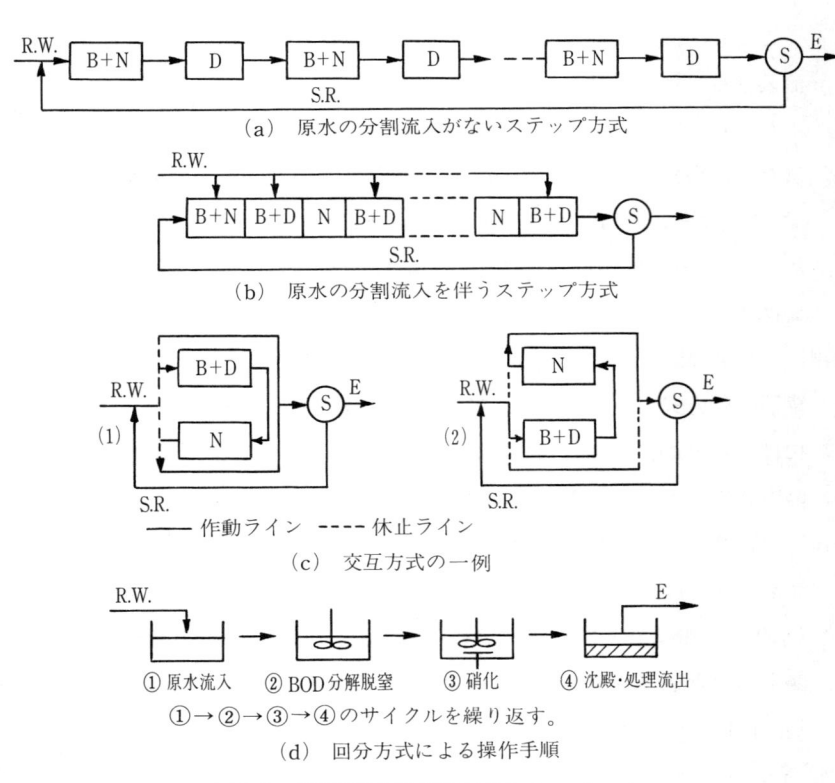

(c) 交互方式の一例
　　── 作動ライン　---- 休止ライン

(d) 回分方式による操作手順
　①原水流入　②BOD分解脱窒　③硝化　④沈殿・処理流出
　①→②→③→④のサイクルを繰り返す。

図9.3　各種切換え脱窒素方式のフローシート

入側の槽を（BOD除去＋脱窒）に，後段の槽を硝化に使用するが，一定時間ごとに原水流入位置（したがって液の流下方向）および各槽における操作を切り換えて，つねに硝化が進んだ側の槽に原水が流入するよう工夫された方式である。

④ **回分方式**[20]　単一の槽を回分式に利用して，（原水流入）→（BOD除去＋脱窒）→（硝化）→（沈殿）→（処理水流出）の操作を所定のタイムサイクルで繰り返す（図9.3(d)）。1日に4〜6バッチ（サイクル時間6〜4h）のものが多い。

以上のような改良方式の出現によって，標準的な生活排水程度の水質（BOD，T-N，アルカリ度各200，50，100 mg/l）の場合，外部から有機炭素源やアルカリ剤の補給なしに十分な脱窒素が可能となっている。

9.2　生物学的脱リン

生物学的に脱リンの目的を達しうる方法として，実用性の高いものには，フォストリップ法と嫌気・好気法があるが，わが国では生物学的脱リン（biological phosphorus removal）という用語は後者に対して用いられている。しかし，上記の2法はいずれも活性汚泥がある条件のもとでは過剰にリンを蓄積する，いわゆる過剰摂取（luxury uptake）することを利用しているという共通点を有する。

通常の活性汚泥は2〜2.5％のリンを含有し[21]，活性汚泥法におけるBODの汚泥収率を0.5〔g-VSS/g-BOD〕とすると，原水中のBOD:Pの濃度比は80〜100:1が化学量論的必要量であり，し尿，生活排水などのようにこの比よりリン含有量が多い排水の処理水中には，必然的にリンが残留する結果となる。

ゆえに，リン含有量が通常の活性汚泥の2〜4倍である4〜10％の高リン含有率の活性汚泥を生成することができれば，生物処理単独で，し尿，生活排水などから90％以上のリンが除去できることになる。

嫌気・好気法は，図9.4に示すように，活性汚泥法の生物反応槽の前3分の1程度の部分をDOもDOの代わりとなるNO_x—Nも含まない状態とすることによって，活性汚泥微生物が通常の増殖に必要とされる量以上の過剰のリンを摂取・蓄積することを利用する。すなわち，このようにして培養された微生物は，核酸，ヌクレオチド，リン脂質などの菌体構成成分以外に，ポリリン酸を多量に合成，蓄積することによって，リン除去率を大幅に増加させる。いいかえれば，通常の活性汚泥法をほんのわずか改変するだけでリン除去効果を著しく高め得るというきわめて有用性の高いプロセスである。その反面，最終沈殿槽や汚泥処理工程で汚泥が嫌気化するとリンの放出が生じるので，この点に設計，運転管理上の留意が必要である。

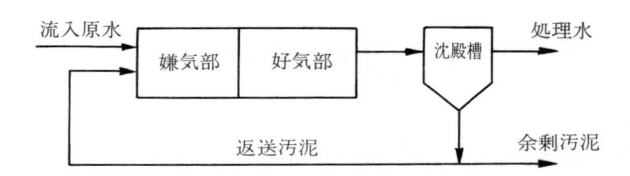

図9.4 嫌気・好気法のフローシート

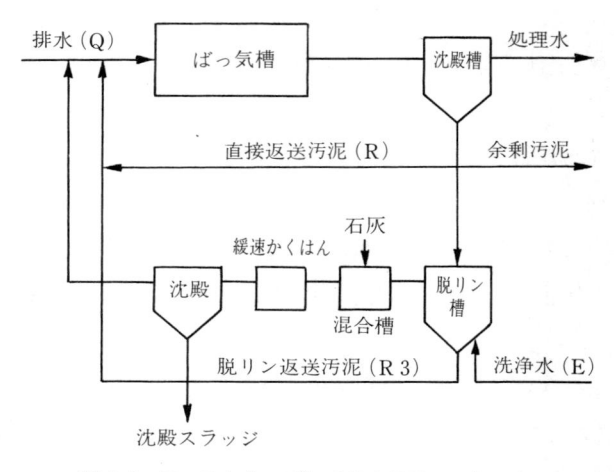

図9.5 フォストリップシステムのフローシート

フォストリップ法は，Levin[22]の開発により，図9.5に示すように，活性汚泥法の汚泥返送ラインの途中にリン放出槽（脱リン槽）という嫌気槽を設け，放出されたリンを上澄液として取り出すことによって，結果的に原水の7〜8倍程度の濃縮を図るとともに，濃縮されたリンを石灰凝集によってリン酸カルシウムの形で分離するものである。

本法では，一見嫌気，好気の順序が逆転しているように思われるが，生活排水などSS性有機物の多い排水の処理においては，リン放出槽においても活性汚泥中にSS性有機物が残存しており，ここでリンの過剰蓄積を行う細菌の増殖が起こることになる。

9.2.1 生物学的脱リンの原理・機構

生物脱リン技術開発の端緒は，Levin[22]による活性汚泥のリン過剰摂取現象の発見にある。しかし，彼は活性汚泥がリンを過剰摂取しても，最終沈殿池底部で滞留中にORPが低下するとリンを放出するため，安定したリン除去は望めず，これを達成するためにはリン放出槽と放出リンの分離が不可欠であると考え，これよりフォストリップ法を考案した。

一方，Barnard[23]は実験による知見と生物的なリン除去現象に関する報文の検討より，活性汚泥ばっ気槽中にDOもNO_x—Nも存在しない状態（絶対嫌気性）の部分が存在すれば，リン蓄積能力の高い活性汚泥を生成させることができるという推論のもとに，二つのフローを提案した。すなわち，嫌気・好気活性汚泥法とModified Bardenphoプロセスであり，後者はMcLarenら[24]によりただちに実証された。これが今日いうところの生物脱リンの創始である。

リンの過剰摂取の原理としては，ポリリン酸はATPの需要調整用のエネルギー備蓄庫として作用するという考え方が有力である（Hoffman-Ostenhoff説）。すなわち，ポリリン酸（$(Pi)_n$）は加水分解してオルトリン酸（Pi）を放出し，ATPがADPに加水分解するのと同程度のエネルギーを生じる。

$$(Pi)_n + H_2O \rightarrow (Pi)_{n-1} + Pi$$

$\Delta G = -9 \,[\text{kcal/mol}]$　　$(\text{pH}=5)$

絶対嫌気条件下で基質を能動輸送によって細胞内に取り込むためには，ATPが消費され，ATP/ADPが低くなると，フィードバック機構がはたらき，ATP生成のためにポリリン酸の加水分解が起こる。

$$(\text{Pi})_n + \text{ADP} \rightarrow (\text{Pi})_{n-1} + \text{ATP}$$

ATPは能動輸送に利用され，ADPとPiに分解するので，結局ポリリン酸の加水分解が起こったことになり，Piの放出が高まる。

好気性ないしNO_x―Nの存在する条件下では，細胞内貯蔵基質が酸化されてATPが生成し，ATP/ADP比が増大すると，フィードバック機構がはたらいてつぎの反応が活発となり，ポリリン酸の蓄積が進む。

$$(\text{Pi})_{n-1} + \text{ATP} \rightarrow (\text{Pi})_n + \text{ADP}$$

このようにして，リンの放出および摂取が起こるが，基質の能動輸送に費されるエネルギーよりもその分解によって生じるエネルギーの方がはるかに大きいので，$(\text{Pi})_n$の加水分解量よりも蓄積量の方がはるかに多く，嫌気・好気を総合するとPiの摂取が進むことになる。例えば，絶体嫌気性下で酢酸（Acetate）を取り込んでAcetoacetateとして，貯蔵する反応は次式で示され

$$2\,\text{Acetate} + 2\,\text{ATP} \rightarrow \text{Acetoacetate} + 2\,\text{ADP} + 2\,\text{Pi}$$

1モルのAcetoacetateに対して2モルのPiが生じるのに対し，1モルのAcetoacetateの好気性分解は22モルのPiの摂取を伴う。

$$\text{Acetoacetate} + 4\,\text{O}_2 + 8\,\text{NAD}_{\text{Red}} + 22\,\text{ADP} + 22\,\text{Pi}$$
$$\rightarrow 4\,\text{CO}_2 + 8\,\text{H}_2\text{O} + 8\,\text{NAD}_{\text{ox}} + 22\,\text{ATP}$$

すなわち，放出Piの11倍のPiの摂取が起こる。

一方，ポリリン酸蓄積能力のない細菌は，絶対嫌気性条件下ではATP生産ができないため，基質の摂取ができない。ゆえに，絶対嫌気槽での基質摂取に対してポリリン酸蓄積細菌は独占性を有し，優占的増殖が可能となる。すなわち，ばっ気槽前部の絶対嫌気部分はポリリン酸蓄積細菌の選択槽として機能する。なお，ポリリン酸を蓄積する微生物は特定の細菌（*Acinetobactor* 属）だけでなく各種細菌，酵母，藻類，菌類があるが，生物脱リンで重要な役割を演

じているのは細菌類である。

また，上記の説明では絶対嫌気性という用語を用いたが，これを単に嫌気性といい，DO が存在せず NO_x のみ存在する状態を無酸素（anoxic）といって区別することも多い。

嫌気槽でのリンの放出速度は汚泥濃度に比例し，反応槽内リン濃度には無関係で

$$\frac{dp}{dt} = K_r S_a \tag{9.8}$$

によって，また好気槽でのリンの摂取速度は，汚泥濃度とリン濃度に比例し

$$-\frac{dp}{dt} = K_u S_a p \tag{9.9}$$

と表される[25]。ここに，p：反応槽内溶解性リン濃度〔mg/l〕，S_a：MLSS 濃度〔mg/l〕，K_r：リンの溶出速度定数〔/h〕，t：時間〔h〕，K_u：リンの摂取速度定数〔/mg·h〕である。

K_r，K_u に対する影響因子として，水温，pH，液相 BOD 濃度，汚泥中のリン含有率の影響が，K_r に対しては硝酸性窒素濃度の影響が検討されている。

水温の影響に関して，村上[25]は図 9.6 のような結果を示しており，通常の活性汚泥処理におけるものと大差ないが，K_u に対する影響は若干大きいようである。

pH の影響は，リン摂取に対しては大きく，K_u は pH 7 前後で最大となる

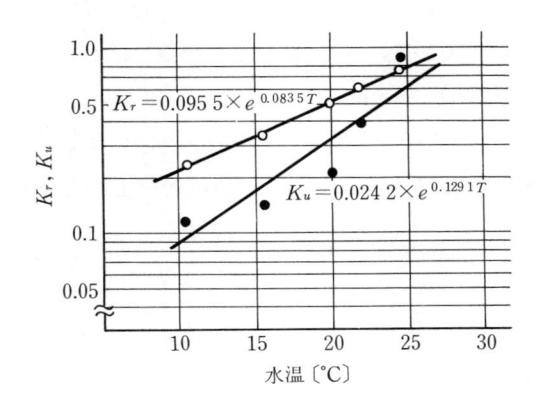

図 9.6　K_r，K_u と水温の関係

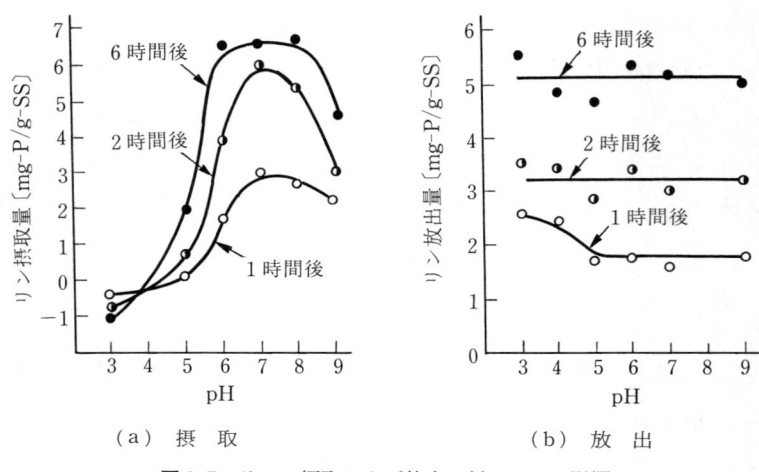

図 9.7 リンの摂取および放出に対する pH の影響

が，K_r に対しては pH 3〜9 の範囲で影響は軽少であるという結果が報告されている（**図 9.7**[26]）。

　液相 BOD 濃度の影響について，村上[25]は K_r は依存性を示し，K_u には依存性は認められないという結果を示している．リン放出は細胞外基質の摂取に伴って進行するのに対し，リン摂取は細胞内貯蔵基質の分解によって進行することから妥当な結果であろう．

　K_r，K_u に対する汚泥中リン含有率の影響については，広岡ら[28]は，フォストリップシステムに関する実験から，両者ともに汚泥中のリン含有率の影響を受け，K_r はリン含有率にほぼ比例する形で，K_u は含有率が小さいほど大きくなる形で，それぞれ変化することを示している．

　K_r に対する NO_x－N の影響については，少量でもリン放出を阻害する[27],[28]だけでなく，NO_x－N の存在下では脱窒作用に伴うリンの摂取が進むことが示されている．

9.2.2 生物学的脱リンプロセス

〔1〕 生物脱リン

リンの高度除去のみを目的とする最も基本的なプロセスは，図9.4に示したように，活性汚泥法において，生物反応槽の前3分の1程度を絶対嫌気槽（かくはんのみ）とし，後3分の2を好気槽とするもので，A/O法（Anaerobic/Oxic法）と呼ばれる。本法では，浄化機構上からP/BOD比に上限値（0.05程度）があり，それ以上ではリン除去率は低下する。

設計条件については，主として都市下水，生活排水に関して検討されており，中西[29]は嫌気槽および好気槽の滞留時間としてそれぞれ1.0～1.5hおよび3～5hを，古畑ら[30]も嫌気槽の滞留時間は1h以上が必要としている。一方，深瀬[31]は，嫌気槽の運転指標としてBOD/MLSS比，BOD-MLSS負荷が有効で，BOD/MLSS比0.1 kg-BOD/kg-MLSS以下，BOD-MLSS負荷2 kg-BOD/kg-MLSS・day以下とし，負荷変動に対応する安全率を乗じるべきことを提案している。同時に，好気工程の運転条件は，嫌気槽の運転条件より定まるMLSSと，原水基準の滞留時間3時間を基本とし，流量変動に対する安全率を乗じるべきであるとしている。さらに，硝化対策として，返送汚泥中のNO_x－Nを除去するために，返送汚泥専用の脱窒槽を設け，槽の容積は脱窒速度0.06 kg-N/kg-MLSS・day（24℃）に安全率を乗じて算出することを提案している。

以上を総合すると，原水BODを200 mg/l，最大流量を平均流量の1.5倍とすると，MLSS 2 000 mg/l，嫌気槽平均滞留時間1.8 h，好気槽4.5 h（いずれも原水基準）となり，中西[29]，古畑[30]の指摘と一致するとともに，既設の標準活性汚泥法のばっ気槽（滞留時間6～8 h）の増設なしに，A/O法に改変できることがわかる。なお，最終沈殿池での汚泥の嫌気化によるリンの溶出を抑制するためには，好気槽でのDOは2 mg/l以上が必要とされている。各種の資料を総合すると，リンの除去率は平均85％程度である。そのほか，松尾[32]は嫌気槽におけるSRTに着目し，SRT 0.9 dayではポリリン酸蓄積菌の集積に不十分で，5.6 dayに高めると，安定したリン除去が継続したと報告し

ているが，具体的な下限値を示すに至っていない。

付随的な効果として，嫌気槽の設置によって好気性菌である糸状菌の増殖が抑制され，活性汚泥の SVI の低下に伴う沈降性の改善の効果があることが示されている[30]。

〔2〕 フォストリップ法

ばっ気槽において活性汚泥がリンを過剰摂取しても，汚泥まわりの DO が消費されて ORP が低下すると，活性汚泥はリンを放出する。この現象を利用して原水中のリン（都市下水の場合 3～6 mg/l）を汚泥濃縮上澄水中に濃縮（リン濃度 20～50 mg/l）するのが本法の特徴である。

図 9.5 のように，通常の活性汚泥プロセスに脱リン槽および石灰凝集・沈殿槽が付加される。返送汚泥の一部（原水量の 10～15 %）が脱リン槽に導かれ，4～8 h の滞留時間で嫌気化し，リンを放出しながら汚泥は沈降濃縮される。この際，汚泥は底部から洗浄液によって上向流で洗浄され，リン濃縮上澄液が槽上部より引き抜かれる。リン濃縮上澄液には石灰を pH が 9 程度になるよう添加し，生成するカルシウムアパタイトを沈殿分離する。

$$3\,HPO_4^{2-} + 5\,Ca^{2+} + 4\,OH^- \rightarrow Ca_5(OH)(PO_4)_3 + 3\,H_2O$$

本法は A/O 法と比較して，プロセスが複雑であるという欠点を有する反面，負荷変動に対して処理効果が安定していること，原水の P/BOD 比に上限がないこと，余剰汚泥の少ない場合でも安定したリン除去が可能であることなどの利点を有している。また，処理水全量に対して石灰凝集を施してリン除去を行う場合に比べて，凝集沈殿設備が小容量で，石灰添加量も 1/10～1/20 と少なく，汚泥発生量も少ないので，リン含有率の高い（10～13 %）汚泥の有効利用が図りやすいなどの利点がある。

フォストリップ法の設計条件についてみると，活性汚泥法自体に関してはなんら独自の要素はなく，石灰凝集についても同様である。

脱リン槽の滞留時間は 4～8 h とされているが，ばっ気槽で硝化が進行している場合には，汚泥脱窒槽を前置するか，それに相当する時間だけ脱リン槽滞留時間を延長しなければならない。そのため，本法に硝化・脱窒を組み込ん

で，脱窒素・脱リンプロセスとして利用する場合の脱リン槽滞留時間としては，8〜16 h が適当とされている[29]。

フォストリップ法におけるリン収支の一例を図9.8に示す[28]。この場合，脱リン槽に使用する洗浄水として，1次処理下水が用いられている。

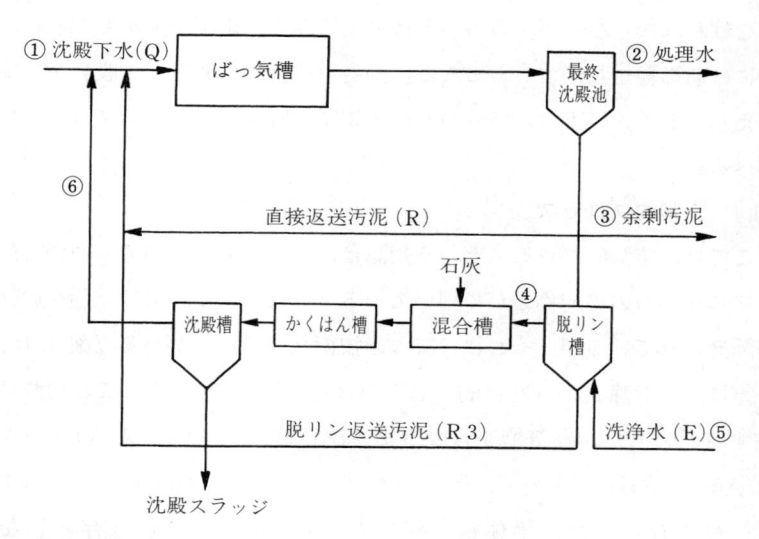

(収支計算)
1. 流入量
   ①流入下水：36 m³/day×6.2 mg-P/l＝233 g-P/day
   ⑤洗浄水：5.3 m³/day×6.2 mg-P/l＝33 g-P/day
      ①＋⑤：223＋33＝256 g-P/day
2. 流出量
   ②処理水：4.1 m³/day×0.4 mg/l＝16 g-P/day
   ③余剰汚泥：3.6 mg/day×0.78(vss/ss)×3.9 %(P/vss)＝110 g-P/day
   ④脱リン槽上澄：5.3 m³/day×(24−1)mg/l＝122 g-P/day
      ②＋③＋④：16＋110＋122＝248 g-P/day

図9.8 フォストリップ法におけるリン収支の例

9.3 生物学的脱窒素・脱リンプロセス

生物学的脱窒素および生物学的脱リンは，いずれも嫌気・好気処理プロセスによって構成されているから，嫌気性処理と好気性処理を適切に組み合わせれ

ば，窒素とリンを同時に除去し得るプロセス構成が可能となる。事実，そうしたプロセスはすでに何通りも開発されている。とはいっても，都市下水や生活排水程度の水質の原水を対象として，窒素およびリンを同時に高率で除去することは，必ずしも容易ではない。硝化を確実に進めるためにはSRTを長く設定しなければならないが，このことは余剰汚泥発生量の減少をもたらし，リン除去には悪影響を及ぼすことになる。両者を総合的に考慮した設計が肝要となるゆえんである。以下に，いくつかの生物学的脱窒素・脱リンプロセスについて述べる。

〔1〕 **定常的プロセス**

ここでは，定常的プロセスという用語は，ばっ気や原水の流入を間欠的にオンオフしないものの総称として用いている。これらについては，種々のプロセスが開発されているが，それには二つの技術発展の流れがある（**図9.9**）。

一方は，リン除去のみを目的としたA/O法から出発して，これに脱窒槽を付加するとともに，好気槽から脱窒槽へ硝化液循環を行うA_2/O法（Anaerobic/Anoxic/Oxic法）へと進んだ[33),34)]。ここで，AnaerobicとはDOもNO_x-Nも存在しない絶体嫌気状態を，AnoxicとはDOは存在しないがNO_x-Nは存在する無酸素状態を，さらにOxicとはDOが存在する状態をそれぞれ意味している。

もう一つの流れは，硝化・脱窒を目的としたBardenpho法から出発して，Phoredox（修正Bardenpho）法，修正Phoredox法，UCT（University of Capetown）法[35)]，修正UCT法へと進んでいるが，いずれも最初に絶対嫌気槽（リン放出槽）を置いており，この槽への返送汚泥ないしは硝化液循環に伴うNO_x-Nの流入量を少なくするような改良が進められている。すなわち，脱窒が不十分であったり，好気槽で硝化が進行したりして返送汚泥中にNO_x-Nが残っていると，絶対嫌気槽でのリン放出が妨げられ，プロセスとしてもリン除去効果が低下するので，いったん無酸素槽を経由して（UCT法）返送したり，無酸素槽を2段に区分して，返送汚泥が流入する第1無酸素槽には硝化液の循環を行わない（修正UCT）などの工夫が行われている。

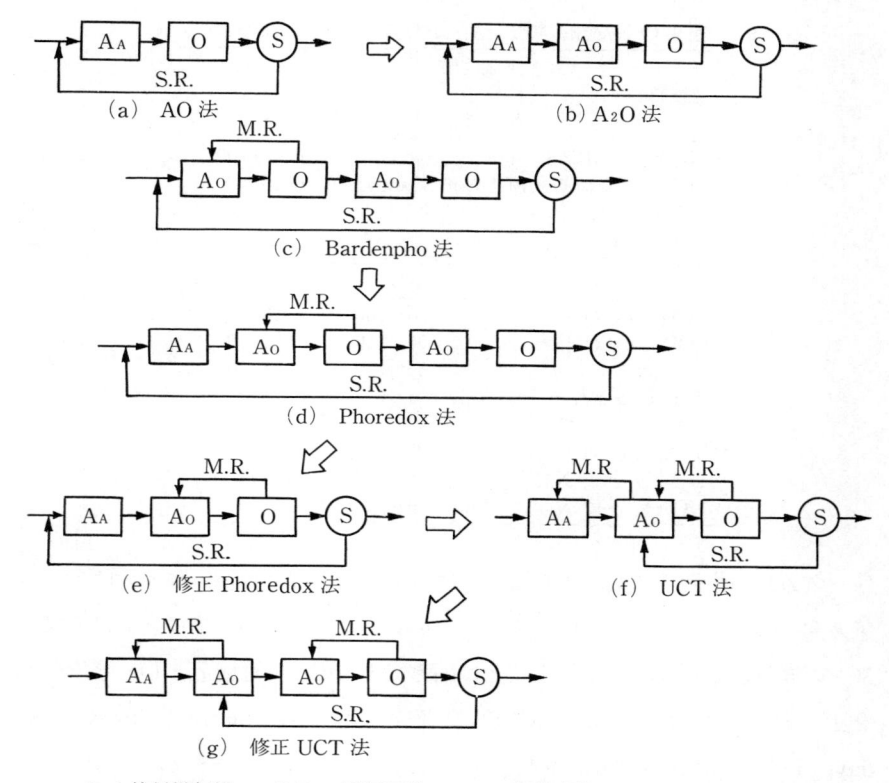

9.3 生物学的脱窒素・脱リンプロセス

図 9.9 脱窒素・脱リンシステムにおける技術の流れ

A_A：絶対嫌気槽　S.R.：汚泥返送　A_o：無酸素槽　M.R.：混合液返送
O：好気槽　S：沈殿槽

A_2/O 法の標準設計諸元および処理成績として，中西[29]は**表 9.1**を示している。

〔2〕 連続流入間欠ばっ気プロセス

定常的プロセスにおいては，絶対嫌気，無酸素，好気の各槽の容積が固定されているのに対し，間欠ばっ気を行うプロセスでは，ばっ気装置のタイマー設定によって自由に調節でき，処理条件の変動にも柔軟に対応できるという大きな利点を有する[36]。

山本ら[36]はばっ気時間が 26～30 h で，2 槽直列のばっ気槽を有する長時間

表 9.1 脱窒素・脱リン法における設計条件および水質

滞留時間	嫌気性槽	1.0〜1.5	
	脱窒槽	1.5〜2.5	
	好気性槽	3〜5	
汚泥濃度〔MLSS, mg/l〕		2 000〜5 000	
BOD 汚泥負荷〔kg-BOD/kg-SS·day〕		0.1〜0.3	
循環水量〔%〕		50〜200	
返送汚泥量〔%〕		20〜50	
		原水	処理水
BOD 〔mg-O/l〕		120〜200	10〜15
COD 〔mg-O/l〕		50〜100	15〜20
SS 〔mg/l〕		80〜150	5〜10
T·P 〔mg-P/l〕		4〜6	0.5〜1
PO_4·P 〔mg-P/l〕		3〜5	0.2〜0.5
T·N 〔mg-N/l〕		25〜35	10〜15
NH_4·N 〔mg-N/l〕		15〜25	0.5〜1
NO_x·N 〔mg-N/l〕		trace	8〜13

ばっ気方式の生活排水処理実施設を，ばっ気 60 分，かくはん 45 分の間欠ばっ気方式に改造した結果について報告している。ばっ気槽が 1 槽構造では窒素・リンの同時除去を安定して行うことは困難であるが，2 槽構造とし，機能分化を図ったことにより，BOD-MLSS 負荷 0.022〜0.037 kg-BOD/kg-MLSS·day，T-N-MLSS 負荷 0.006 4〜0.009 2 kg-T-N/kg-MLSS·day の条件で，BOD 5 mg/l 以下，T-N 5 mg/l 以下，T-P 1 mg/l 以下が年間を通じて安定して得られている。低負荷運転ではあるが，簡単な変更のみで，安定した高い処理効果が得られている点が注目される。

〔3〕 回分式活性汚泥プロセス

単一槽を用いて流入，生物反応，沈殿，排出を繰り返す回分式活性汚泥プロセス（sequencing batch reactor activated sludge process）において，生物反応工程中に DO も NO_x—N も存在しない絶対嫌気状態を設けることによって，窒素・リンの同時除去が可能である。

井村ら[37]は 1 日当り 4 サイクル（嫌気かくはん 90 min（うち流入 30 min），好気かくはん 120 min，沈殿 120 min，排出 30 min）の回分反応槽で生活排水の処理を行い，BOD，T-N，T-P について各 96，75，81 % の平均除去率を

得ている。好気かくはん終了時の汚泥のリン含有率は4.4％であった。また，清水ら[38]は，制限ばっ気回分活性汚泥法というばっ気時間によって活性汚泥の棲息環境を制御するプロセスにより，同様の処理効果が得られることを報告している。その他，回分式活性汚泥プロセスには，運転パターンを若干異にするいくつかの方式があり，報告も多い。

引用・参考文献

1 章
1) 柳田友道：微生物化学 1, 2, 学会出版センター（1980）
2) 須藤隆一：廃水処理の生物学, 産業用水調査会（1977）
3) 都留信也編著：環境と微生物, 共立出版（1979）
4) 岩井重久, ほか編：微生物による環境制御・管理技術マニュアル, 環境技術研究会（1983）
5) 須藤隆一編：環境微生物実験法, 講談社サイエンティフィク（1988）
6) McKinney, R. E.: Microbiology for Sanitary Engineers, McGraw-Hill Book. Co. (1962)
7) Buchanan, R. E. et al.: Bergey's Manual of Determinative Bacteriology, 8th Ed., Williams & Willkins Co. (1974)
8) 重中義信：原生動物, 東京大学出版会（1981）
9) 飯塚　廣編：現代生物学大系-8-微生物, 中山書店（1972）
10) Brock, T. D. et al: Biology of Microorganisms, 8th ed., Prentice Hall Inc., Upper Saddle River (1997)
11) Stanier, R. Y. et al.（高橋　甫, ほか訳）：微生物学〔入門編, 上, 下〕, 培風舘（1980）
12) Bitton, G: Wastewater Microbiology (2nd ed.), A John Wiley & Sons, Inc. (1999)

2 章
1) 北尾高嶺：活性汚泥法の浄化機構と浄化機能とに関する研究, 京都大学学位論文（1969）
2) Conn, E. E. and Stumpf, P. K.（田宮, 八木訳）：生化学〔第 4 版〕, 東京化学同人（1978）
3) Voet, D. and Voet, J.（田宮, ほか訳）：ヴォート生化学〔第 2 版〕, 東京化学同人（1996）
4) 丸尾文治, 田宮信彦監修：酵素ハンドブック, 朝倉書店（1982）
5) 橋本　孝：酵素反応速度論―基礎と演習, 共立出版（1971）
6) 山根恒夫：生物反応工学, 産業図書（1980）

7) Bailey, J. E. and Ollis, D. F.: Biochemical Engineering Fundamentals, McGraw-Hill Book Co. (1977)

3章

1) Stanier, R. et al: The Micrbial World (4th ed.), Prentice-Hall Inc., Englewood Cliffs (1976)
2) Eckenfelder, W. W. Jr. and O'Connor, D. J.: Biological Waste Treatment, Pergamon Press (1961)
3) McKinney, R. E.: Microbiology for Sanitary Engineers, McGraw-Hill Book Co. (1962)
4) Helmers, E. N. et al: Sewage and Industrial Wastes, **23**(7), p. 834 (1951)
5) Henze, M. and Harremoës, P.: Anaerobic Treatment of Wastewater in Fixed Film Reactors-A Literature Review, in Anaerobic Treatment of Wastewater in Fixed Film Reactors (Henze, M. ed.), Water Science and Technology Vol. 15 Numbers 8/9 (1983)
6) Speece, R. E. and McCarty, P. L.: Nutrient Requirement and Biological Solids Accumulation in Aneaerobic Digestion, In Advances in Water Pollution Research. Proc. of the Int'l. Conf. 1962, London, UK, Vol. 2, Pergamon Press, Oxford, pp. 305-322 (1964)
7) van den Berg, L., and Lentz, C. P.: Food Processing Waste Treatment by Anaerobic Digestion, In Proc. of the 32nd Industrial Waste Conf., 1977, Purdue Univ., Lafayette, Indiana, Ann Arbor, Mich. pp. 252-258 (1978)
8) Wuhrman, K.: Sewage and Industrial Wastes, **26**(1), p. 1 (1954)
9) Sawyer, C. N. and Rohlich, G. A.: Sewage Works Journal, **11**(6), p. 946 (1939)
10) Phelps, E. B.: Stream Sanitation, John Wiley & Sons (1944)
11) Dean, A. C. R. and Hinshelwood, C.: Growth Function and Regulation in Bacterial Cells, p. 55, Oxford Univ. Press (1966)
12) Hinshelwood, C. N.: Chemical Kinetics of the Bacterial Cell, p. 50, Clarendon Press (1946)
13) Stanier, R. Y. et al: The Microbial World (3rd ed.), p. 316, Prentice-Hall Inc., Englewood Cliffs (1970)
14) Monod, J.: The Growth of Bacterial Cultures, Ann. Review of Microbiol., 3, pp. 371-394 (1949)

15) Aiba, S. and Shoda, M.: Reassesment of the Product Inhibition in Alcohol Fermentation, J. Ferment. Technol. **47**, pp. 709-794 (1969)
16) Levenspiel, O.: Biotechnol. Bioeng., **22**, p. 1671 (1981)
17) 内藤正明, 津野 洋: 化学工学便覧, p. 1106, 丸善 (1979)
18) Moore, W. J. (藤代亮一訳): 物理化学-上・下 (第4版), 東京化学同人 (1974)
19) 押田勇雄:「エクセルギー」のすすめ, 講談社ブルーバックス (1988)
20) 合葉修一 (監修): バイオテクノロジーQ&A, 化学工学シリーズⅦ, 科学技術社 (1989)
21) Sawyer, C. N. and McCarty, P. L: Chemistry for Environmental Engineering (3rd ed.), McGraw-Hill, Inc. (1978); 松井三郎, 野口基一共訳: 環境工学のための化学基礎編, 森北出版 (1982)
22) 山根恒夫: 生物反応工学, 産業図書 (1980)
23) 廣田鋼蔵, 桑田敬治: 反応速度学, 共立全書, 共立出版 (1982)

4 章

1) Calderbank, P. H. and Moo-Young, M. B.: Chem. Eng. Sci., **16**, p. 39 (1961)
2) Akita, K. and Yoshida, F.: Ind. Eng. Chem. Process Des. Develop, **12**, p. 76 (1973)
3) Kolmogoroff, A. N.: Compt. Rend. Acad. Sci. URSS, **30**, p. 301 (1941), **31**, p. 538 (1941), **32**, p. 16 (1941)
4) O'Connor, D. J.: Proc. 3rd Biological Waste Treatment Conf., Manhattan College (1960)
5) Eckenfelder, W. W. Jr and O'Conner, D. J.: Biological Waste Treatment, Pergamon Press (1961)
6) 中西一弘: 微生物による環境制御・管理技術マニュアル (岩井重久, ほか編), 環境技術研究会 (1983)
7) Willianson, K. and McCarty, P. L.: A Model of Substrate Utilization by Bacterial Films, J. WPCF, **48**(1), pp. 9-24 (1976)
8) Carbbery, J. J: A. I. Ch. E. Jour., **6**, p. 460 (1960)
9) Wilson, E. J. and Geankoplis, C. J.: Ind. Eng. Chem., Fundamentals, **5**, p. 9 (1966)
10) Kataoka, T. et al: J. Chem. Eng. of Japan, **5**(2), pp. 132-136 (1972)
11) DeWalle, F. B. and Chain, E. S. K.: Biotech. Bioeng., **18**, pp. 1275-1295 (1976)
12) Pohorecki, R. and Wronski, S.: Kinetyka i termodynamika procesow inzynierii chemicznej. (Kinetics and Thermodynamics of Chemical Engineer-

ing Processes. In Polish), Wyd. Nauk. Tech. (1977)
13) McCune, L. and Wilhelm, R.,: Mass and Momentum Transfer in Solid-Liquid System-Fixed and Fluidized Beds., Ind. Engng. Chem., **41**, pp. 1124-1136 (1949)
14) Keinath, T. M. and Weber, W. J.: A Predictive Model for the Design of Fluidized-Bed Adsorbers., Journal Water Poll. Control Fed., **40**, pp. 741-759 (1968)
15) Hermanowicz, S. W. and Roman, M.: A Comparison of Packed-Bed and Expanded-Bed Adsorption Systems. In: L. Pawlowski (Editor), Physicochemical Methods for Water and Wastewater Treatment. Pergaman Press, Oxford, pp. 141-152 (1980)
16) Snowdon, C. B. and Turner, J. C. R.: Mass Transfer in Liquid Fluidized Bed of Ion Exchange Resin Beads. Proc. International Symposium on Fluidization, pp. 599-608 (1967)
17) Rittmann, B. E.: Comparative Performance of Biofilm Reactor Types., Biotech. Bioengineering, **24**, pp. 1341-1370 (1982)
18) Hermanowicz, S. W. and Ganczarczyk, J. J.: Mathematical Modelling of Biological Packed and Fluidized Bed Reactors., Mathematical Models in Biological Waste Water Treatment (ed. by Jørgensen, S. E. and Gromiec, M. J.), pp. 473-524, Elsevier (1985)
19) Atkinson, B. and Davies, I. J.: The Overall Rate of Substrate Uptake (Reaction) by Microbial Films. Part I., A Biological Rate Equation. Trans. Instn. Chem. Eng., **52**, pp. 248-259 (1974)
20) Howell, J. A. and Atkinson, B.: Influence of Oxygen and Substrate Concentration on the Ideal Film Thickness and Maximum Overall Substrate Uptake Rate in Microbial Film Fermenters., Biotech. Bioeng. **18**, pp. 15-35 (1976)
21) 平岡正勝, 田中幹也: 移動現象論, 朝倉書店 (1971)
22) 城塚 正, 平田 彰, 村上昭彦: 科学技術者のための移動速度論, オーム社 (1966)
23) Bird, B. B. et al: Transport Phenomena, John Wiley & Sons (1960)
24) 亀井三郎編: 化学機械の理論と計算 (第2版), 産業図書 (1975)

5 章
1) Rouse, H.: Fluid Mechanics for Hydraulic Engineers, McGraw-Hill Book

Co. (1936)
2) Steinour, H. H. : Rate of Sedimentation, Ind. Eng. Chem. **36** (1944)
3) Richardson, J. F. and Meikle, R. A : Sedimentation and Fluidization III, Trans. Instn. Chem. Engrs., **39**(5), p. 348 (1961)
4) 葛 甬生, 北尾高嶺, 木曽祥秋 : 膜を利用したし尿高度処理システムについて, 水質汚濁研究, **13**(10), pp. 638-646 (1990)
5) Gutman, R. G. : Membrane Filtration, the Technology of Pressure Driven Crossflow Processes, Adam Higler (1987)
6) Rodrigo, F. V. et al : Application of Electrotechnology for Removal and Prevention of Reverse Osmosis Biofouling, Paper Presented at the 1998 AIChE Spring Meeting, New Orleans, LA (1998)
7) 北尾高嶺, ほか : 嫌気性接触沈殿法およびろ過分離型バイオリアクターによる生活排水処理, 下水道協会誌論文集, **28**(334), pp. 21-31 (1991)
8) 北尾高嶺, ほか : 不織布モジュールろ過分離を利用した間欠曝気による生物学的高度処理に関する研究, 浄化槽研究, **8**(1), pp. 27-35 (1996)
9) 北尾高嶺, ほか : 不織布ろ過分離材を用いたろ過分離バイオリアクターの長期運転に関する研究, 下水道協会誌論文集, **19**, pp. 12-22 (1998)

6 章

1) Jenkins, H : Water Poll. Cont'l., **68**(6), p. 610 (1969)
2) Sutton, F. M. et al : J. WPCF, **47**(11), p. 2665 (1975)
3) Paul, W. and Donisch, K. H. : Arch. Microbiol., **87**(1972)
4) Haug, R. T. and McCarty, P. L. : J. WPCF, **44**, p. 2086 (1972)
5) Engel, M. S. and Alexander, M. : J. Bacteriol., **74**, p. 217 (1958)
6) Myerhof, O. : Arch. Ges. Physiol., **164**, p. 416 (1916)
7) Downing, A. L. and Bagley, R. W. : Trans. Inst. Chem. Eng., **39**, A 53 (1961) ; Downing, A. L. et al : Inst. Sewage Purif., **130** (1964)
8) Wuhrmann, K. : Presented at 15th Intern. Congress of Limnology, Univ. of Wisconsin (1962)
9) 柳田友道 : 微生物化学, p. 156, 学会出版センター (1988)
10) McCarty, P. L. : Dev. Ind. Microbiol. **7**, p. 144 (1966)

7 章

1) Lessel, T. H. : Paper Presented at 2 nd Int' l. Specialized Conf. on Biofilm

Reactors, IAWQ, sept. 29-Oct. 1,1993, Paris, pp. 231-238 (1993)
2) Golla, P. S. et al ; ibid, pp. 239-245 (1993)
3) Randall, C. W. and Sen, D : Wat. Sci. Technol., **33**(12), pp. 155-162 (1996)
4) Randall, C. W : JCIWEM, **12**, pp. 375-383 (1998)
5) 諸田　純：環境技術, **15**(11), p. 857 (1986)
6) 石田宏司 : ibid, p. 862 (1986)
7) 石田宏司, ほか：水環境学会誌, **19**, pp. 294-305 (1996)
8) Malaney, G. W. : J. WPCF, **32**(12), p. 1300 (1960)
9) 科学技術庁・研究調整局編：PCB 汚染防止に対処するための処理方法に関する特別研究報告書, p. 89 (1974)
10) 井上善介：用水と廃水, **14**(2), p. 142 (1972)
11) 関川泰弘：石油化学工業廃水への活性汚泥法の適用に関する実験的研究, 京都大学学位論文, p. 56 (1971)
12) Oswald, W. J. : Proc. 3 rd. Conf. on Biological Wastewater Treatment, Manhattan College (1960)
13) Herman, E. R. and Gloyna, E. F. : Sewage Ind. Wastes, **30**, p. 511, 646, 963 (1958)
14) Huang, J. C. and Gloyna, E. F. : Tech. Rept. EHE-07-6701, CRWR-20, Environ. Health Eng. Res. Lab., Center for Res. in Water Resources, The Univ. of Texas at Austin (1967)
15) Espino, E. and Gloyna, E. F. : Tech. Rept. EHE-04-6802, CRWR-26, Environ. Health Eng. Res. Lab., Center for Res. in Water Resources, The Univ. of Texas at Austin (1968)
16) Leuis, R. F. : Evaluation of Facultative Waste Stabilization Pond Design, Performance and Upgrading of Wastewater Stabilization Pond, EPA-600/9-79-011 (1979)
17) Mararis, G. V. R and Shaw, V. A. : Trans. South African Inst. of Civil Engrs., **3**, p. 205 (1961)
18) Fogg, G. E. : The Metabolism of Algae, John Wiley and Sons (1953)
19) Oswald, W. J. et al : Algae Symbiosis in Oxidation Ponds Ⅲ. Photosythetic Oxygenation, Sewage and Ind. Wastes, **25**, 692 (1953)
20) Richardson, B. et al : Effects of Nitrogen Limitations on the Growth and Composition of Unicellular Algae in Continuous Culture. Appl. Microbiol., **18**, 245 (1969)

21) Stumm, W. and Morgan, J. J. : Aquatic Chemistry, Wiley-Interscience (1970)
22) Ward, C. H. and King, J. M. : Fate of Algae in Laboratory Cultures, In Ponds as a Wastewater Treatment Alternative, ed. by Gloyna, E. F. et al, The Univ. of Texas at Austin (1976)
23) Sandoval, M. et al : Mathematical Modeling of Nutrient Cycling in Rivers, In Modeling Biochemical Process in Aquatic Ecosystems, ed. by Canale, R. P., Ann Arbor Science, Ann Arbor, Mich. (1976)
24) Oswald, W. J. and Gotaas, H. B. : Trans. ASCE, **122**, p. 73 (1957)
25) Cohen, G. N. and Monod, J. : Bacterial Permeases, Bacteriological Reviews, **21**, p. 169 (1957)
26) 北尾高嶺:活性汚泥法の浄化機構と浄化機能とに関する研究, 京都大学学位論文, p. 84 (1969)
27) 岩井重久, 北尾高嶺, 後神輝美:下水道協会誌, **5**(50) (1968), **6**(56) (1967)
28) 星隈保夫:酸化溝法を用いた小規模下水道の機能と管理, 用水と廃水, **25**(1), p. 53 (1983)
29) 川下好則:オキシデーションディッチの機種比較と維持管理, 環境技術, **12**(2), p. 126 (1983)
30) Setter, L. R. and Edwards, G. P. : Modified Sewage Aeration, Sewage Wks. Jour., **15**, p. 629 (1943), **16**, 278 (1944)
31) Kehr, D. and von der Emde, W. : Experiments on High-Rate Activated Sludge Process, J. WPCF, **32**, p. 1066 (1960)
32) von der Emde, W. : Aspects of High Rate Activated Sludge Process, In Advances in Biological Waste Treatment, p. 299, Macmillan Co. (1963)
33) 村木安司:新しい活性汚泥法を用いた処理施設 (その2), 用水と廃水, **32**, 507 (1990)
34) 早川 登, ほか:連続流入回分式活性汚泥法による排水処理―運転実施例―, 用水と廃水, **24**, p. 23 (1982)
35) Imura, M., Suzuki, E., Kitao, T. and Iwai, S. : Advanced Treatment of Domestic Wastewater Using Sequencing Batch Reactor Actirvated Sludge Process, Wat. Sci. Tech., **28**, p. 267 (1993)
36) 上原義昭編著 (徳平, 田村監修) :上向流酸素活性汚泥法, 産業用水調査会 (1980)
37) 広岡永治, 吉田一男:高純度酸素エアレーション法による下水処理パイロット

試験結果,下水道協会誌, **11**(117), p. 19(1974)

38) 西村 孝:純酸素エアレーションによる活性汚泥法の研究(II),下水道協会誌, **11**(121), p. 12(1974)

39) 浅田十三郎:吉祥院処理場における酸素エアレーションの実験,下水道協会誌, **11**(125), p. 12(1974)

40) 中沢俊明,諸岡 純:新しい活性汚泥法を用いた処理施設(6),用水と廃水, **32**, p. 995(1990)

41) Hardt, F. W. et al: Solid Separation by Ultrafiltration for Concentrated Activated Sludge, J. WPCF, **42**, p. 2135(1970)

42) 日笠 勝:限外ろ過を組み込んだ高濃度活性汚泥法による排水処理,用水と廃水, **27**, p. 1015(1985)

43) 石田宏司,ほか:深層反応槽と限外ろ過膜によるし尿処理,水処理技術, **28**, p. 579(1987)

44) 北尾:未発表

45) 石田宏司:豊橋技術科学大学学位論文, p. 65(1996)

46) 村重憲生,岡庭良安:新しい活性汚泥法を用いた処理施設(最終回),用水と廃水, **32**, p. 1090(1990)

47) 北尾高嶺:不織布ろ過分離活性汚泥法の特徴と性能,ニューメンブレンテクノロジーシンポジウム'99,日本膜学会(1999)

48) 船越泰司,宮島 潔:腐植質生物脱臭材による下水の液相脱臭について,平成6年度東京都下水道局技術調査年報, p. 319,東京都下水道サービス株式会社(1995)

49) 鈴木邦威:生物脱臭における腐植質の応用,臭気の研究, **24**, p. 157(1993)

50) 金成英夫,西田哲夫,ほか2名:腐植ペレットを用いた臭気の発生しない下水処理法の設計諸元の確立に関する研究,国士舘大学理工学研究所報告第9号, 1(1997)

51) 村上弘毅,土井幸夫,青木 満,入江鐐三:好気性し尿処理槽における Bacillus spp. の優占化とそれらの生化学的性質,水環境学会誌, **18**, p. 97(1995)

52) 入江鐐三:腐植土を用いた汚水処理改善における Bacillus 属の優占化について,防菌黴誌, **27**, p. 723(1999)

53) 安井英斉,柴田雅秀,深瀬哲郎:酸性下のオゾン反応による汚泥減量処理の効率化,環境工学研究論文集, **34**, p. 221(1997)

54) 長谷川進,三浦雅彦,桂 健治:好気性微生物による有機汚泥の可溶化,下水道協会誌, **34**(408), p. 76(1997)

55) Characklis, W. G. et al : Dynamics of Biofilm Process ; Methods, Water Res., **16**, p. 1207 (1982)
56) 森崎久雄, 服部黎子：界面と微生物, 学会出版センター (1986)
57) 北尾高嶺, ほか著（岩井重久等監修）：生物膜法, 産業用水調査会 (1980)
58) Heukelkian, H : Slime Formation in Polluted Waters. II. Factors Affecting Slime Growth, Sewage Ind. Wastes, **28**, p. 78 (1956)
59) Sanders, W. M. : Oxygen Utilization by Slime Organisms in Continuous Culture, Int. J. Air Wat. Pollut. **10**, p. 253 (1996)
60) Characklis, W. G. : Oxygen Transfer through Biological Slimes, M. S. Thesis, Univ. of Toledo (1967)
61) Zvyagintsev, D. G. : Adsorption of Microorgnisms by Glass Surfaces, Microbiology (USSR), **28**, p. 104 (1958)
62) Characklis, W. G. : Effect of Hypochlorite on Microbial Slimes, Proc. 26 th Ind. Waste Conf., Purdue Univ. (1971)
63) Hawkes, H. A. : The Ecology of Waste Water Treatment, In Waste Treatment, ed. by Isacc, P. C. G., Pergamon Press (1963)
64) Iwai, S and Kitao, T : Wastewater Treatment with Microbial Films, Technomic Publ. Co. (1994)
65) Jeris, J. S. et al : J. WPCF, **49**, p. 816 (1977)
66) Hang, R. T. and McCarty, P. L. : J. WPCF, **44**, p. 2086 (1972)
67) 石黒, 渡辺, 増田：下水道協会誌, **14**(152), p. 32 (1977)
68) 岩井, 北尾, 大森, ほか：水処理技術, **14**, p. 909 (1973)
69) 府中裕一：生物膜ろ過装置による有機性廃水の処理, 用水と廃水, **25**, p. 477 (1983)
70) Weber, W. J. Jr. : Physicochemical Processes for Water Quality Control, Wiley Interscience (1972)
71) Eckenfeleder, W. W. Jr. : Biotech. Bioeng., **8**, p. 389 (1966)
72) Howland, W. E. : Sewage and Ind. Wastes, **25**(2), p. 161 (1953)
73) National Research Council : Sewage Treatment at Military Installations, Sewage Wks. Jr., **18**(5), p. 787 (1946)
74) Popel, F. : Leistung, Berechnung und Gestaltung von Tauchtropf korperanlagen, Stuttgarter Berichte zur Siedlungabwasserwritschaft, 11 (1964)
75) 石黒政儀, 渡辺義公, 増田純雄：回転円板法による下水高度処理に関する研究（Ⅰ）, 下水道協会誌, **12**(129), p. 46 (1975)

76) Antonie, R. L.: Fixed Biological Surfaces-Wastewater Treatment., CRC Press. (1975)
77) Watanabe, Y.: Mathematical Modeling of Nitrification and Denitrification in Rotating Biological Contactors. In Mathematical Models in Biological Waste Water Treatment, ed. by Jørgensen, S. E. and Gromiec, M. J., Elsevier (1985)
78) 加藤善盛:第1回回転円板法研究シンポジウム講演集(昭和54年度), 10-15, 環境技術研究会 (1979)

8 章

1) Toerien, D. F. et al: The Bacterial Nature of the Acid-forming Phase of Anaerobic Digestion, Water Research, **4**, p. 129 (1969)
2) Mah, R. A. and Sussmann, C.: Appl. Microbiol., **16**, p. 358 (1968)
3) Henze, M. and Harremoës, P.: Anaerobic Treatment of Wastewater in Fixed Film Reactors-A Literature Review, in Anaerobic Treatment of Wastewater in Fixed Film Reactors, ed. by Henze, M., Water Science and Technology Vol. 15 Numbers 8/9 (1983)
4) Speece, R. E. and McCarty, P. L.: Nutrient Requirements and Biological Solids Accumulation in Anaerobic Digestion, Proc. of the Int'l. Conf., Sept. 1962, Vol. 2. Pergamon Press., pp. 305-322 (1964)
5) Andrews, J. F.: Dynamic Model of the Anaerobic Digestion Process, J. San. Engng. Div. Proc. ASCE, **95**, pp. 95-116 (1969)
6) 張 祖恩, 野池達也, 松本順一郎:土木学会論文報告集, No. 333, p. 101 (1983)
7) Kroeker, E. J. et al: J. Water Poll. Control Fed. **51**, p. 718 (1979)
8) Rudolfs, W. and Amberg, H. R.: Sewage and Industrial Wastes, **24**, p. 1278 (1952)
9) 小野英男:用水と廃水, **4**, p. 233 (1962)
10) 北尾高嶺, ほか:下水道協会誌, **4**(42) (1967)
11) Andrews, J. F.: The Development of a Dynamic Model and Control Strategies for the Anaerobic Digestion Process, In Mathematical Models in Water Pollution Control (ed. by James, A.) Wiley (1978)
12) Hanaki, K. et al: Mathematical Modelling of Anaerobic Digestion Process, In Machematical Models in Biological Waste Water Treatment (ed. by Jørgensen, S. E. and Gromiec, M. J.) Elsevier (1985)

13) Rozzi, A. and Passino, R.: Mathematical Models in Anaerobic Treatment Proces, ibid (1985)
14) アクアルネッサンス技術研究組合：分離膜を利用した嫌気性廃水処理技術 (1991.10)
15) Kitao, T. et al: Anaerobic Submerged Biofilter for the Treatment of Domestic Wastewater, Proc. EWPCA Water Treatment Conf. p. 736 (1986)
16) Watanabe, T. et al: Anaerobic Filter and Contact Aeration System for Domestic Wastewater Treatment, Preprint of IAWPRC Poster Paper, pp. 743-746 (1990)
17) van den Berg, L., Kennedy, K. J.: Comparison of Advanced Anaerobic Reactors, 3 rd Int' l. Symp. on Anaerobic Digestion (1983)

9 章
1) 石田, 山田, 和泉, 師, 北尾：U チューブ型膜分離深層曝気槽におけるし尿の硝化脱窒特性に関する研究, 水環境学会誌, **19**(2) (1996)
2) McCarty, P. L. et al: Proc. 24th Purdue Ind. Waste Conf., Laffayette (1969)
3) Stensel, H. D. et al: Jr. WPCF, **45** (1973)
4) Christensen, M. H. and Harremoës, P.: Biological Denitrification in Water Treatment, Rep. 2-72, Dept. of Sanitary Eng. Technical Univ. of Denmark (1972)
5) Hultman, K.: Kinetics of Biological Nitrogen Removal, KTH Publ. 71, 5 (1971)
6) Delwiche, C. C.: Denitrification, A Symposium of Inorganic Nitrogen Metabolism (Ed. McElroy, Glass), John Hopkins Press (1956)
7) 石川宗孝：曝気条件下における窒素除去に関する研究, 京都大学学位論文 (1985)
8) Baumann, R. E.: Paper Presented at EPA Design Seminar, Kansas City (1971)
9) Damson, R. N. and Murphy, K. L.: Paper Presented at 6th Int'l. Conf. of Water Poll. Res. (1972)
10) Pasveer, A.: Beitrag über Stick stoff beseitigung aus Abwässern, Munchner Beitrage zur Abwasser-Fisherei-und Flussbiologie (ed. by Liebmann), Bd-12, p. 197 (1965)
11) Wuhrmann, K. and Meschner: Path. Microbiol., **28**, p. 99 (1965)

12) 例えば北尾高嶺, ほか: 下水道協会誌, **27**(3), p. 42 (1990)
13) 武田, 北尾, 山田: 単一硝化脱窒反応槽における Wigner 分布信号解析, 環境システム計測制御学会誌, **6**(4), p. 11 (2002)
14) 遠矢, 鈴木, 矢口: 生物学的脱窒素法の中間工業化試験（第1報）, 用水と廃水, **12**, p. 1076 (1970)
15) Wuhrmann, K.: Nitrogen Removal in Sewage Treatment Processes, Verh. Int. Ver. Limnol. **15**, pp. 580-596 (1964)
16) Wuhrmann, K.: Schweiz. Z. Hydrol., **26**, pp. 520-558 (1964)
17) Mulbarger, M. C.: J. WPCF, **43**(10), p. 2059 (1971)
18) 村田清美, ほか: し尿中の窒素除去に関する研究, 水処理技術, **18**(7) (1977)
19) Barnard, J. L.: Water Poll. Cont'l. **74**(2), p. 147 (1975)
20) Imura, M., Suzuki, E., Kitao, T. and Iwai, S: Advanced Treatment of Domestic Wastewater Using Sequencing Batch Reactor Activated Sludge Process, Wat. Sci. Tech. **28**, pp. 267-274 (1993)
21) 岩井, 北尾, 後神: 活性汚泥の浄化機能に及ぼすリンの影響, 下水道協会誌, **6**(56), p. 20 (1969)
22) Levin, G. V. and Shapiro, J.: Metabolic Uptake of Phosphorus by Wastewater Organisms, J. WPCF, **37**(16), p. 800 (1965)
23) Barnard, J. L.: Biological Phosphorus Removal in the Activated Sludge Process-Remonal and Proposal. Paper Presented at the South African Branch of I. W. P. C. 1975 July Meeting (1975)
24) McLaren, A. R. and Wood, R. J.: Effective Phosphorus Removal from Sewage by Biological Means, Water SA, **2**(1), pp. 47-51 (1976)
25) 村上孝雄: 嫌気・好気活性汚泥法による生物学的脱リン法, 用水と廃水, **24**(10), p. 1111 (1982)
27) 住吉, 森, 大竹: 嫌気・好気による生物学的脱リン, ibid, p. 1135 (1982)
28) 広岡, 高橋, 斎藤: フォストリップシステムとわが国における実証試験, ibid, p. 1141 (1982)
29) 中西 弘: 微生物による環境制御・管理技術マニュアル（岩井重久等編）, 環境技術研究会 (1983)
30) 古畑義正, 安斉純雄: 嫌気・好気法によるリンの除去, 用水と廃水, **24**(10), p. 1119 (1982)
31) 深瀬哲郎: 嫌気・好気活性汚泥法による廃水リン除去に関する研究, 東京大学学位論文 (1986)

32) 松尾吉高:生物脱リン法の最適運転方法に関する研究,東京大学学位論文(1997)
33) Galdieri, J. V.: Remove Phosphate Biologically, Water and Waste Engineering, **32**(7) (1979)
34) Galdieri, J. V.: Biological Phosphorus Removal, Chemical Engineering, (12) (1979)
35) Ekama, A. et al: Theory, Design and Operation of Nurient Removal Activated Sludge Process, WRC, Protoria, RSA (1984)
36) 山本康次,津村和志,中野 仁:2槽間欠ばっ気法による窒素・リン除去,水環境学会誌, **15**(8), p.541 (1992)
37) 井村正博,鈴木栄一:嫌気好気回分式活性汚泥法による生活排水の高度処理,用水と廃水, **33**, p.382 (1991)
38) 清水 建,山本一郎:制限曝気式回分式活性汚泥法による高度処理,用水と廃水, **29**, p.334 (1987)

索　引

あ

圧密沈降	130
アロステリック効果	31
安定化池	180

い

維持代謝	50, 74
維持定数	51
溢流速度	133
移動現象	83

え

エクセルギー	44
エネルギー保存則	37
エンタルピー	38
エントロピー	39

お

オキシデーションディッチ（法）	192, 250
押出流	101
押出流反応槽	98

か

回転円板法	224
回分式活性汚泥（法）	194, 267
化学合成微生物	159
拡散定数	85
拡散モデル	106
拡散律速	112
拡散流束	84
ガスホールドアップ	93
活性汚泥法	186
活性化エネルギー	16
過度応答	102
間欠ばっ気方式	266

き

干渉沈降	130
干渉沈降速度	131
完全混合槽列	104
完全混合流	101
完全混合流反応槽	98

機械式ばっ気	175
凝集沈降	129
逆混合係数	107
逆混合流モデル	105
境　膜	87
菌　類	9

け

系内年齢分布関数	99
ケモスタット	98
限外ろ過	144
原核細胞	2
嫌気・好気法	255
嫌気性	156, 165
嫌気性回転板接触法	238
嫌気性消化	227
嫌気性処理	227
嫌気性接触法	237
嫌気性池	180
嫌気性ろ床法	238
原生動物	12

こ

好気性	165
後生動物	13
酵　素	15
――の分類	19
高率消化法	236
高率池	183
固液分離	128
呼　吸	156

固着生物法	168
固定床	216

さ

細　菌	4
酸化還元反応	52
散気式ばっ気	172
散水ろ床法	221
残余濃度曲線	101

し

シーレモデュラス	121
死滅期	67
従属栄養生物	13, 155, 164
自由沈降	129
シュミット数	114
純酸素活性汚泥法	194
馴　致	179
馴　養	179
硝　化	241
硝化細菌	160
真核細胞	2
浸漬ろ床法	206, 215
浸透モデル	89

す

水面積負荷	133
ステップエアレーション法	190

せ

制限物質	112
静止期	67
生物学的脱窒素	241
生物学的脱リン	255
――の原理・機構	257
生物学的脱リンプロセス	261

索引

項目	ページ
生物酸化	170
生物相	211
生物膜法	168, 206
生分解性	176
接触安定化法	189
漸減ばっ気法	189

そ

項目	ページ
総括酸素移動容量係数	90
総括物質移動係数	88
増殖収率	46, 230
藻類	11
ゾーン沈降	130
速度論	61

た

項目	ページ
タービドスタット	98
ターンオーバ数	31
対数増殖期	66
滞留時間分布関数	99
脱窒	242

ち

項目	ページ
長時間エアレーション法	192
沈殿	129

つ

項目	ページ
通性池	181

て

項目	ページ
抵抗係数	131
適応	178
鉄細菌	163
電子供与体	52, 242
電子受容体	52

と

項目	ページ
特異性	17

に

項目	ページ
独立栄養生物	155, 158
二重境膜説	87
二名法	2

は

項目	ページ
排出強度関数	100
ばっ気式安定化池	185
発酵	156
半減期	62
反応係数	95
反応の次数	61
反応律速	112
半反応式	52
半飽和定数	71

ひ

項目	ページ
ビオット数	121
比増殖速度	46
標準消化法	236

ふ

項目	ページ
フィードバックインヒビション	31
フォストリップ法	255
不織布ろ過活性汚泥法	203
物質移動係数	87
浮遊生物法	168
ブランケット	139
分画分子量	145
分子拡散	85

へ

項目	ページ
変性	17

ほ

項目	ページ
膨張床	220
飽和定数	71

ま

項目	ページ
ポリリン酸	257
膜分離	143
膜分離活性汚泥法	199

む

項目	ページ
無色硫黄細菌	164

め

項目	ページ
メタン生成細菌	166, 229

も

項目	ページ
モジュール	147

ゆ

項目	ページ
有効拡散係数	116
有効係数	122
有効生物膜厚	119
誘導期	66

ら

項目	ページ
ラグーン	180
乱流拡散	85

り

項目	ページ
理想的沈殿池	132
律速段階	64
硫酸還元菌	166
流束	84, 147
流動床	219

れ

項目	ページ
レイノルズ数	131

ろ

項目	ページ
ロジスティック曲線	78

A

項目	ページ
A_2/O 法	264
A/O 法	261
Arrhenius 式	65, 245
Arrhenius 変形式	231

G

項目	ページ
Grashof 数	91

M

Monod 式　　　　28, 117

N

Nitrobacter　　　　160
Nitrosomonas　　　　160

P

Peclet 数　　　　91

R

Reynolds 係数　　　　91

S

Schmidt 数　　　　91, 147
Sherwood 数　　　　91, 114

U

UCT 法　　　　264

―― 著者略歴 ――

1962 年　京都大学工学部衛生工学科卒業
1967 年　京都大学大学院工学研究科博士課程修了（衛生工学専攻）
1967 年　京都大学工学部助手
1969 年　工学博士（京都大学）
1971 年　京都大学工学部助教授
1980 年　豊橋技術科学大学教授
2004 年　豊橋技術科学大学名誉教授

生物学的排水処理工学
Engineering for Biological Wastewater Treatment 　Ⓒ Takane Kitao　2003

2003 年 9 月 30 日　初版第 1 刷発行
2007 年 5 月 30 日　初版第 2 刷発行

検印省略	著　者	北　尾　高　嶺
	発行者	株式会社　コ ロ ナ 社
		代表者　牛 来 辰 巳
	印刷所	三美印刷株式会社

112-0011　東京都文京区千石 4-46-10
発行所　株式会社　コ ロ ナ 社
CORONA PUBLISHING CO., LTD.
Tokyo Japan
振替 00140-8-14844・電話 (03) 3941-3131 (代)

ホームページ http://www.coronasha.co.jp

ISBN 978-4-339-06602-9　（横尾）　（製本：染野製本所）
Printed in Japan

無断複写・転載を禁ずる
落丁・乱丁本はお取替えいたします

バイオテクノロジー教科書シリーズ

（各巻A5判）

■編集委員長　太田隆久
■編集委員　相澤益男・田中渥夫・別府輝彦

配本順			頁	定価
1.	生命工学概論	太田隆久著		
2.(12回)	遺伝子工学概論	魚住武司著	206	2940円
3.(5回)	細胞工学概論	村上浩紀 菅原卓也 共著	228	3045円
4.(9回)	植物工学概論	森川弘道 人船浩平 共著	176	2520円
5.(10回)	分子遺伝学概論	高橋秀夫著	250	3360円
6.(2回)	免疫学概論	野本亀久雄著	284	3675円
7.(1回)	応用微生物学	谷 吉樹著	216	2835円
8.(8回)	酵素工学概論	田中渥夫 松野隆一 共著	222	3150円
9.(7回)	蛋白質工学概論	渡辺公綱 小島修二 共著	228	3360円
10.	生命情報工学概論	相澤益男他著		
11.(6回)	バイオテクノロジーのためのコンピュータ入門	中村春木 中井謙太 共著	302	3990円
12.(13回)	生体機能材料学 —人工臓器・組織工学・再生医療の基礎—	赤池敏宏著	186	2730円
13.(11回)	培養工学	吉田敏臣著	224	3150円
14.(3回)	バイオセパレーション	古崎新太郎著	184	2415円
15.(4回)	バイオミメティクス概論	黒田裕久 西谷孝子 共著	220	3150円
16.	応用酵素学概論	喜多恵子著		
17.(14回)	天然物化学	瀬戸治男著	188	2940円

定価は本体価格＋税5％です。
定価は変更されることがありますのでご了承下さい。

図書目録進呈◆

地球環境のための技術としくみシリーズ

(各巻A5判)

コロナ社創立75周年記念出版

- ■編集委員長　松井三郎
- ■編集委員　　小林正美・松岡　譲・盛岡　通・森澤眞輔

配本順				頁	定価
1. (1回)	今なぜ地球環境なのか	松井三郎 編著		230	3360円
	松下和夫・中村正久・高橋一生・青山俊介・嘉田良平 共著				
2. (6回)	生活水資源の循環技術	森澤眞輔 編著		304	4410円
	松井三郎・細井由彦・伊藤禎彦・花木啓祐 荒巻俊也・国包章一・山村尊房 共著				
3. (3回)	地球水資源の管理技術	森澤眞輔 編著		292	4200円
	松岡　譲・髙橋　潔・津野　洋・古城方和 楠田哲也・三村信男・池淵周一 共著				
4. (2回)	土壌圏の管理技術	森澤眞輔 編著		240	3570円
	米田　稔・平田健正・村上雅博 共著				
5.	資源循環型社会の技術システム	盛岡　通 編著			
	河村清史・吉田　登・藤田　壮・花嶋正孝 宮脇健太郎・後藤敏彦・東海明宏 共著				
6. (7回)	エネルギーと環境の技術開発	松岡　譲 編著		262	3780円
	森　俊介・槌屋治紀・藤井康正 共著				
7.	大気環境の技術とその展開	松岡　譲 編著			
	森口祐一・島田幸司・牧野尚夫・白井裕三・甲斐沼美紀子 共著				
8. (4回)	木造都市の設計技術			282	4200円
	小林正美・竹内典之・高橋康夫・山岸常人 外山　義・井上由起子・菅野正広・鉾井修一 共著 吉田治典・鈴木祥之・渡邉史夫・高松　伸				
9.	環境調和型交通の技術システム	盛岡　通 編著			
	新田保次・鹿島　茂・岩井信夫・中川　大 細川恭史・林　良嗣・花岡伸也・青山吉隆 共著				
10.	都市の環境計画の技術としくみ	盛岡　通 編著			
	神吉紀世子・室崎益輝・藤田　壮・島谷幸宏 福井弘道・野村康彦・世古一穂 共著				
11. (5回)	地球環境保全の法としくみ	松井三郎 編著		330	4620円
	岩間　徹・浅野直人・川勝健志・植田和弘 倉阪秀史・岡島成行・平野　喬 共著				

定価は本体価格+税5%です。
定価は変更されることがありますのでご了承下さい。

図書目録進呈◆